本书由以下项目资助
国家重点研发计划（2018YFE0206200）
深圳市可持续发展专项（KCXFZ20201221173601003）

城市雨水资源利用新模式与效益评估

刘俊国　吴时强　田　展　等　著

科 学 出 版 社

北　京

内 容 简 介

本书围绕城市雨水资源利用及多维度效益评价，详细介绍了我国和其他创新型国家城市雨水资源利用模式和技术措施，深刻揭示了城市雨水资源利用的约束机制，明确提出了“需求分析-动态预报-工程调控-优化决策”全过程的城市雨水利用思路；以水质型缺水城市——深圳和资源型缺水城市——兰州为例，系统阐述了蓝-绿-灰基础设施融合的城市雨水资源利用新模式，全面论述了兼顾“经济-生态-社会”的城市雨水资源利用三维效益评价体系，并选择深圳茅洲河流域、南方科技大学校园、兰州特色产业园区作为雨水高效利用示范区进行典型技术示范。

本书内容全面系统、理论联系实际，突出城市雨水资源利用时空动态调配模拟新技术、新方法、新应用，具有较新的前沿性、较高的学术性和较强的现实指导性，可作为水文学、生态学、环境科学、自然保护学等领域科研工作者、研究生和本科生的指导用书，也可作为城市规划、水资源管理政策制定者的参考用书，对关注雨水资源利用的景观设计师、企业人士、认证机构人员及公众兴趣爱好者也具有一定的参考价值。

审图号：粤BS(2024)011号

图书在版编目(CIP)数据

城市雨水资源利用新模式与效益评估 / 刘俊国等著. —北京：科学出版社，2024. 3

ISBN 978-7-03-075410-3

Ⅰ. ①城… Ⅱ. ①刘… Ⅲ. ①城市-雨水资源-资源利用 Ⅳ. ①P426. 62 ②TU984

中国国家版本馆 CIP 数据核字（2023）第 067135 号

责任编辑：李晓娟 / 责任校对：樊雅琼

责任印制：徐晓晨 / 封面设计：无极书装

科学出版社出版

北京东黄城根北街16号

邮政编码：100717

http://www.sciencep.com

北京建宏印刷有限公司印刷

科学出版社发行 各地新华书店经销

*

2024年3月第 一 版 开本：787×1092 1/16

2024年3月第一次印刷 印张：16 1/2

字数：400 000

定价：188.00 元

（如有印装质量问题，我社负责调换）

《城市雨水资源利用新模式与效益评估》撰写委员会

主　笔　刘俊国

副主笔　吴时强　田　展

成　员　戴江玉　唐颖栋　孙三祥　杨红龙
孙来祥　叶清华　叶　斌　张　宇
赵思远　崔文惠　齐　伟　章数语
王鹏飞　贾金霖　刘千慧　张学静
管延龙　孟令雨　刘乔丹　卢振威
方　刚　任珂君　邵宇航　王　达

前　　言

水资源短缺是全球面临的共同挑战。随着全球人口持续增长，这一问题日益突出，雨水资源有效开发利用逐渐受到世界各国的重视。近20年来，我国经济快速发展，特别是城市化和工业化进程加快，使得我国城市水资源的需求量与日俱增，全国约2/3的城市面临着不同程度的缺水问题。为此，我国已经明确将雨水资源利用列入国家《中长期科学和技术发展规划纲要》，将雨水资源利用作为保障我国水资源安全的前瞻性和战略性研究方向。然而，当前我国城市雨水资源利用率普遍不高，鲜有系统性的城市雨水资源利用理论技术及规模化工程实践应用。我国在城市雨水资源利用方面与发达国家先进城市存在较大差距。

美国、荷兰、德国和日本等发达国家很早就开始了城市雨水资源利用相关研究，已形成完备的技术导则、设计规范和政策引导路线图，建立了系统的城市雨水资源利用模式、评价方法、监督管理机制和法律法规体系，城市雨水资源利用已经进入标准化和产业化阶段。而我国城市雨水资源利用还处在起步阶段，党的十八大以来，我国大力推进海绵城市建设，城市雨水资源利用作为其重要内容，已取得了一定成效，但是总体规模有限，利用率偏低。我国主要河流汛期年入海流量超过万亿立方米，如果将我国城市雨水资源利用率提高到美国、荷兰等先进国家的水平，每年至少可以增加淡水资源量数百亿立方米，能极大地缓解我国城市水资源短缺的困境。目前我国缺乏普适性的城市雨水资源利用措施和技术，有必要总结其他创新型国家先进的城市雨水资源管理经验及高效利用技术，结合我国典型缺水城市的禀赋条件，解析城市雨水资源利用的约束机制，通过引进和吸收国外先进技术，创建适合我国国情的城市雨水资源利用措施技术和综合效益定量评估方法，提高城市雨水资源利用效率。

本书立足于“精准解析城市雨水资源利用的约束机制”这一关键科学问题，通过构建城市雨水资源利用时空动态调配模拟模型，丰富和发展城市雨水资源综合利用模式，在区域和流域等不同空间尺度进行应用，从科学层面回答以上问题，并在应用层面上为应对区域水资源短缺和水资源的可持续利用提供了理论依据和技术支撑。本书共分为8章：第1章简要介绍了研究背景与意义及本书研究内容的创新性构思；第2章介绍了全球城市雨水资源利用措施及模式，揭示了城市雨水资源化约束机制；第3章构建了城市雨水资源利用时空动态调配模型，模拟了典型城市雨水资源利用过程；第4章提出了城市雨水资源利用多维效益识别与定量评价方法；第 5 章应用城市雨水资源利用动态模拟技术，以水质型缺水突出的深圳市茅洲河流域为例，指导雨水综合利用设施的规划设计；第 6 章基于多种绿色基础设施识别，以南方科技大学校园为例，进行小流域雨水资源利用多维效益识别及评价；第 7 章将城市雨水资源利用新模式应用到资源型缺水问题突出的兰州市，以城市特色产业区为例，进行城市雨水资源全过程配置与利用；第 8 章结合蓝-绿-灰基础设施识别与分布技术，建立融合蓝-绿-灰基础设施的城市雨水资源综合利用新模式。

本书的学术思路和写作框架是在刘俊国教授的主持下完成的，书中所有内容是国家重点研发计划项目（2018YFE0206200）研发团队集体努力的结晶。全书由刘俊国教授统稿，出版协助事宜由刘俊国、章数语和张学静共同完成。南方科技大学博士研究生王鹏飞、李保坭，硕士研究生孟令雨、龚国庆、陈禹凡等对本书文字工作付出了努力。

本书研究得到了国家重点研发计划（2018YFE0206200）和深圳市可持续发展专项（KCXFZ20201221173601003）的资助。瑞士联邦水科学与技术研究所杨红教授、美国马里兰大学帕克分校地理系冯奎双副教授、荷兰格罗宁根大学能源和可持续发展研究所 Klaus Hubacek 教授等学者给予了诸多指导与帮助，特此致以衷心的感谢。

城市雨水资源利用与评价涉及多个学科和研究领域，由于作者水平有限，书中不足之处在所难免，恳请读者批评指正。

作　者

2023 年 7 月 3 日

目　　录

第1章 绪　论

1.1 研究背景与意义

近年来，随着我国城市建设的快速发展，地面硬化面积不断扩大，部分城区存在排水管网系统设计标准低等问题，导致城市内涝频繁出现，加剧了城市水环境恶化；同时，城市人口不断增长引起需水量增加，水资源短缺已成为制约我国城市发展的重大问题。为此，我国明确将雨水资源利用列入国家《中长期科学和技术发展规划纲要》，将雨水资源利用作为保障我国水资源安全的前瞻性和战略性研究方向。

2013年，我国正式提出海绵城市概念。“海绵城市”是指城市能够像海绵一样，在面对气候环境变化时具有一定的“弹性”，下雨时“吸收、存蓄、渗透、净化”，缺水时“释放”，海绵城市建设遵循顺应自然的低影响开发模式，自然积存、自然渗透、自然净化。中国传统的雨水管理系统是直接排放，造成了水资源的浪费。此外，我国城市排水管路系统并不发达，特大暴雨及持续降雨等突发情况会造成城市内涝。“海绵城市”涵盖理念、功能、技术、管理等方面：城市水功能协调主要体现在城市生活、工业、农业、灌溉、环境等用水能够得以满足，城市吸水排水协调（Subudhi et al.，2020）；城市水节约高效主要体现在城市用水重视雨水收集、净化、利用等技术的应用，有效提高节水效率（Shao et al.，2016）；城市水环境优美主要体现在城市水资源管理遵循人水和谐理念；城市水管理完善主要体现在健全的水资源管理制度和法律体系等（Liu，2016）。

雨水资源利用不仅具有直接经济价值，而且还有间接生态环境价值和社会效益，对促进城市雨水资源的可持续发展至关重要。国内外学者采用成本效益分析方法对雨水利用设施进行评估，能够很好地量化工程的经济效益。成本效益分析（cost- benefit analysis，CBA）是将工程项目涉及的成本和效益进行量化，为政府决策机构提供净效益最大化的参考，可以很好地评估一项公共投资是否满足经济效益的要求，因此被政策分析专家广泛使用（刘艳艳，2017）。例如，19世纪30年代末发生的美国洪水控制法案和Tennessee Tricky大坝开发工程，将成本效益分析纳入到国家政府的决策活动中。经过40年后，美国规定任何重大管理行动都要执行成本效益分析，成本效益分析在多领域和实践都得到了应用（张子博，2019）。通过对灰色、绿色基础设施进行成本效益的对比研究，发现绿色基础设施不仅在生态环境上优于传统设施，在经济上也具有优势（Palmer et al.，2015）。雨水资源利用所产生的成本以及效益分析不仅要考虑利用技术，还要与当地水资源禀赋和需水紧密联系起来。众多学者利用成本效益分析方法，将绿色基础设施和传统的灰色基础设施进行对比，发现其能够较好地反映雨水资源利用系统的经济优势；此外，雨水资源利用系统的经济优势还和地区自然条件、当地居民的用水习惯有关。这些研究结果对于研究雨水资源利用系统意义重大，表明在研究雨水资源利用的经济效益过程中，不仅要考虑技术因素，还要考虑当地的降水、气候及居民的用水习惯。而我国目前还不具备兼顾经济效益、生态环境效益和社会效益三个维度的城市雨水资源利用定量效益评估核心技术，急需研发适合我国城市发展特征的雨水资源利用效益评价技术。

城市雨水资源利用技术涉及水量预测、时空调控、量质调度及利用方案决策等多个方面。国外雨水资源利用研究始于20世纪初，德国、日本、美国等西方发达国家已建立了城市雨水资源利用模式、评价方法、监督管理机制和法律法规体系，已发展到标准化和产业化阶段，广泛应用于城市规划与建设领域。发展中国家则重点推广农村雨水集蓄技术和设施，如著名的“泰缸”工程解决了泰国农村300万人的饮用水问题（杨香东和向清炳，2009），非洲雨水联合会等机构也开展了雨水集蓄利用技术的推广实践。

许多发达国家已经出台了城市雨水资源利用的重大发展规划，诸如美国的低影响开发计划、英国的可持续排水系统、澳大利亚水敏感城市设计计划等。这些国家研发了雨水资源利用工程技术，在收集利用、自然下渗和调控排放等类型工程建设的基础上，通过开发如STORM、SWMM、MOUSE、PWRI等商业化模型，开展自然雨水调配、降雨—汇流—水质模拟、雨水利用效益与风险评估等研究，形成了健全的城市雨水资源利用监管机制，包括制定一系列技术规范与标准、法律、法规及雨水利用补贴和排放税费制度。随着雨水资源利用技术发展，模型精细化、技术手段标准化以及利用模式产业化将成为主要发展趋势。

我国城市雨水资源利用起步相对较晚，由于水资源禀赋差异显著，我国城市雨水资源利用问题较发达国家更为复杂。北京等城市针对绿地滞蓄、屋顶集流、渗井系统等雨水利用技术开展了长期的技术研发和示范，先后发布了《建筑与小区雨水利用工程技术规范》（GB 50400—2006）、《城市雨水利用工程技术规程》（DB 11/T685—2009）等标准，建成了多个城市雨水资源利用示范工程，如北京奥运场馆雨水利用工程、天津节水型水利科技大厦等。目前，我国城市雨水资源利用技术研究多以工程设计和技术集成应用为主，在雨水资源利用技术精细化和标准化、雨水利用效益评估、应用推广等方面与发达国家仍有较大差距。

本书针对我国典型城市雨水资源利用约束机制，识别城市雨水资源利用的地区性、工程性、技术性以及管理性等限制因素，解析限制性因素对城市雨水资源利用的约束机制。

针对适应国情的城市雨水综合利用模式，构建分地区、分季节、分水情的典型城市雨水综合利用技术、措施及管理方案集，初步建立集约束解析、工程调控、量质配置、效益评价等为一体的适合国情的城市雨水综合利用模式。

1.2 研究目标

本书面向国家重大需求，通过与美国、荷兰等创新型国家合作，围绕“精准解析城市雨水资源利用的约束机制”这一关键科学问题，引进吸收和再创新，建立适应于我国实际情况的城市雨水资源利用时空动态调配模拟技术和多目标多措施的城市雨水资源利用效益定量评价技术，在深圳市和兰州市开展雨水资源利用技术示范，为水质型和资源型缺水城市提供雨水资源利用新模式，为我国城市智慧水务建设提供技术支持。具体目标包括以下方面。

1）通过引进吸收和再创新，构建一套适合我国国情的、具有一定普适性的城市雨水资源利用方案集。系统总结美国、荷兰等创新型国家雨水利用的理论、技术与方法集，采用以“机制解析—案例剖析—需求响应—模式创建”为主线的研究方法，揭示我国水质型缺水的深圳市与资源型缺水的兰州市典型城市雨水资源利用的约束机制。

2）研发城市雨水资源利用时空动态模拟调配技术。以水质型缺水城市深圳和资源型缺水城市兰州为代表，分析城市雨水资源的分布特征与资源需求匹配性，合作研发城市雨水资源时空动态模拟技术，建立城市雨水资源利用多目标协同方法，构建城市雨水资源利用动态调配技术，研发针对我国典型缺水城市的雨水资源时空动态模拟技术和动态调配技术，促进雨水资源高效利用。

3）建立多目标多措施的城市雨水资源利用效益定量评价技术。分别从经济效益、生态效益和社会效益方面实现不同维度的城市雨水资源效益定量评估，构建“经济—生态—社会”一体化的综合评价体系。构建基于多目标多措施的稳健决策支持控制理论，充分考虑不同雨水资源利用模式下的效益评估和成本核算的不确定性，对城市雨水资源利用方案的成本效益进行权衡，实现对城市雨水资源利用方案组合和新模式的稳健选择。

4）建立雨水资源利用新模式和效益定量评估技术示范。在深圳市茅洲河流域，通过城市水文—水动力—水质的动态模拟技术，指导雨水“收集—调蓄—处理—利用”设施的规划设计，形成技术应用示范和效益评估；在深圳市南方科技大学校园，形成集人工湖—雨水花园—绿色屋顶等措施于一体的雨水资源利用方案，以蓄存雨水、提高水质、削减径流、就地利用为核心进行多维效益识别及稳健定量评价，形成南方科技大学海绵校园雨水资源利用技术示范；在兰州市创建特色花卉养殖“集雨面优化—集雨设施建设—水质净化—雨水利用”全过程雨水资源配置技术，建立城市特色产业区雨水资源高效利用示范区进行技术示范。

1.3 研究内容

根据研究目标，将实施过程分解为四部分，首先进行城市雨水资源化约束机制与综合利用模式研究，构建得到具有一定普适性的城市雨水综合利用方案集，在进行城市雨水资源利用调配技术的研发下进行组合调整，并通过多维效益识别与稳健定量评价进行优化，为雨水综合利用技术示范提供技术支撑，同时对前三部分进行应用反馈。

各项任务的具体内容如下。

研究内容1：城市雨水资源化约束机制与综合利用模式研究。

本书以美国、荷兰、德国为代表的创新型国家城市雨水利用模式为基础，归纳国外雨水资源利用的基础理论、工程措施、模拟与调配技术、法律法规等，分析国外雨水利用理念与技术的优缺点及适用性。以我国水质型缺水的深圳市与资源型缺水的兰州市为例，梳理城市雨水资源利用需求与现状利用方式、工程能力、成本效益等方面存在的问题，量化影响城市雨水资源利用的工程条件、水量水质以及成本效益等约束因素，解析约束性量化指标与雨水利用定量指标间的响应关系，揭示我国典型城市雨水资源利用约束机制。在此基础上，结合创新型国家先进雨水利用模式，构建分地区、分季节、分水情的典型城市雨水资源综合利用技术、措施及管理方案集，初步建立集约束解析、工程调控、量质配置、效益评价等为一体的适合国情的城市雨水资源综合利用模式。

研究内容2：城市雨水资源利用时空动态调配技术研究。

针对我国城市雨水资源时空分布不均、调蓄能力不足、雨水资源利用率低等问题，以水质型缺水城市深圳和资源型缺水城市兰州为代表，分析城市雨水资源的分布特征与资源需求匹配性，合作研发城市雨水资源时空动态模拟技术和精细化流域降雨—汇流—水质模拟模型与决策工具，以典型城市高精度实时监测数据为基础，建立城市雨水利用多目标协同方法。以深圳和兰州两个典型城市雨水特点与工程条件为例，引进消化创新型国家城市雨水资源利用工程调控技术，针对城市雨水资源利用需求，研发集需求分析—动态预报—工程调控—水量调度—优化决策为一体的我国城市雨水资源利用时空动态调配技术。

研究内容3：城市雨水利用多维效益识别及稳健定量评价技术研发。

结合我国城市雨水资源禀赋特征，建立综合考虑经济效益、社会效益和生态效益的多维效益协同的雨水资源利用效益定量评价方法和技术。利用全寿命周期成本核算方法对不同雨水资源利用模式中工程和技术措施的初始建设成本和未来运营维护成本进行核算。以城市雨水资源利用的经济效益、生态效益、社会效益和全寿命周期成本为决策约束指标构建城市雨水资源利用的多目标稳健权衡决策模型，实现对不同城市雨水资源利用目标约束下雨水资源利用方案及措施的稳健优选。

研究内容 4：典型城市雨水资源利用新模式技术示范。

在深圳和兰州等城市开展雨水资源利用新模式技术示范和效益定量评估。选择典型流域茅洲河作为示范区，通过开展城市水文—水动力—水质的动态模拟技术示范，指导雨水“收集—调蓄—处理—利用”设施的规划设计，提出城市雨水净化与利用新策略，为城市水资源短缺与城市黑臭水体的治理提出新的解决思路；选择南方科技大学校园进行雨水利用措施全过程调控的技术示范，以雨水蓄存、提高水质、削减径流、就地利用为核心指标进行多维效益识别及稳健定量评价，提出海绵校园雨水资源利用策略；在兰州特色花卉基地进行“雨面优化—集雨设施建设—水质净化—雨水利用”全过程雨水资源配置技术示范，建立城市特色产业区雨水高效利用示范区，在资源型缺水城市兰州形成兰州特色产业区雨水利用新模式。

第 2 章 城市雨水资源化约束机制与综合利用模式

分析国外雨水资源利用理念与技术的优缺点及适用性，梳理我国城市雨水资源利用存在的问题，揭示我国典型城市雨水资源利用约束机制。结合其他创新型国家先进雨水资源利用模式，构建适应区域、季节和水情的城市雨水资源综合利用技术、措施及管理方案集，初步建立集约束解析、工程调控、量质配置、效益评价为一体的、适合国情的城市雨水资源综合利用模式。

2.1 我国城市雨水资源利用现状与需求

2.1.1 我国雨水资源分布及南北方差异

水是生命的源泉，是人类最宝贵的财富。我国水资源总量居世界第 6 位，但人均占有量为第 121 位，被列为世界上 13 个贫水国之一。我国水资源的特点：总量不丰富，人均占有量低；地区分布不均，水土资源不相匹配，如长江流域及其以南地区土地少，其水资源量占比却很大；年内年际分配不均，旱涝灾害频繁，大部分地区年内连续四个月降水量占全年的 70% 以上，连续丰水或连续枯水较为常见。随着人口和用地规模的不断扩大，水资源短缺已经成为城市健康、全面、可持续发展的瓶颈问题。据水利部统计，全国 700 多个地级市中，有近 400 座城市缺水或严重缺水，其中大部分在我国北方及西北干旱、半干旱地区，预测 2030 年我国人均拥有的城市水资源量只有 1760m^3。

我国天然水资源时空分布不均，城市化、工业化程度提高造成水污染加重，加之对水资源的不合理开采、利用和严重浪费，使得用水矛盾突出。水资源短缺成为制约国民经济和社会发展的因素。为了满足日益增长的供水需求，人们重视将雨水资源转化为地下水资源，而盲目开采地下水导致区域性地下水位的大幅度下降，随之可能产生地沉、地裂的地质灾害，在沿海地区地下水位的大幅度下降可能引起海水入侵，而在干旱半干旱地区地下水的下降还可能导致土地荒漠化（刘楠楠等，2019）。近年来，由于城市地下水水量急剧减少，导致地下水位急剧下降。据统计，我国北方 17 个省、市、区的地下水开采量占全国的 88%。如果雨水资源在转化为地下水源之前将其有效收集利用，将为解决城市缺水问题提供一条很好的途径。

我国年降水量呈现从东南沿海向西北内陆递减、山区多于平原、沿海多于内陆、南方多于北方的空间分布。整体上看，区域差异比较大，吐鲁番盆地的托克逊平均年降水量仅 5.9mm，而台湾东部山地可达 3000mm 以上，其东北部的火烧寮年平均降水量达 6000mm 以上。

我国降水在时间上呈夏秋多雨、冬春少雨的分布。北方雨季开始晚，结束早，雨季短，集中在 7 ~ 8 月；南方雨季开始早，结束晚，雨季长，集中在 5 ~ 10 月。一般是少雨区年际变化较大，多雨区年际变化较小；内陆地区年际变化较大，沿海地区年际变化较小（陈献等，2016）。

主要城市年均降雨量如图 2-1 所示。北方城市年均降雨量为 590mm，而南方则为 1340mm。总体上看，南方城市的年均降雨量是北方城市的 2 倍多，说明我国降雨在空间上分配不均。北方城市的雨水资源总量比南方少，从雨水资源量考虑，南方城市具有更大的利用潜力。近年来，全国大部分城市都不同程度地存在水资源短缺的状况。北方城市尤其严重，且大多是资源型缺水，而南方多为水质型缺水。

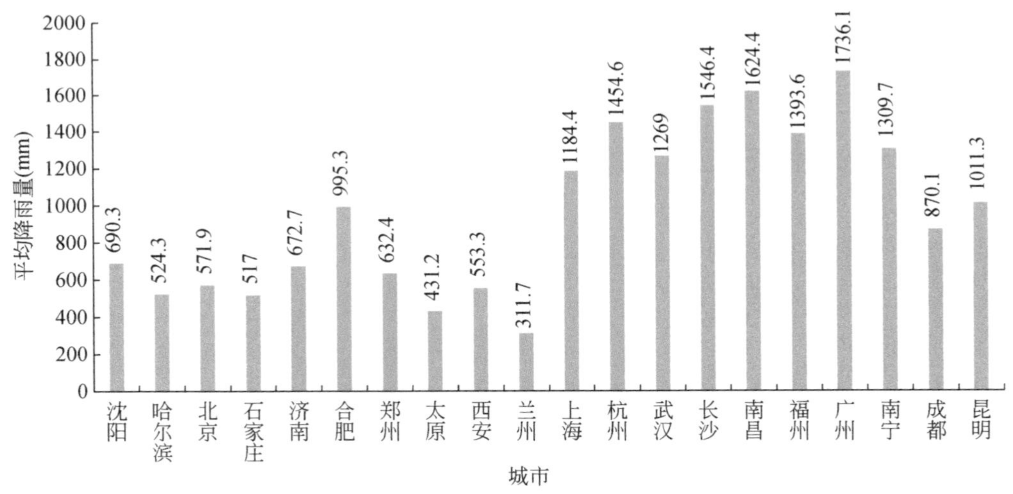

图 2-1 南、北方城市年均降雨量统计结果

针对南、北方城市年均降雨量的特点，高效利用有限的城市雨水资源，是缓解城市用水紧张局面、改善城市生态环境的重要途径。根据图 2-2 所示，我国南、北方城市降雨的年内分配呈现较强的季节性，对雨水利用系统要求较高。

我国大部分城市将雨水直接排放以达到防洪目标，并没有强调把雨水与水资源、城市生态联系起来。但在地下水位降低，城市生态恶化，城市降雨即涝、无雨则旱，城区热岛效应的严峻现实下，急需从更深层次、更系统的角度来考虑和进行雨水资源综合利用。

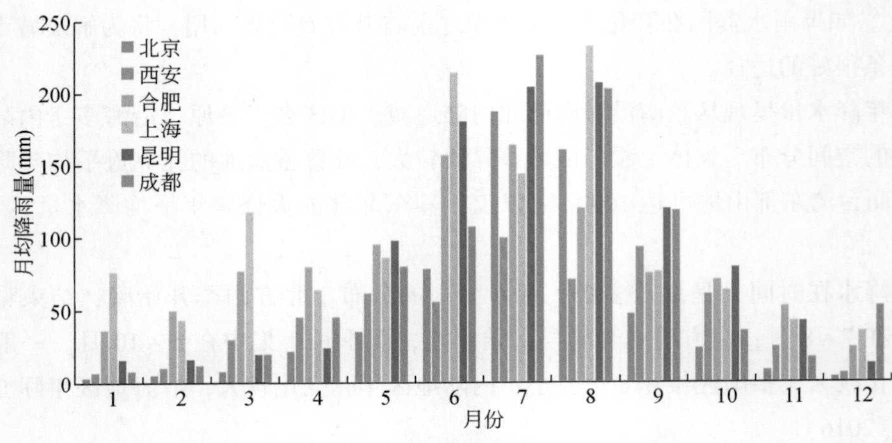

图 2-2　南、北方部分城市多年月平均降雨量

综合上述对南、北方降雨特点的分析，城市雨水利用规划及系统的设计应注意：①南、北方城市降雨的特征，应结合本地的降雨特点灵活掌握，如北方城市雨水利用系统可能在将近半年的时间里处于闲置状态，而南方城市雨水利用系统基本可以全年运行，系统利用率比北方高；②南方雨水资源较北方丰富，适宜建造耗水量较大的雨水利用设施，如与景观水相结合的雨水综合利用设施；北方雨水资源量较少，蒸发量较大，在设计、建造水景观时则需控制规模。

2.1.2　典型城市雨水利用现状与需求

根据我国雨水资源分布的不均匀性，本书选取了南方丰水带水质型缺水城市深圳和北方资源型缺水城市兰州进行分析。

(1) 深圳

深圳地处我国东南沿海，多年平均降雨总量约为35.87 亿 m^3，其中地表径流总量约为19.01 亿 m^3，但本地水资源利用率仅为31.4%。大部分降雨径流通过河道流入大海，不仅造成了淡水资源的浪费，还带来了面源污染，加剧了城市防洪压力。深圳市雨水利用缺乏引导和安排，工程建设方多出于经济目的开展雨水资源收集和利用，年利用雨水资源量约为600 万 m^3，主要利用雨水资源作为小区景观循环水和绿地浇灌水。深圳市各区再生水占比如图 2-3 所示。

经过 40 年的发展与建设，深圳城市建设区面积已达 750km^2，约占总面积的 38%，占可建设用地的 78%。深圳市朝着国际化大都市快速发展的过程中，对城市水环境没有足够重视，引发了许多城市水问题，主要问题包括以下方面。

1）内涝严重。大量不透水地面的建设，不仅大大增加了地面综合径流系数，还加大

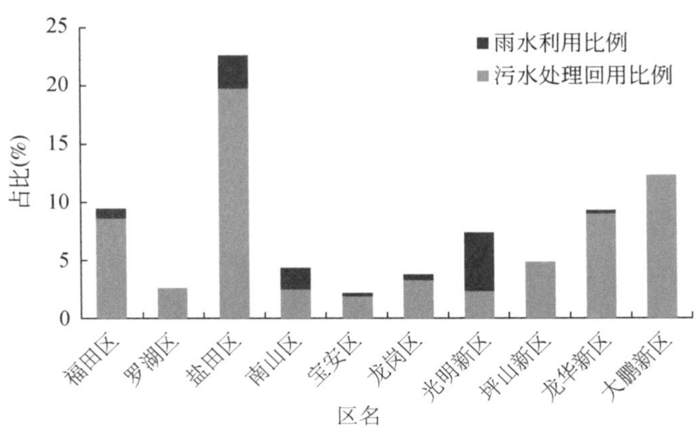

图 2-3　深圳市各区再生水占比

了城市排水设施压力，当出现较大降雨或遇到汛期时会发生严重内涝，造成交通堵塞，影响城市居民正常生活，造成巨大的经济损失，这种现象在宝安西部沿海区域尤为明显（谢帅等，2022）。

2）雨水径流污染严重。随着深圳市点源污染治理率的提高，雨水径流带来的面源污染越来越严重，成为城市治理污染的重要内容。

3）雨水利用成本相对较高。由于深圳市水价不高，水费占居民生活支出比例很低，而雨水的价格与自来水价格非常接近。因此，雨水回用易引起居民抵触情绪。所以引进先进的技术、设计、管理以降低成本是现在迫切需要解决的一个问题。

4）对雨水回用的现实意义认识不清，缺乏鼓励中水的政策。长期以来人们并没有意识到水资源的紧缺性，更没有意识到雨水回用对维持和改善城市水环境的重要作用，再加上缺乏实际经验和相应的技术研究以及中水利用鼓励政策，因此人们在主观上对中水回用并没有很高的热情。

5）市民缺乏节约用水的意识。深圳市属于严重缺水城市，人均水资源占有量很低，但深圳人均综合生活用水量却远大于南方大城市平均水平，市民节水意识淡薄，推动中水回用的重要手段就是通过宣传等活动增强市民的节水意识。

6）对雨水设施运行的监管力度不足。目前由于新建雨水设施并不进行验收，因此，对正在运行的中水设施情况并不了解，无法对这些设施进行管理。

为此，深圳市采取了很多应对措施：①引入低影响开发模式。为了科学指导深圳市城区雨水收集利用工作，探索适合深圳特色的、与自然和谐共生的生态建设模式，深圳市规划和国土资源委员会组织编写了《深圳市雨洪利用系统布局规划》（以下简称《规划》）。《规划》认为，深圳市城区雨水利用应以控制径流污染、降低洪涝灾害为主，增加其他非传统水资源为辅。对此，《规划》提出引入低冲击开发雨水综合利用理念，并在建设项目中示范推广。②因地制宜收集回用。由于深圳市降雨时间分布不均、用户需求错位、径流污染严重，大面积推广雨水收集利用的难度较大。雨水收集回用项目必须因地制宜，合理确定雨水收集设施的规模，评估收集回用的效益。深圳市雨水收集回用项目适用于具备以下条件的建设区：用户有明确的用水需求，且需求量较为稳定，如建筑小区可利用雨水浇洒绿地、冲洗地下车库、室内冲厕等；有水景的项目，如公园、大型小区可结合水体景观设计调蓄设施，能够大大节省基建投资费用；有较大的雨水收集面积，且水质受人类活动影响较小的建设项目，如大型公建和居住小区的建筑屋顶等。

(2) 兰州

甘肃省兰州市整体呈东西向延伸的带状分布，具有带状盆地城市的特征，属于中温带大陆性气候，降水量少、气候干燥，年均降水量为 250 ~ 350mm，降雨主要集中在夏季。由于夏季的集中降雨，大量雨水在城市汇聚，造成了雨水资源的大量流失浪费、雨水径流污染、城市内涝灾害以及生态环境破坏等问题。西北部地区由于地理位置与气候影响，生态脆弱，水资源短缺，根据相关资料可知，到 21 世纪中期，西北地区缺水量将达到 $2.2\times10^{11}m^3$。近年来，甘肃省为缓解兰州市新城区存在的水资源短缺压力，实施了“引大入秦”等若干大型水利工程。虽然这些大型水利工程一定程度缓解了兰州市新城区水资源缺乏问题，但水资源在利用过程中仍不可避免地出现各种各样的问题（田敏等，2022）。

兰州市虽然是黄河唯一穿城而过的城市，但是兰州市地表水资源却存在严重不足的问题，人均水资源占有量严重不足，只达到全国人均占有量的三分之一。但当大雨来袭，兰州市区却多处积水、淤泥漫道。兰州水资源严重不足与内涝频发的矛盾日益凸显，如何科学合理地采取雨水资源利用方式已经迫在眉睫（王国锋，2021）。

兰州雨水资源利用处于初步规划发展阶段，雨水资源利用的必要性和问题如下。

1）水资源总量欠缺。随着兰州市不断地建设、发展，城市已经具备一定的规模，人口数目在不断增加。但是城区的发展有其局限性，此区域不但地下水资源量比较少，水质也比较差。甘肃省为了摆脱兰州水资源短缺的制约，加速新城区的建设发展，实施引大入秦水利工程，但是工程耗费较大，且根据预测兰州市城区缺水率达到 9.17%，即随着城市化的发展供水量逐渐不能满足城市对水的需求量，这就需要寻求新的水资源循环模式，雨水资源化可以解决其中的一部分水资源短缺问题，从提高雨水资源的使用效率来缓解水资源短缺问题（于洋洋等，2015）。

2）雨水污染问题突出。城市工业发展进步，工业生产产生的废弃物越来越多；城市人口数目增大，生活废弃物也不断增加，这些伴随着城市化发展产生的污染物，排放到环境中，不但污染环境，也造成了水环境的恶化，整个水系统是循环统一的，降落到地表的雨水、地表水受到污染，严重时地表水下渗会污染地下水（刘家宏等，2022）。有些城市中的生活污水不经过处理而任意排放、城市的排水系统存在漏洞等都会造成雨水污染问题。水环境有一定的污染物承载力，当污染物量超过了其最大允许量，就会导致水体的系统和功能发生变化，致使水资源无法被利用，进而对城市的持续发展产生一定的影响（杜晓晴，2022）。

3）地表、地下水资源可利用量少。兰州市所处的盆地范围内只有在发生暴雨的时候才可能形成向盆地外泄的洪流（康晓鹍等，2014）。在盆地的南部地区，当暴雨出现时，雨水会形成洪流，沿着低洼沟槽，并汇集从地表不断溢出的地下水，汇集后，沿着李麻沙沟排泄至盆地外（董静静，2012）。

4）雨水利用成本高。由于兰州本地降雨不多，雨水设施日常维护成本相对较高，导致雨水回用带来的收益很低，相较于自来水而言，人民群众对雨水需求没有那么强烈（车伍和张伟，2016）。

2.2　城市雨水资源利用约束机制解析

基于南北典型城市深圳和兰州的多年降水观测数据和雨水资源利用量，评估了深圳和兰州雨水利用在时间上的变化趋势。基于雨水资源利用量的制约因素，识别不同因素对雨水资源利用量的影响，解析城市雨水利用约束机制。

2.2.1　雨水资源利用量趋势分析

基于深圳和兰州的雨水资源利用量及总供水量的数据，得到深圳、兰州的雨水资源利用量及占比变化如图 2-4 所示。趋势检验结果表明，2007～2020 年兰州的雨水资源利用量

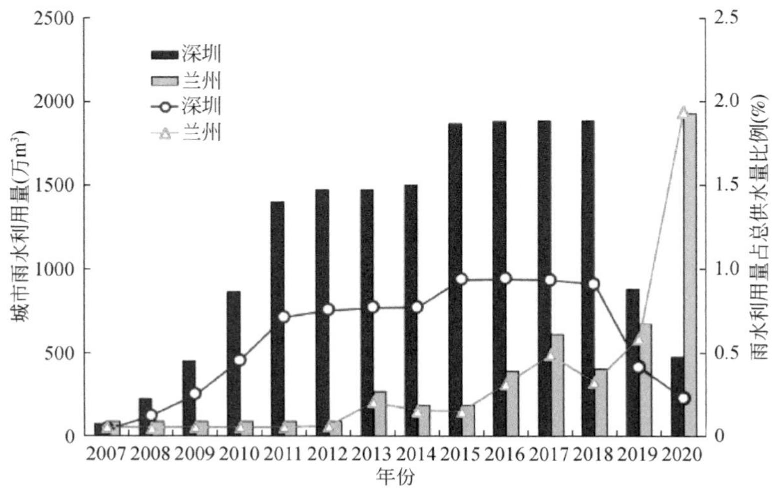

图 2-4　深圳、兰州雨水资源利用量及占比变化

及占比均呈上升趋势。

2.2.2 影响因子及其变化特征

本书使用年降水量、水资源总量、常住人口数量、GDP 总值、地表水供水量、境外调入水供水量、地下水供水量、再生水供水量和淡化海水供水量等指标表征城市雨水资源利用量的影响因素，其中，境外调入水供水量和淡化海水供水量仅涉及深圳市，深圳和兰州两城市雨水资源利用量影响因素变化趋势如图 2-5 所示。

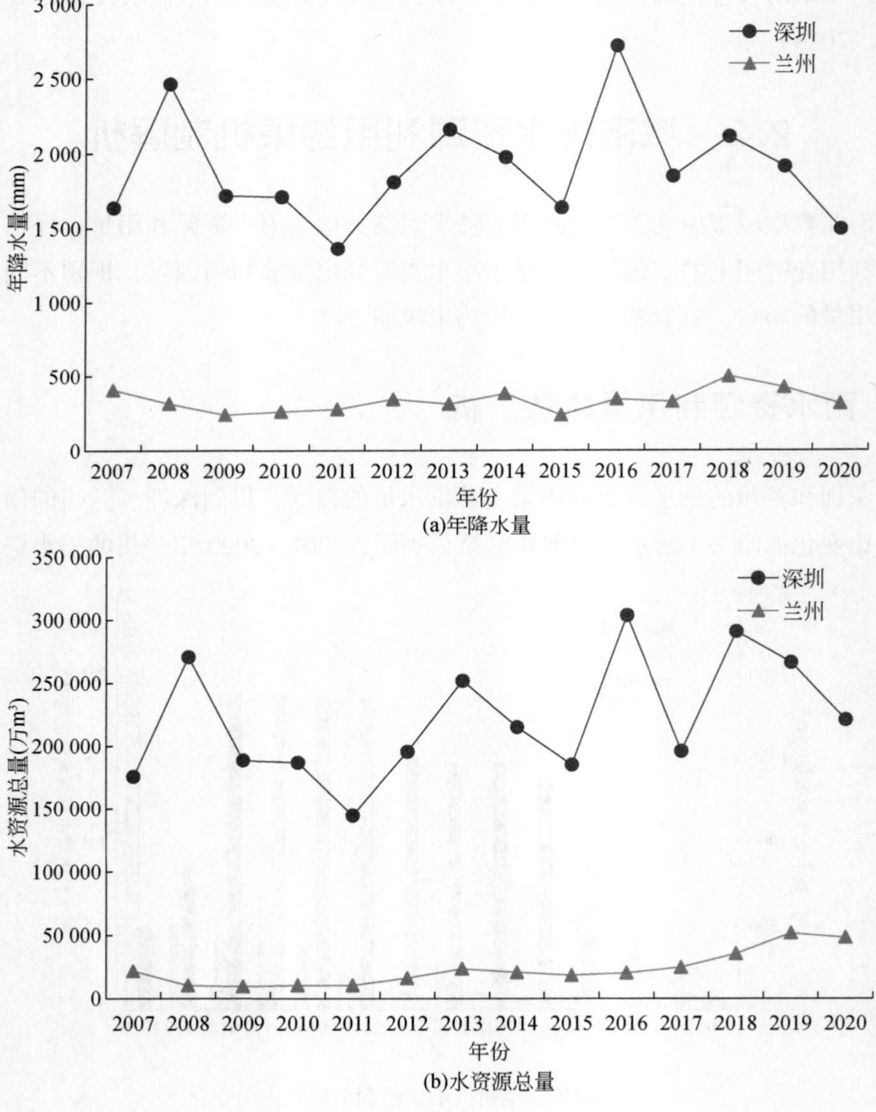

(a)年降水量

(b)水资源总量

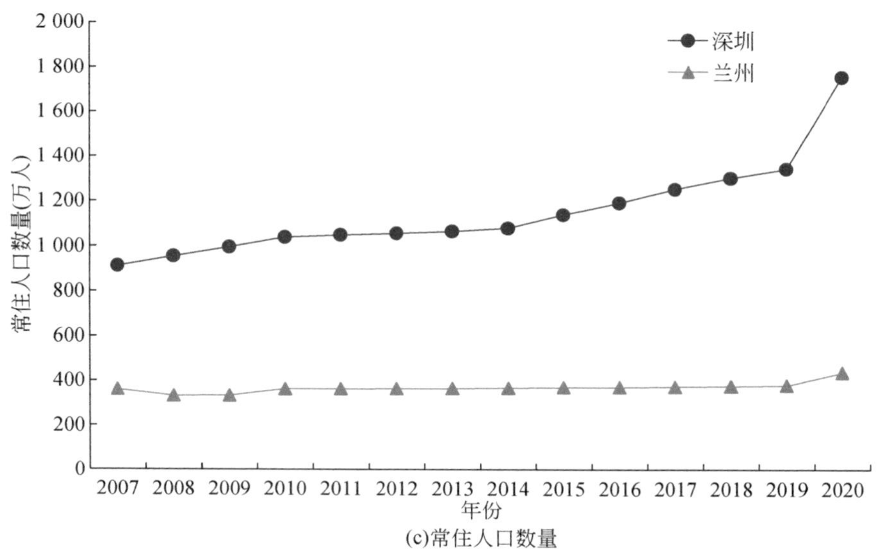

(c)常住人口数量

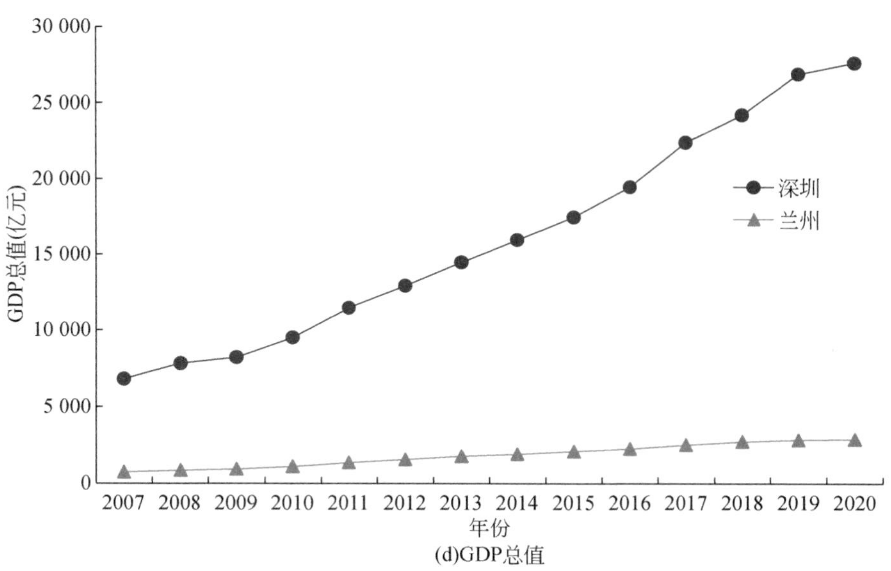

(d)GDP总值

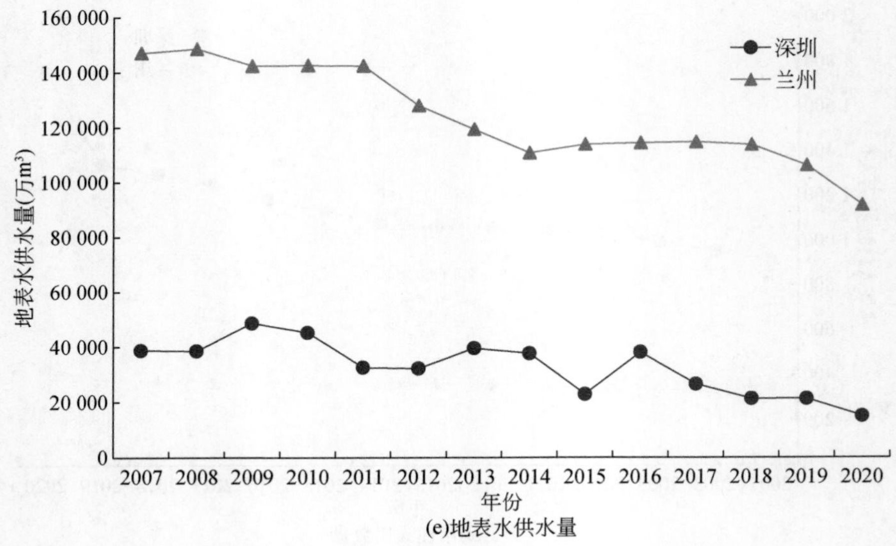

(e)地表水供水量

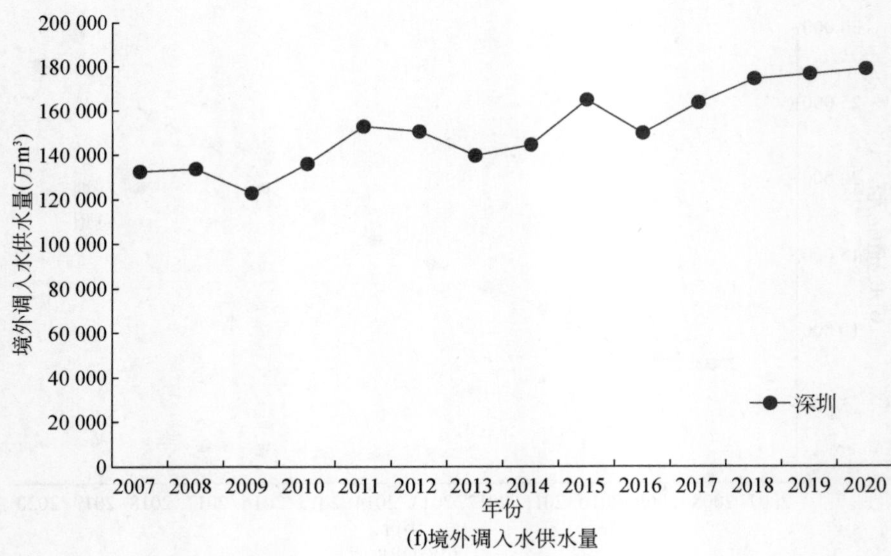

(f)境外调入水供水量

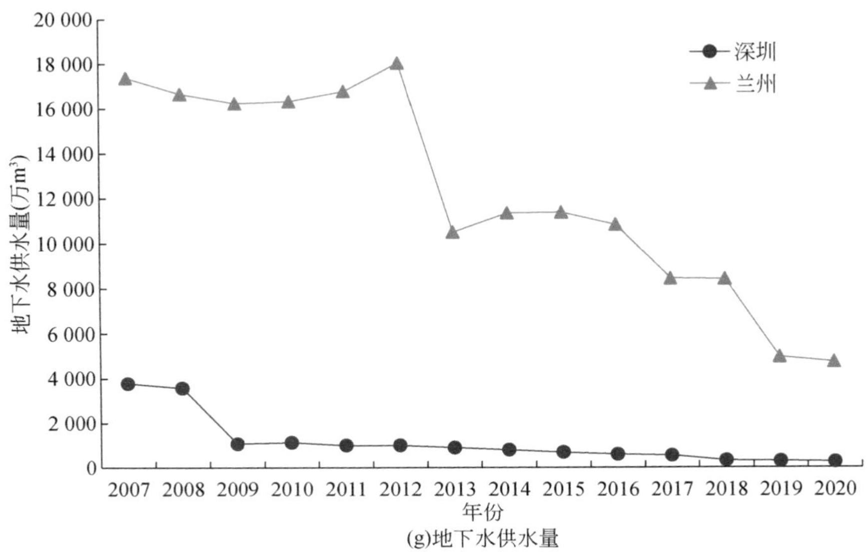

(g)地下水供水量

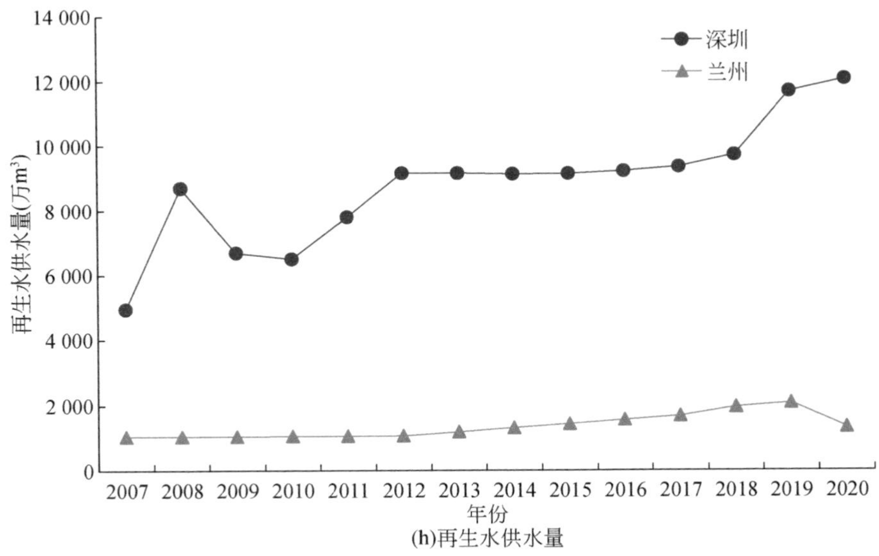

(h)再生水供水量

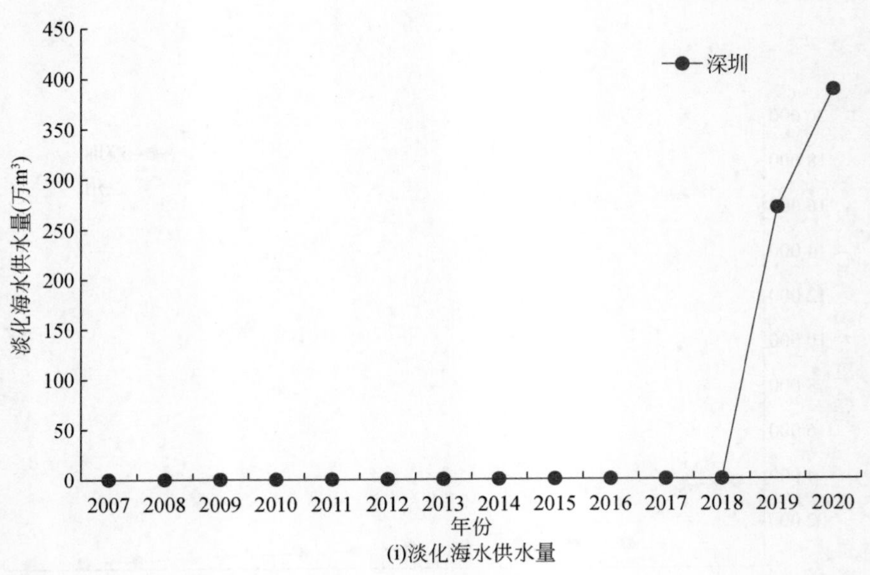

(i)淡化海水供水量

图 2-5 雨水资源利用量影响因子变化

2.2.3 制约因素分析

在自然禀赋方面，深圳市位于丰水带，但人均水资源量少，降水时空分配不均。2020年，深圳市降水量为1497mm，水资源总量为22.09亿m^3，常住人口数量为1756.01万人，人均水资源量为119m^3，存在水资源短缺问题。兰州市位于少水带，为资源型缺水，降水季节分配不均。2020年，兰州市降水量为317mm，水资源总量为4.8亿m^3，常住人口数量为435.94万人，水资源紧缺是兰州的基本市情水情。

在社会需求方面，深圳市和兰州市常住人口数量与GDP一直呈上升趋势，人口上升对水资源需求变大，发展雨水利用可以有效缓解城市水资源缺乏，而GDP上升能更好地加大对雨水收集设施的投入，可以有效促进海绵城市发展。

在供水结构方面，深圳市和兰州市雨水资源利用量在多个供水来源中只占很低的比例，说明雨水资源利用还没有发展到很成熟的阶段。深圳市再生水供水量呈现上升趋势，境外调水量每年不稳定，再加上近几年出现的海水淡化供水，这些供水都会影响到雨水资源利用量。兰州市地下水供水由于政策因素，每年都在逐步下降，地表水供水量也在逐年下降，再生水供水量基本保持不变，雨水利用量占比上升，说明兰州市已经逐渐意识到利用雨水的重要性。

2.2.4 其余因素分析

城市雨水资源利用量受控因素较多，除了自然禀赋之外，政策因素等也是影响雨水资源利用量的重要因素。除上述可定量分析的雨水资源潜力，还有一些不易定量化分析的影响因素对城市雨水利用有约束作用，其中主要包括不同城市的政策性因素。

1. 深圳

(1) 政策

自 2008 年 5 月 1 日起，《深圳市建设项目用水节水管理办法》已经在深圳市第四届人民代表大会常务委员会第八十六次会议审议通过并发布施行。

2009 年上半年发布的《深圳市再生水、雨水利用水质规范》，总结了我国再生水、雨水利用的科研成果和实践经验，结合深圳市本地特点，遵循客观性、针对性、可操作性且相对严格的原则，加强对深圳市再生水、雨水利用推广和监督管理工作的指导和规范（丁淑芳等，2015）。

深圳市标准化指导性技术文件《雨水工程利用规范》于 2011 年颁布实施，内容包括了规范性引用文件、术语和定义、总则、雨水利用目标、水质和水量、雨水利用系统设置、径流污染控制、雨水入渗、雨水收集利用和维护管理等方面。

《深圳经济特区排水条例》经深圳市第六届人民代表大会常务委员会第四十五次会议于 2020 年 10 月 29 日通过，自 2021 年 1 月 1 日起施行，包含了新建、改建、扩建项目应当建设雨水源头收集和利用设施，充分发挥建筑物、道路、绿地、水系、地下空间等对雨水的吸纳、渗蓄和缓释作用，削减雨水径流和面源污染，提高排水能力。

深圳市出台的各种相关政策法规直接或间接地鼓励了城市开展雨水利用，促进了城市雨水资源化的实现。

(2) 水价

随着东深、东江两大境外引水工程的建成，深圳市境外引水量占全市供水总量的比例由 2000 年的 40% 增加到 2014 年的 75.4%，2014 年单位调水成本约为 0.88 元/t。根据深圳市对 22 家自来水企业供水定价成本的核查报告，2014 年 22 家单位自来水供应量为 13.8 亿 t，供水总成本约为 37.9 亿元，单位供水成本约为 2.75 元/t。根据对 22 个污水处理厂在 2012 年的电力消耗进行统计分析，深圳三个典型污水处理厂单位污水处理的经济成本分别为：A 厂为 0.71 元/t，B 厂为 0.89 元/t，C 厂为 0.87 元/t。根据《深圳市小区雨水综合利用规划指引》，深圳中心城区一半以上的居住小区将建雨水利用设施，若将雨水利用率提高至 35% 以上，可替代目前 1/10 的居住小区的生活用水，因此，居民雨水资源利用的潜力是相当大的。

污水处理再生回用以及雨水收集利用的单位能耗要远远低于远程调水的能耗，可见污水再生回用和雨水资源利用等本地水资源开发利用方式，要比远程调水更节能，可大大减少深圳城市水系统的总能耗。不过，雨水回收利用初期建设投资成本较高，项目投资回收期较长，导致社会投资建设的意愿和积极性不高，因此，需要政府层面加大对雨水回用系统建设的补贴支持。

2. 兰州

(1) 政策

2012 年为切实加强兰州市城市节约用水工作，增强全民节约用水意识，推进污水再生利用，提高水利用效率，促进黄河兰州段水环境改善，兰州提出了《兰州市创建国家节水型城市实施方案》，要求重视雨水收集利用，逐步推广雨水利用工程与项目的政策、计划并实施。新建城区建设推行低冲击开发模式，除干旱地区外，建成区雨污分流排水管道覆盖率为 60% 以上。完成对建成区范围内易涝易淹片区排水及雨水利用设施改造。

2017 年甘肃省水利厅印发《甘肃省计划用水管理实施细则（试行）》，其中强调取用水户用水水平超过甘肃省行业用水定额标准，或使用国家明令淘汰的用水技术、工业、产品和设备，具备利用雨水、再生水等非常规水源条件而不利用的，管理机关应督促其限期改正。

2021 年《兰州市水务局“四抓一打通”工作方案》中强调，要加大非常规水资源利用，逐步提高再生水、雨水及微咸水等非常规水资源在工业、城市绿化、生态灌溉等方面的利用率，推动非常规水资源纳入水资源统一配置。

(2) 水价

兰州市居民生活用水水价为 0.9 元/t；行政事业用水水价为 1 元/t；工业用水水价为 1.3 元/t；经营服务用水水价为 1.70 元/t；工业一次用水水价为 0.5 元/t；工业二次用水水价为 0.75 元/t。2013 ~ 2015 年，兰州市财政共计补贴污水处理费用 15 387 万元，城市污水处理单位成本已达 0.97 元/m^3，加上污泥处理、税金等费用后，兰州市污水处理综合费用为 1.32 元/m^3。

兰州市雨水资源利用相关数据较少，以兰州新区第一污水处理厂生态雨水系统建设费用为例，生态雨水系统工程造价约为 48.3 万元。与传统管网系统相比，生态雨水系统可以截留更多的径流雨水，而且对径流雨水污染物的去除效果也很好。通过生态环境保护措施调蓄径流雨水，不仅可以使厂区达到未开发的原始状态，而且提供了绿色的景观。同时，生态雨水系统建设成本低，便于维护。生态雨水系统在兰州新区第一污水处理厂具有很好的应用价值。

2.3　创新型国家城市雨水资源利用模式

2.3.1　创新型国家城市雨水资源利用政策法规

真正现代意义上的雨水资源化利用是从 20 世纪 80 年代开始发展起来，全球 40 多个国家和地区相继开展了不同规模雨水资源化利用与管理的研究和应用，本书选取城市雨水资源利用较为典型的创新型国家，分别是美国、德国、荷兰、澳大利亚、英国和日本。

（1）美国

美国的水资源利用管理起源较早，且一直处于领先地位。最早的水资源管理制度可以追溯到 1901 年的《联邦水法》；1928 年颁布了《防洪法》；1965 年出台了《水质法》，规定各州水质标准的措施（Suélen et al.，2020）；1972 年出台的《清洁水法》提出了用排放限值来控制水资源污染浪费的方法。此后，佛罗里达州等制定了低影响开发的管理条例，规定新开发区域的洪峰流量不能超过开发前的水平，且必须具备雨水蓄集设施。1987 年《清洁水法修正案》首次提出了雨洪最佳管理措施，即依靠雨水塘、雨水湿地、渗透池等措施蓄积雨水，同时控制径流污染。美国对雨水资源利用强调生态和低影响开发，一方面减少公共雨水管道的雨水排入量，另一方面控制雨水径流的污染。

（2）德国

德国作为城市雨水资源管理较为成功的国家之一，形成了相当完善的相关法律政策体系。1991 年 5 月 21 日，欧盟制定了有关废水处理的第 91/271 号《废水处理指令》，成为收集、处理和排放城市废水及工业废水的指导纲领。《废水处理指令》对城市废水的定义是生活废水、工业废水、径流雨水或其混合物。在欧盟有关指令的执行中，德国以《联邦水法》《联邦自然保护法》《废水收费法》等有关法律作为保障，持续推进城市雨水资源管理的法律制度发展。2000 年欧盟颁布了《欧盟水框架指令》。《欧盟水框架指令》为欧盟成员国的水资源管理提供了框架结构，成为欧盟水资源整体性、综合性、系统性保护的基础。

1）对城市水资源的循环系统不采用切割式管理模式，而是由统一的政府部门负责管理城市水资源的开发利用及污染防治。

2）征收雨水排放费制度，初级的雨水管理阶段是依靠政府的行政命令或补贴进行的。

3）德国法律规定，利用公共绿地建设住宅的公民，有义务恢复所占土地资源的雨水循环过程（王浩宇等，2017）。

（3）荷兰

荷兰地势较低，历史上屡遭洪、涝、潮等灾害，防洪工程标准很高：城市防洪标准为10 000年一遇，海岸防洪标准为4000年一遇，河道防洪标准为1250年一遇。最著名的工程有围海造陆工程、“三角洲”工程和移动式防洪大坝（Zhu and Wang，2020）。

荷兰对水资源实行统一管理。由中央、省、水资源局对水资源实行三级管理。具体工作由交通部、公共工程和水资源部的水资源总局负责。水资源总局在全国设有10个地区分局，负责国家的大江大河、主要运河、河口、领海的水量、水质管理，以及防洪、防潮大坝、大堤管理和航运管理。省政府水资源局负责制定区域和地方的地表水和地下水战略规划，制定省级水管理计划，负责地下水的管理，确定水董事会的防洪和水管理任务，确定非国家管理的水体的功能。

荷兰一些工程的构思、设计和建造十分独特。在这些工程的背后，有强大的科研力量和雄厚的机械制造能力作为后盾。荷兰在主要政府部门和私立研究中心、高校和技术教育学院间创立了融会贯通的合作网，这些机构在与水务直接或间接相关的各个领域中进行了广泛的应用型基础研究。

（4）澳大利亚

位于澳大利亚干燥的内陆地区的城市，水资源极为缺乏，所以澳大利亚投入大量的资金在雨季收集雨水来满足这些城市用户的需要。总体来讲，澳大利亚有12%的降雨流到地表河流中。在高城市化地区有90%的雨水流进了雨水系统中，雨水系统可能不能消纳这么多的雨水流量，就溢流到污水系统中，给公众健康和环境带来了负面影响。因此建立适合的雨水技术标准及管理系统是十分必要的。

澳大利亚城市雨水排水系统管理主要依靠当地政府和涉及水道和流域管理的政府机构及法律机构。在一些州，流域联合管理集团或流域管理局已经准备制订雨水管理规划，在此过程中区域内的社区也要参与其中。进行雨水管理规划时除了要考虑当地的利益，还要考虑和资源管理相关的外部因素。在生态可持续原则下，澳大利亚制定的雨水管理的主要政策法规有：城市水资源定价、竞争和改革、国家资源管理、国家土地和水资源审核、土地应用规划、综合流域管理、雨水管理规划等。

（5）英国

英国解决城市雨水问题采用多层次全过程控制的对策。其方法主要包括污染防治、源头控制、小区控制和区域控制4种：污染防治主要依靠污染源的管理和公众的参与；源头控制是通过减少不渗透区域面积或者建立就地雨水收集和处置设施从而减少雨水排放；而小区控制和区域控制是在末端建立渗透系统、过滤系统、湿地系统等滞留系统以控制雨水径流污染，削减径流量。

依据可持续排放体系，从规划到建设、维护与管理的过程可以把相关的法律规章分成三个部分：规划阶段相关的规定、建设与维护管理相关的规定、可持续排放体系的监管规定。在英国，主要有三个主体负责雨水排放管理：排水工程部、公路局、私有土地所有者。当地的环境部门负责地表水、地下水、环境资源的管理，所以环境部门从规划到实施及维护管理均参与到可持续排放体系中。

（6）日本

为了保护环境、削减洪峰等，日本采取了一系列雨水利用措施，也制定了雨水相关政策。日本确立了健全成熟的关于水污染防治的法律体系，也建立了科学完备的水循环体系，规定了必须对雨水进行储存，增加渗透面积，提高水资源利用率，保证城市的保水性。日本政府先后颁布了《水质污染防治法》《新河川法》《下水道法》《工厂排水限制法》《水资源开发促进法》《环境基本法》等一系列法律法规，对雨洪管理及水污染的防治作出了详尽的规定。此外，地方政府还制定了相应的地方条例，进一步具体化全国性法律。

日本政府于 1980 年开始推行雨水储存渗透计划，1988 年成立“雨水储存渗透技术协会”，1992 年颁布了“第二代城市排水总体规划”，正式将雨水渗沟、渗塘及透水地面作为城市总体规划的组成部分，要求新建、改建的大型公共建筑物必须设置雨水下渗设施。日本目前对城市雨水利用给予一定比例的补助，补助率可达到总投资的 1/3 ~ 1/2。

（7）创新型国家雨水利用管理措施及管理

美、英、德、日、澳等国可借鉴的雨水资源利用管理措施及管理机构如表 2-1 所示。

表 2-1　部分创新性国家可借鉴的雨水资源利用管理措施及管理机构

国家	可借鉴雨水资源利用管理措施	水资源利用管理机构
美国	用排放限值控制水资源污染浪费，各州制定低影响开发管理条例	联邦政府机构、州政府机构、地方政府机构
德国	实施“雨水费”制度；收集的雨水必须经过处理，达到排放标准才可排出；新建或改建的建筑采取雨水利用措施才能予以立项	水务局
荷兰	根据法规制订水管理计划以及家庭生活污水和工业废水处理的水质控制计划	水务局
澳大利亚	以完善的管理制度作为支撑，相关制度包括《雨水排放许可制度》《雨水管理和再利用的国家导则》《雨水收集器使用标准》等	区域管理和流域管理相结合，分联邦、州和地方政府三级管理
英国	新建设项目必须使用“可持续排水系统”	环境署和水服务办公室
日本	对设置集雨装置的家庭和企业给予一定补贴	国土厅

2.3.2 创新型国家城市雨水资源利用模式

本书针对上述典型创新型国家，总结了最佳管理实践（BMPs）、低影响开发（LID）、水敏感城市设计（WSUD）、可持续排水系统（SUDS）等9种模式（车伍等，2014）（表2-2）。以下主要介绍其中6种模式。

（1）最佳管理实践

最佳管理实践（Best Management Practices，BMPs）模式于1972年在美国被提出，旨在解决美国的面源污染和雨洪问题，美国还颁布了《联邦清洁水法》作为该模式实施的保障（Hall et al.，2021）。BMPs包括了工程性措施和非工程性措施两大类，工程性措施主要通过采用滞留池、人工湿地、透水铺装等减少暴雨径流，提高雨水水质；非工程性措施包括雨水管理相关法律体系的研究（Risal et al.，2021）。BMPs是通过植被覆盖保护土壤结构、保持水土的地表径流以满足当下和未来对可用水资源的需求（Azari and Tabesh，2021）。1979～1983年美国环保署实施了美国全国城市径流项目，定量地研究了城市雨洪最佳管理实践的效果，并将其分为四类：延迟作用、再补给作用、日常维护和其他。BMPs开发前后水文响应情况如图2-6所示。过去10年中，该词在欧洲就被极为广泛地使用（Frank，2021；Karamouz et al.，2022）。

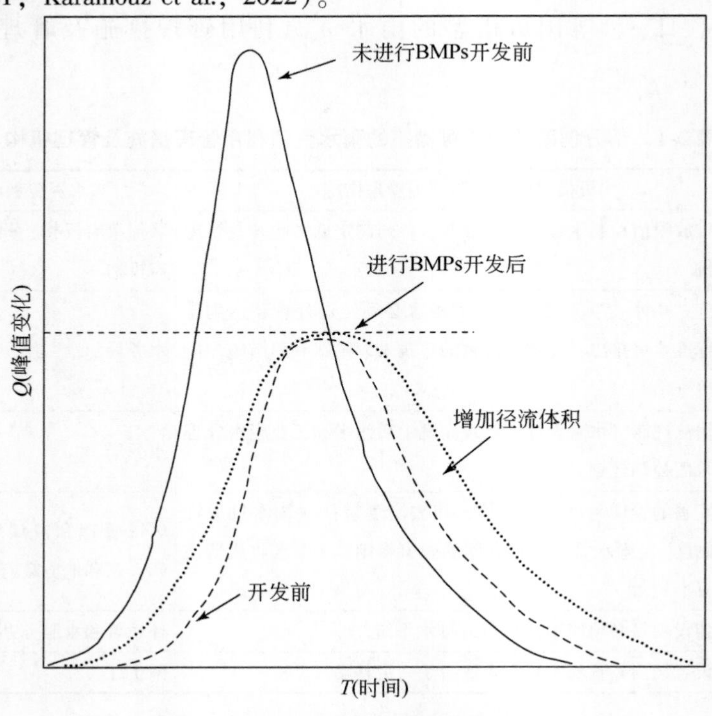

图2-6 BMPs开发前后水文响应情况

表 2-2 典型雨水利用模式适用性

利用模式	模式适用条件	应用国家	采用措施	措施适用条件	应用案例
最佳管理实践（BMPs）	设施较为大型，占地面积大；景观结合度低，主要用于降低峰值流量，措施末端控制居多	美国、加拿大	滞留设施和干池	场地面积至少应大于 $4hm^2$；采用细长的形式建造；边坡坡度不应大于 1/3；应设置低流量情况下的水流通道	加拿大 Montréal 区域雨水花园
			滞留池	设计长宽比应大于 3∶1；在水流方向上逐渐变宽；水池深度应控制在 1.2～2.4m	
			入渗沟渠	应设置在面积小于 $2hm^2$ 且高度不透水化的场地之中	
			透水铺装	适用于人行道、自行车道、小型花园道和步行街地面铺装，需注意地面荷载强度	
			生物过滤带	适用于在不透水路面区域周围建造的面积较小的区域，通常小于 $2hm^2$	
低影响开发（LID）	利用径流控制方法实现恢复水文特征，利用小型绿色设施降低洪峰、控制水质	北美国家、新西兰	绿色屋顶	适用于坡度≤15°	芝加哥南部 SLOOP 和 Douglas 社区
			蓄水池	应与总体规划和景观设计相结合	
			渗透沟	适用于多种类型的小型城市排水区域	
			透水铺装	适用于人行道、自行车道、小型花园道和步行街地面铺装	
			排水井	一般建在建筑屋顶下方以控制屋顶径流产生并收集多余径流	
			过滤带	一般建在草被、种植物和受纳水体的下游段	
			植被缓冲带	一般建在水体、湿地、林地或者高侵蚀性土体等生态敏感区	
			水平扩展带	一般是充满碎石的浅沟，下边界必须是水平的	
			洼地	通常采用植物，多用于高速公路排水设计	
			蓄水桶	适用于低层住宅小区、商业区和工业厂房	

续表

利用模式	模式适用条件	应用国家	采用措施	措施适用条件	应用案例
绿色基础设施（GI）	维持场地自然水文、源头分散处置，在LID基础上更注重景观美学	美国	绿色屋顶	其对屋顶的防水性能要求较高，适用于坡度≤15°	华盛顿特区绿色基础设施规划实施
			雨水花园	适用于多种城市地貌，设置在道路、广场、公园建筑物等雨水收集面	
			人工湿地	适合最小 $5hm^2$、最好大于 $10hm^2$ 的面积	
			渗透铺装	适用于替换传统不透水材料铺设的路面，如街道、停车场等，但不适用于大坡度路面	
			地下渗滤系统	布局设计相对灵活，适合于建造在草地、停车场和各种建筑物的不透水表面地下	
			雨水收集桶	不能完全满足当地的水质要求，在一些要求去除特殊污染物的地区和城市应该慎用	
			道边绿色基础设施	通常修建在雨水集水口的上游	
水敏感城市设计（WUSD）	提高水资源利用率，注重雨洪管理设施建设与城市生态环境设计的结合	澳大利亚、新加坡	土壤过滤系统	需要考虑土壤渗透率的影响	Moonee Valley 市雨水花园案例研究
			降水收集系统	需要考虑当地的水质要求	
			透水路面铺装	适用于替换传统不透水材料铺设的路面，如街道、停车场等，但不适用于大坡度路面	
			生物滞留池	场地面积至少应大于 $4hm^2$；采用细长的形式建造；边坡坡度不应大于1/3	
			人工湿地	适合最小 $5hm^2$，最好大于 $10hm^2$ 的面积	
			屋顶绿化	其对屋顶的防水性能要求较高，适用于坡度≤15°	
			人工河湖	应与总体规划和景观设计相结合	

续表

利用模式	模式适用条件	应用国家	采用措施	措施适用条件	应用案例
可持续排水系统（SUDS）	更加注重生态保护和物种多样性的实现	英国	过滤带	适用于在不透水路面区域周围建造的面积较小的区域，通常小于 $2hm^2$	Coventry 大学图书馆
			滞洪洼地	通常采用植物，多用于高速公路排水设计	
			排水沟	应设置在面积小于 $2hm^2$ 且高度不透水化的场地之中	
			雨水收集系统	需要考虑当地的水质要求	
			透水路面	适用于人行道、自行车道、小型花园道和步行街地面铺装	
			储水罐	适用于低层住宅小区、商业区和工业厂房	
			景观池塘	应与总体规划和景观设计相结合	
城镇水资源综合管理（Integrated Urban Water Management，IUWM）	雨水利用理念相同的国家地区即可	全球水伙伴的国际政府组织	与 WSUD、SUDS 和 LID 模式措施相似，更注重可持续性，以环境、社会和经济三方面在中、短和长期条件下的平衡为目标		日本圆顶体育场的雨水利用工程
替代技术或补偿技术（Alternative Techniques，ATs）	优化城市土地使用和控制投资成本，针对的主要是人类而非生态系统的利益	法国、巴西	与 LID 方法类似。法国将范围限定在液压技术方面，且主要用于解决较高重现期的雨水问题（不考虑生态学和景观美学）		法国里昂引入街道净化装置
雨洪质量改进设备（Stormwater Quality Improvement Devices，SQID）	关注的是水文控制，只涉及行业的一部分	澳大利亚、德国、瑞士、美国	Green Gully、拦截网等改进型雨水设施装置		昆士兰州东南部联排别墅开发项目

续表

利用模式	模式适用条件	应用国家	采用措施		措施适用条件	应用案例
海绵城市（SPC）	注重因地制宜、防洪安全和生态保护原则，采用渗、滞、蓄、净、用、排等措施，将降雨就地消纳和利用	中国	渗透型	绿色屋顶	其对屋顶的防水性能要求较高，适用于坡度≤15°	镇江虹桥港片区
				透水铺装	适用于人行道、自行车道、小型花园道和步行街地面铺装，需注意地面荷载强度	
				生物过滤带	适用于在不透水路面区域周围建造的面积较小的区域，通常小于 $2hm^2$	
				渗透沟渠	应设置在面积小于 $2hm^2$ 且高度不透水的场地之中	
				下沉式绿地	一般在建筑小区和城市道路中间使用	
				雨水花园	适用于多种城市地貌，设置在道路、广场、公园建筑物等雨水收集面	
			储存型	景观池塘	应与总体规划和景观设计相结合	
				雨水收集桶	不能完全满足当地的水质要求，在一些要求去除特殊污染物的地区和城市应该慎用	
			调节型	雨水调蓄池	场地面积至少应大于 $4hm^2$，应设置低流量情况下的水流通道	
				人工河湖	应与总体规划和景观设计相结合	
			传输型	植草沟	适用于多种类型的小型城市排水区域	
			净化型	人工湿地	适合最小 $5hm^2$、最好大于 $10hm^2$ 的面积	

（2）低影响开发

低影响开发（Low Impact Development，LID）模式于 20 世纪 90 年代在美国马里兰州乔治王子郡被提出，该模式以微观的最佳管理实践为基础，主张利用下凹绿地、植被过滤带、透水铺装等措施从源头增加入渗、过滤、蒸发，从而达到减少雨水径流、改善雨水水质的目的，LID 措施的占地面积小、分布灵活，更适用于土地资源稀缺的高密度地区。LID 的应用可以有效减少进入市政管网的雨水，提高雨水资源利用率的同时缓解城市排水压力。美国的低影响开发技术能够集蓄雨水（Bakkiyalakshmi and Ting，2015），减轻暴雨对城市的影响，提高雨水资源利用效果，有效控制污染（Maochuan et al.，2019），具有良好的经济效益，目前已在加拿大、欧洲、亚洲等国家和地区广泛应用（Donggeun et al.，2016；Yu et al.，2020）。LID 技术与传统雨洪控制技术的差异如表 2-3 所示。

表 2-3　低影响开发（LID）与传统雨洪控制技术的比较

项目	传统雨洪控制技术	低影响开发技术
主要目标	降低开发区域雨水径流的峰值流量	保护受纳水体生态完整性
水量控制	降低径流的峰值流量，但径流总量增加，河流基本无法得到补充	通过渗滤等措施可降低峰流流量和径流总量，补给河流基流
水质控制	主要通过沉淀作用去除污染物，污染物负荷高	可通过沉淀、过滤、吸收等作用去除污染物，污染物负荷低
建设费用	高	低
运行管理	复杂	简单
升级改造	复杂	简单

资料来源：车伍等，2013。

从水文指标角度来看，LID 模式在末端治理的基础上增加了源头控制措施（Wang et al.，2022）。具体技术方法如表 2-4 所示。

表 2-4　低影响开发技术

分类	措施
保护性设计	限制路面宽度；保护开放空间；集中开发；改造车道等
渗透	绿色街道；渗透性铺设；渗透池（坑）；绿地渗透等
径流蓄存	蓄水池；雨水桶；绿色屋顶；低势绿地；调节池；地下水库等
过滤	人工滤池；植被滤槽；植被过渡带；雨水花园等
生物滞留	植被浅沟；小型蓄水池；植草洼地；植草沟渠等
绿色景观	种植草本植物；种植耐旱植物；更新林木；改良土壤等

（3）水敏感城市设计

水敏感城市设计（Water Sensitive Urban Design，WSUD）最早出现在20世纪90年代的澳大利亚，该模式具有明显的地域特征，主要是基于澳大利亚长期干旱的气候条件以及传统排水方式的不足（Sharifian et al.，2022）。WSUD强调城市水文循环、水资源保护和城市规划的结合，尊重城市自然水文过程，加强城市雨水资源的保护与利用，保证城市发展的可持续性（李纯等，2017）。其最早的引用者将WSUD的目标列为以下几点（Loc et al.，2020）：管理水资源的平衡（包括地下水、径流水以及洪水损毁和流道侵蚀）；维持和提高水质（包括沉淀物、河岸植被带的保护以及地表和地下水中污染物排放）（Sharifian et al.，2022）；鼓励水资源保护（通过对雨洪的利用和废水循环来最小化饮用水的供应；灌溉用水的减少等）；维护与水相关的环境及娱乐休闲因素（Akosua and Adeshola，2020）。

（4）可持续排水系统

20世纪90年代英国在借鉴BMPs的基础上提出了可持续排水系统（Sustainable Drainage Systems，SUDS），用以解决英国日益严重的城市洪涝和面源污染问题（David and Jonathan，1997；Guptha et al.，2022）。SUDS由一系列的排水技术和方法组成，且这些技术比传统方案更有可持续性（Ferrans et al.，2022）。SUDS相关技术原理与LID一致：力求模拟自然的、预发展式的现场排水过程（Arahuetes and Olcina，2019）。SUDS的核心是尽可能地模拟场地开发前的水文循环过程，注重水环境保护、土地利用和城市规划的结合，借鉴BMPs的工程性措施，将城市雨水管理分为源头控制、过程传输和区域控制（Abellán et al.，2021）。

（5）绿色基础设施

绿色基础设施（Green Infrastructure，GI）由美国保护基金会和农业部林业局于1999年8月首次提出，源自景观建筑和景观生态学领域。GI既是一个概念，又是一个过程，其在城市规划中倡导绿色空间的分布及其效益最大化，并强调了绿植在城市中的生态学服务功能（Chan et al.，2021）。GI的定义是指一个由多种要素组成的生命支持系统，这些要素包括水道、湿地、公园、绿道、动物栖息地、其他保护区域等，GI的各组成部分之间相互协调，共同组成了完整的自然网络。GI正被世界上越来越多的国家使用。其不仅被用于雨洪管理，也被用于提高城市宜居性、居民健康甚至是社会公平性等更广泛的目的。GI与雨洪管理形成了一个良性循环：雨洪管理促进绿色基础设施的使用，而绿色基础设施建设也将雨洪管理列为其发展的重要目标。GI的不断普及使雨洪管理向着更分散和源头措施的方向发展（蔡家珍等，2018）。

（6）海绵城市

海绵城市（Sponge City，SPC）是指在城市水生态问题日益严重的背景下，通过海绵城市的政策制定，充分利用现有的自然环境资源（邓延利等，2021；陈丽君和刘海臣，2021），结合一定的工程技术，对城市的雨水进行吸纳、蓄渗和缓释，从而实现自然渗透、自然积存、自然净化的城市发展理念和方式（贾培文等，2021；王文，2022；刘祚俊，2022）。海绵城市理念发展的四个阶段如图 2-7 所示。

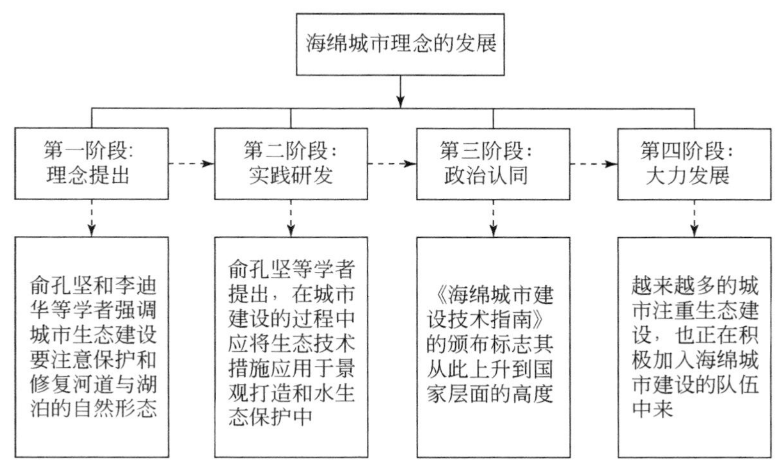

图 2-7　海绵城市理念发展的四个阶段

海绵城市的本质内涵，包括其概念本身和城市基本水问题的综合治理（林奇等，2022），以及协调好如图 2-8 中的各种关系。以城市水文规律为基础，以规划建设为载体，优化绿色和灰色基础设施设计，改变雨水汇集方式，充分发挥城市海绵体对雨水径流的积存、渗透和缓释作用，实现城市水资源利用、水生态环境修复和防洪排涝的目标，降低自然灾害和环境变化对城市的影响（贺丽娟，2021）。

基于以上观点，针对城市内涝、城市水污染、城市水生态环境破坏和城市水资源短缺

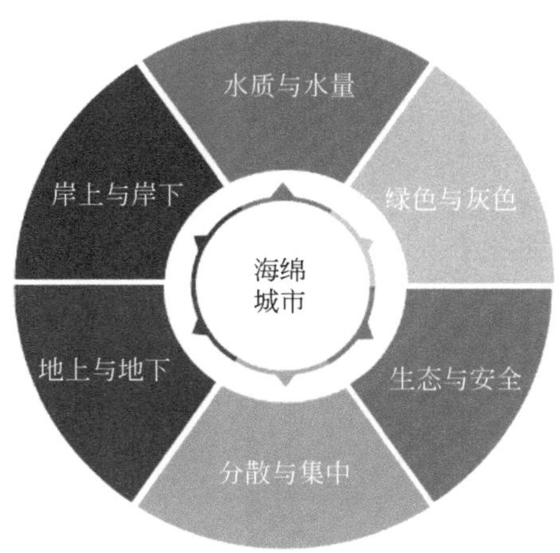

图 2-8　海绵城市与协调关系

四类城市水问题，可将海绵城市的内涵归结为以下四个方面。

1）削减洪峰流量。城市内涝的自然属性是大量降雨径流不能及时排走导致城市积水，社会属性是严重的积水对社会生产生活造成灾害性影响。因此，减少城市洪涝灾害的影响，关键是减少雨洪时期积水，降低洪峰流量，延缓雨洪过程。海绵城市对雨水产汇流具有滞峰、错峰和削峰的综合作用。

2）减轻水质污染。社会水循环与自然水循环的失衡导致城市水污染，海绵城市建设能够调控二者的关系，使产污量及产污速率小于水体的纳污能力和净污速率，控制雨水径流污染。

3）改善水生态环境。海绵城市建设以生态环境恢复和保护为原则，通过构建低影响开发设施，完善生态系统，不仅为城市提供生态用水、营造水体景观，而且对城市有提高绿化率、调节小气候、缓解热岛效应和美化环境的作用，是实现水生态环境系统修复的基础。

4）加强雨洪资源利用。海绵城市建设，考虑雨洪资源的可持续开发和利用，采用多层次的雨洪利用模式，尽可能多地将雨水滞留在当地，作为生活杂用水、工业用水和浇灌用水，缓解城市供水压力。

2.3.3 创新型国家雨水资源利用模式分析

不同国家的城市雨水资源利用模式及其发展历史如图 2-9 所示。此外，对几种典型的雨水资源利用模式进行了比较和总结（Tim et al.，2015），如表 2-5 所示。从表 2-5 中可以

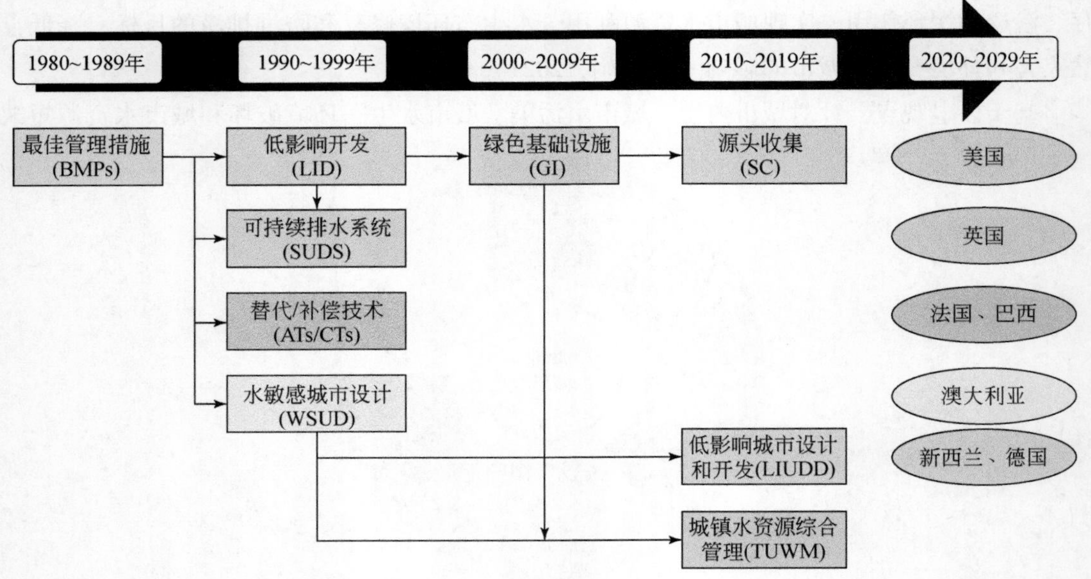

图 2-9　城市雨水资源利用模式及其发展历史

表 2-5　典型雨水利用模式比较

利用模式	特点				目标功能	适用性						
	中小雨量控制	暴雨控制	源头措施	顶层设计		设施特征	所需空间	对场地干扰	景观结合度	自然资源保护	维护	成本
传统排水（1900～1909 年）		√			依赖雨水管道系统解决内涝问题	整体、大型	大	大	无	无	需要专业维护	高
BMPs（1980～1989 年）	√	√	√		降低峰值流量、末端控制、控制水质	集中、大型	较大	中/低	低	一般	需要专业维护	较高
LID（1990～1999 年）	√		√		维持场地自然水文、源头分散处置	分散、小型	较小	低/无	高	较高	日常景观管理维护	较低
WUSD（1990～1999 年）	√	√	√	√	通过规划设计减少自然水循环负影响	整体、大型	较大	低/低	高	较高	整体建设管理	较高
SUDS（1990～1999 年）	√	√	√		控制水量水质及生态景观、末端处理	渗透、小型	较小	低/无	高	高	建设维护管理	较低
GI（2000～2009 年）	√	√	√	√	替代更多传统灰色调蓄设施的使用	分散、中小型	较小	低/无	高	高	日常景观管理维护	较低
SPC（2010～2019 年）	√	√	√	√	提高城市下垫面的雨水调节蓄积能力	分散、中小型	较小	低/无	高	高	专业整体管理维护	较低

注：“√”表示关联很密切或者有突出作用。

看出，目前的雨水管理模式都是在传统排水的基础上进行改进，采用 BMPs，补充现有排水基础设施的 LID 和 SUDS 措施；GI、WSUD 和 SPC 在顶层设计和综合规划中更为突出，相互融合，广泛应用于城市规划、景观设计等学科。与传统雨水管理模式相比，设施趋于小型化、分散化，与景观更注重融合，对自然资源更注重保护，成本逐渐降低（米文静等，2018）。

各种模式均采用了源头控制措施用以控制中小型雨水，包括水质和水量的控制；此外，各模式实施的目的均为恢复城市自然的水文循环过程，实现削减径流总量、改善雨水水质、恢复水生态系统功能等。从评价指标的角度，随着各种雨水管理模式的陆续提出，指标内涵也不断丰富，从最初的水文控制扩展到包含城市水文、生态、法律、社会参与等多方面的内容，逐步形成了较为完整的指标体系，为城市雨水管理提供了有效指导。

其中，美国的低影响开发（LID）、英国可持续排水系统（SUDS）和澳大利亚的水敏感城市设计（WSUD）在名称、相关概念上有很多不同，但是纵观各国雨洪管理的发展历程可以发现，美国、英国和澳大利亚在雨洪管理体系中的目标、设计原理和主要技术都有着大量的相似之处，各国雨洪管理体系相同点如表 2-6 所示。

表 2-6　各国雨洪管理体系相同点

分类	具体内容
管理目标	实现生态雨洪管理，具体措施包括：减少地表径流和洪峰流量；改善水质；减少排污基础设施及相关投资，同时改善城市区域的可持续性和舒适性，等等
设计原理和机制	根据沉淀（过滤）和生物降解等原理，保护和恢复下渗、蒸发等自然界中水循环过程，兼顾对水质和水量的控制
技术措施	屋顶花园及雨水收集设施；透水地面铺装；蓄水池、渗滤坑、过滤渠、过滤池等过滤装置以及蓄洪、净化作用的湿地等一系列贯穿水排放过程（from roof to river）的措施

由表 2-2 及表 2-6 可知，在吸收国外创新型模式之后，可以将雨水利用措施分类，并且在我国的南北方进行推广。干旱半干旱的北方地区在雨水利用设施应用方面区别于其他地区，尤其区别于南方地区，要充分考虑地区特有的气象、水文、土质、降雨等条件，有目的性地进行雨水利用设施的选择建造应用，如滞留设施、干池、蓄水池、雨水收集桶、人工河湖等大型的集雨设施，用于充分收集雨水资源，避免雨水的浪费。

在多雨的南方城市，地表水资源和雨水资源都非常丰富，应该加大在雨水设施方面的投入，做到不仅能有效集水，而且可以美化城市环境，适用的措施包括入渗沟渠、透水铺装、生物过滤带、绿色屋顶、植被缓冲带、水平扩展带、洼地、雨水花园、人工湿地、景观池塘等。

2.4 城市雨水资源综合利用模式与措施集

2.4.1 城市雨水资源综合利用模式

城市雨水资源利用技术发展的一个突出特点是国际化与集成化。各国的雨水利用技术发展的程度因各种影响要素制约不同而参差不齐。成熟的城市雨水利用技术从雨水的收集、截污、储存、过滤、渗透、提升、回用到控制都有一系列的定型产品和组装式成套设备。典型创新型国家城市雨水资源综合利用模式对我国雨水资源利用具有重要的借鉴意义。而我国的国情与上述创新型国家又存在诸多差异，主要可以归纳为以下三个方面。

(1) 资源相对贫乏，时空分布极不均匀

我国淡水资源总量为 28 000 亿 m^3，占全球水资源量的 6%，但人均可利用水资源占有量仅为 900 m^3，约为日本的 1/2、美国的 1/4、俄罗斯的 1/12，在被统计的 153 个国家中名列 110 位、仅为世界平均水平的 1/4，是全球人均水资源最贫乏的国家之一，甚至被列为世界 12 个贫水国之一。我国城市缺水总量达 60 亿 m^3，600 余座城市中约 400 座城市存在缺水问题，其中的 110 座城市面临严重缺水问题。同时，我国水资源年内年际变化大，降水及径流的年内分配集中在夏季的几个月中，连丰、连枯年份交替出现，造成一些地区干旱灾害出现频繁和水资源供需矛盾突出等问题。

(2) 城市雨水资源利用起步晚，现状利用水平低，雨水资源利用意识不强

城市雨水资源利用起步晚，现状利用水平低，传统雨水利用基础设施规划中采用通过提高重现期以及增大雨水管径以期实现“快速排放”的模式，引发了洪涝与缺水并存。直到近年来研究机构才相继展开了雨水资源利用的研究，在一些城市建设了一批雨水资源利用示范工程，国内雨水管理正在经历由“雨水疏浚”到“雨水利用”的过渡阶段。然而，在城市雨水利用基础设施规划方面，还未能够将这些先进的雨水利用技术充分结合统一考虑，雨水利用基础设施规划设计、雨水资源利用与生态环境保护、城市景观设计处于各自分离状态，缺乏纳入统一系统进行协调的规划。

(3) 城市化发展迅猛

近几十年来，我国城市化水平由 1999 年的 30.9% 提高到 2012 年首次超过 50%，并保持快速增长，城市化的快速提高促进了经济的发展和文明的进步。随着城市化进程的快速推进，城市规模不断扩大，城市范围内原始的土地被建筑、道路和硬化铺装所覆盖，这些高达整个城市 90% 面积的不透水面积改变了地面径流方式，使原本可通过渗透进入土壤补充地下水的雨量变成了地表上的径流量，导致城市洪峰流量剧增且时间提前、洪涝灾害发生概率增加。还相继出现了生态环境恶化、水资源紧缺、洪涝灾害频发、地面沉降、海水倒灌等问题。此外，社会经济快速发展，城市土地资源“寸土寸金”，对雨水利用末端处理、储存调蓄方式都提出了更高的要求。

基于典型创新型国家雨水资源综合利用模式的适用性及其案例，甄别各模式中雨水利用措施的适用条件，选取适用于我国城市的利用措施。针对我国城市雨水利用起步晚、意识差，城市化导致不透水面增加、污染严重，城市寸土寸金、生态景观需求等情况（路琪儿等，2021），将典型创新型国家雨水资源综合利用模式中适用于我国的雨水利用措施分为三个利用阶段，即源头收集、过程控制和末端处理，在实践过程中，从三个利用阶段选取合适的雨水利用措施，形成城市雨水综合利用措施集，各阶段的主要内涵如下所示。

1）源头收集措施：在雨水进入市政管网、河沟和其他排水系统之前设置这些措施，目的是预防和控制源水的数量和质量，增加渗透和储存再利用。主要技术措施包括屋顶绿化、雨水池、透水路面、植被缓冲带等（汤钟等，2020）。

2）过程控制措施：当雨水超过源头收集措施的处理能力后，措施一般设置在径流汇流过程中，溢出的雨水排入市政沟渠和管网，采取截污、截留、调节、储存等措施，处理后的雨水排放或回用。主要技术措施包括植草沟、渗透管/沟、渗透井、雨水花园等。

3）末端处理措施：雨水在排水系统末端收集后，经过集中的物理、化学和生物处理，去除雨水中的污染物，改善雨水水质，最终直接排入受纳水体或回用。主要技术措施包括蓄水池、人工湿地、生物滞留设施等（郑克白和马先海，2014）。

2.4.2 城市雨水资源综合利用措施集

1. 源头收集措施

(1) 绿色屋顶

现代城市建筑的屋顶约占城市总面积的20%~25%，屋顶作为城市区域中一类特殊的土地覆盖类型，分为蓝色屋顶、蓝-绿屋顶和绿色屋顶。

蓝色屋顶（blue roof）：指在屋顶上采用限流措施（如提高排水口高度、设置限流孔和溢流堰等），临时贮存并缓慢排放径流的设施。平均径流削减率为54%，具有构造简单、建设成本低且易维护的优势，近年来逐渐被各国采用（Matthew and Shane，2019）。

蓝-绿屋顶（blue-green roof）：在绿色屋顶的底部添加蓄水层。添加蓄水层既可增加绿色屋顶的蓄水空间，也能通过水分补给影响绿色屋顶的蒸散发，从而维护植被健康生长并改善绿色屋顶的径流调控能力。除影响径流调控能力外，添加蓄水层还会改变绿色屋顶的径流过程和基质水分状况，这可能会对绿色屋顶的径流水质造成影响，但目前尚缺少相关实测研究。

绿色屋顶（green roof）：结构更复杂，从上到下通常包括植被层、基质层、过滤层、排水层和防水层等，具有调控径流、减少噪声和减缓城市热岛效应等功能。然而，绿色屋顶的建设和维护成本较高，且植被生长情况、径流调控功能和径流水质等易受外部环境（如气候、降雨和周边环境等）和配置因素（如植被类型和基质等）的影响和制约。绿色屋顶可以减少雨水径流，减少温室气体排放，以缓解城市热岛效应，减少能源消耗，改善空气和水质，降低酸性雨水的 pH，提供更好的生态城市生活和野生动物栖息地，并吸收噪声（褚彦杰，2017）。绿色屋顶的构成从上到下由植被层、栽培基质层、蓄水层、过滤层、排水层、根阻层、防水层、保温层和屋面层组成，具体构造如图 2-10 所示。

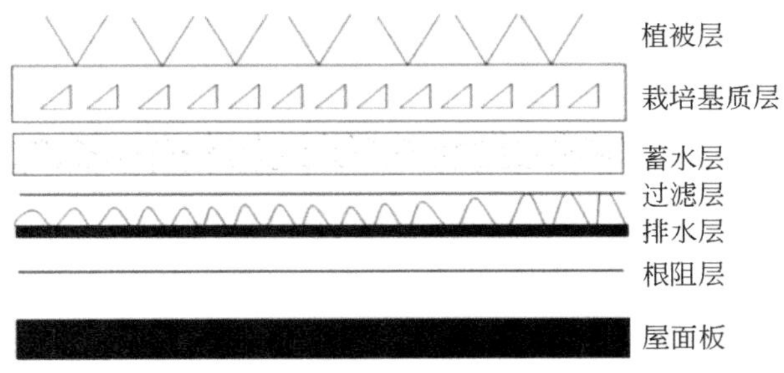

图 2-10　绿色屋顶具体构造图

绿色屋顶按照类型特点可以分为拓展型、半密集型和密集型绿色屋顶，其中拓展型绿色屋顶使用最为广泛，不同类型绿色屋顶可承载重量、适宜栽种植物类型各不相同（图 2-11）（孔凤翔等，2021）。民用建筑按照房屋高度可以分为低层民用建筑、多层民用建筑、高层民用建筑和超高层民用建筑（欧阳友等，2021），同时按照房顶形态可以分为平屋顶、坡屋顶、退台式屋顶和一体式屋顶，绿色屋顶可以根据不同的房屋高度和房顶形态进行自由组合（图 2-12）。

图 2-11　绿色屋顶按类型特点分类示意图

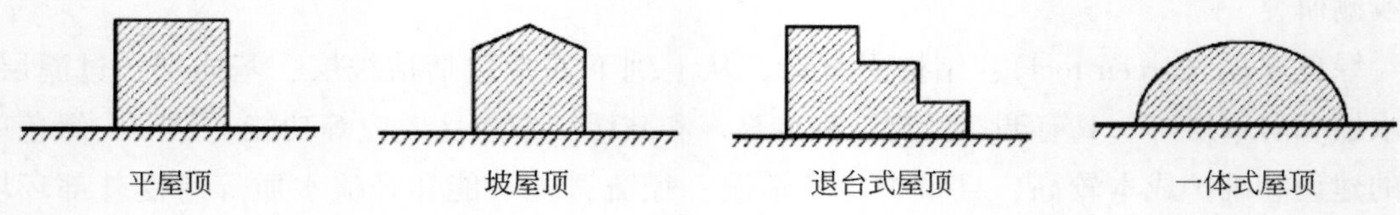

图 2-12　绿色屋顶按房顶形态分类示意图

同时绿色屋顶按照不同分类进行了具体介绍，介绍如表 2-7 所示。

表 2-7　绿色屋顶结构分类

分类		适用范围
类型特点	拓展型	维修成本低；不用灌溉；种植浅根系的苔藓、景天、草本植物；成本低；60～150kg/m²；作为生态保护层；系统建立高度 60～200mm
	半密集型	间歇性维修；偶尔灌溉；种植浅根系的草本植物和灌木；成本中等；120～200kg/m²；作为设计屋顶；系统建立高度 120～250mm
	密集型	维修成本高；周期灌溉；种植草坪或多年生植物，灌木和乔木；成本高；180～500kg/m²；作为花园或者公园；系统建立高度 150～400mm、地下高度大于等于 1000mm
房屋高度	低层民用建筑	建筑高度≤10m 且建筑层数≤3 层的建筑
	多层民用建筑	10m<建筑高度≤24m，且 3 层<建筑层数<7 层的建筑
	高层民用建筑	建筑高度>27m 的住宅建筑与建筑高度>24m 的非单层公共建筑，且其高度≤100m 的建筑
	超高层民用建筑	建筑高度>100m
房顶形态	平屋顶	坡度在 10% 以下的屋顶，最常用的排水坡度为 2%～3%，承载力较大，但一般为年代较为久远的老建筑，其防渗性能衰退较大
	坡屋顶	屋顶坡度倾角不小于 10°的建筑屋顶，屋顶承载力较大，无法种植基质层较厚的屋顶绿化，角度的存在使养护危险性增大
	退台式屋顶	可以种植不同类型植物，并分布在不同高度的平台上
	一体式屋顶	屋顶为曲面，如球形、悬索形、鞍形等，施工工艺较复杂，外部形状独特

（2）透水铺装

透水铺装是在表层、路基和最低土基中使用渗透性好、孔隙率高的砾石和砂，使雨水顺利进入路面结构内部，并通过路面内部的排水管渗入土壤基层，达到减少地表径流和地面回灌的一种路面覆盖形式（李维等，2020）。其水文性能取决于地基的蓄水能力和地基土的饱和导水率。透水铺装的优点是能够净化水、恢复自然水文、减少径流、缓解城市热岛和减少道路噪声。目前按照透水铺装的类型可以有多种分类方式，根据工程施工特点，可以按透水铺装的面层材料和渗透路径分成两大类（Dai K et al.，2021）。

透水铺装按照面层材料可以分为透水砖路面、透水混凝土路面和透水沥青混凝土路面等（曹春亮，2020；吴允红等，2022）。透水砖以无机非金属材料为主要原料，经成型加工后制成具有较大透水性能的地砖，可分为陶瓷基砖、砂基砖、粉煤灰基砖、复合砖等，砖与砖的连接处用透水性材料填充。按照雨水的渗透路径可分为全透型路面、半透型路面和排水型路面，具体结构形态如图 2-13 所示。

全透型路面的结构层各层均使用渗透性能较好的透水材料，主要适用于人行横道、非机动车道、公园以及景区观赏地带。半透型路面的面层和基层均能有效下渗雨水，但底基层不具备透水性，在底基层上方铺设防水土工布，雨水从底基层上部进入排水设施中（储杨阳等，2022）。半透型路面主要适用于承受荷载较轻的城市道路、小区道路、广场等。

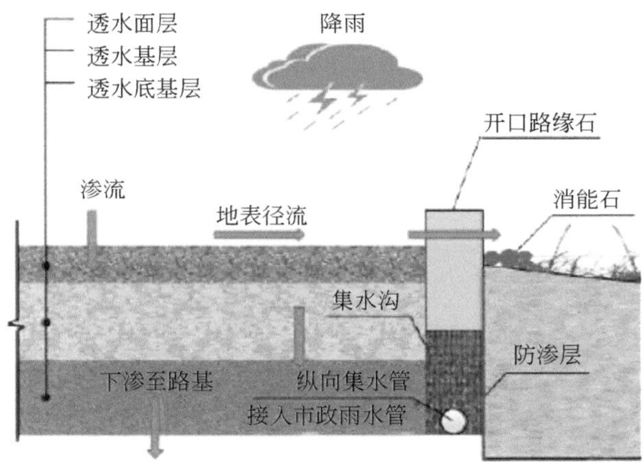

(a)全透型路面

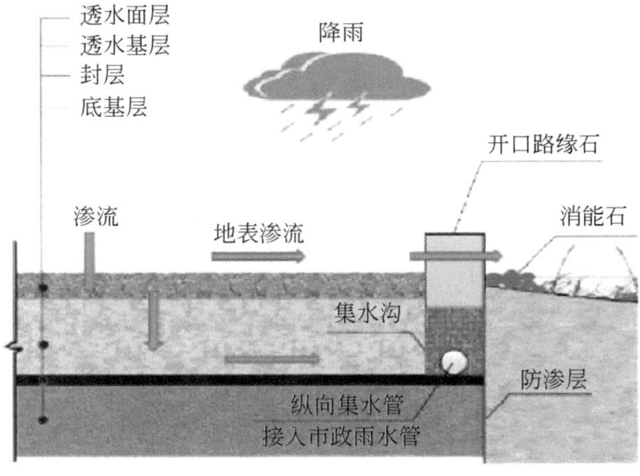

(b)半透型路面

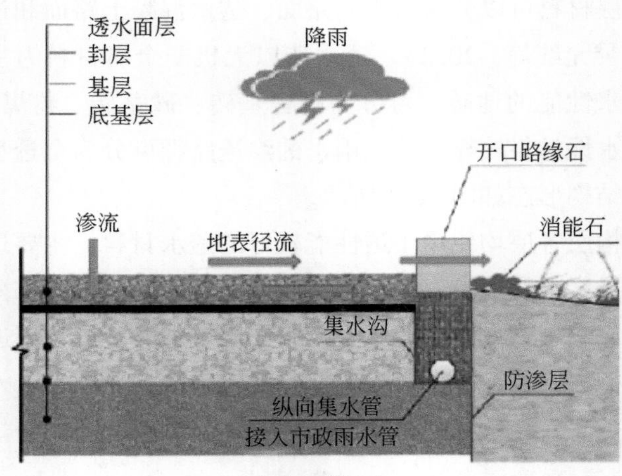

(c)排水型路面

图 2-13　按渗透路径分类透水铺装形态示意图

透水铺装路面的路层结构一般由面层、找平层、基层和土基层组成，具体组成如图 2-14 所示。透水铺装路面面层材料一般具有良好的透水性能，能够保证雨水通过面层及时下渗，避免路面径流的产生。

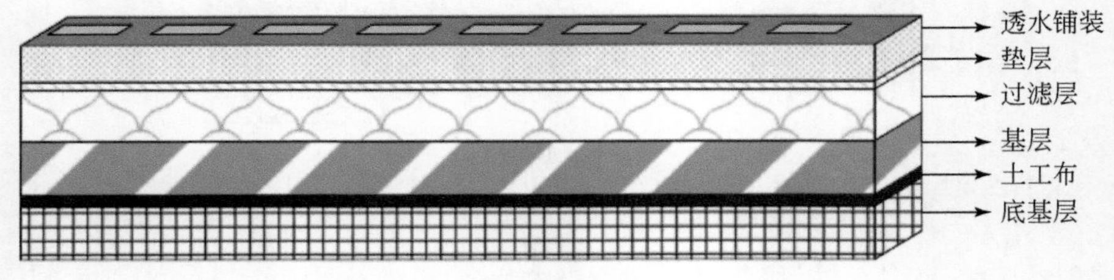

图 2-14　透水铺装分层示意图

(3) 生物滞留系统

生物滞留系统是在低洼的地区种植灌木、花草以及树木等植物，通过植物—土壤—填料的过滤作用对径流雨水进行净化，并进行短暂的滞留，而净化后的雨水慢慢渗入土壤中补充地下水或者通过底部的穿孔管输送到市政排水系统或者后续的处理设施，同时可削减径流量（罗利顺等，2021）。生物滞留系统类似于植被覆盖的浅沟渠，种植在地势较低的地区，充分利用城市开放空间，通过植物滞留和土壤渗透改善雨水质量。一般由植被缓冲区、蓄水层、覆盖层、种植土壤层、砂层和砾石层组成（李俊奇等，2022），生物滞留系统具体形态如图 2-15 所示，具体构造如图 2-16 所示。

生物滞留系统具有灵活性强、场地限制性小、规模小、造价低、维护简单且效果明显等优点，可用于城市的不同区域（李港妹等，2019），如新建或者改建的高密度住宅区、

图 2-15　生物滞留系统形态示意图

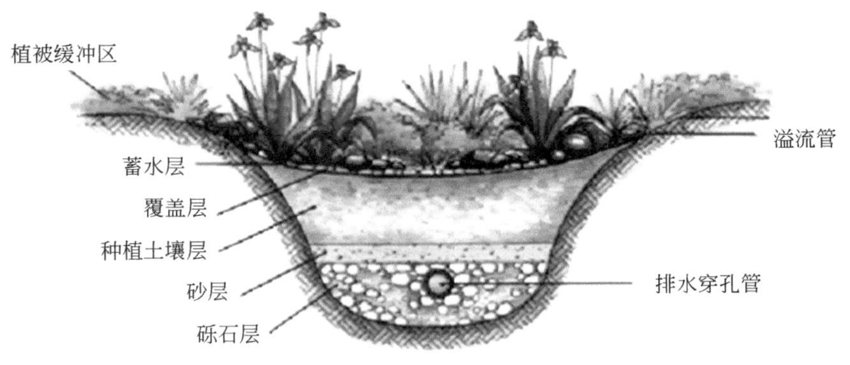

图 2-16　生物滞留系统具体构造图

建筑区或者偏远郊区等，在我国具有广阔的应用前景。生物滞留系统可以充分收集建筑物屋顶、停车场、广场以及交通道路等不透水区域的降雨径流，可达到防洪减灾的目的，并有效净化以及利用雨水。与此同时，建设在居民区的生物滞留系统还可作为一个小型的生态系统，改善住宅区内由于大范围的不渗透铺装而形成的死板感觉，减轻热岛效应，改善区域内环境气候。根据其建设的复杂程度可将生物滞留系统分为简易型和复杂型两种，具体构造如图 2-17 所示；根据其应用位置不同又可分为生态树池、雨水花园、生物滞留带、高位花坛等，具体形态如图 2-18 所示。

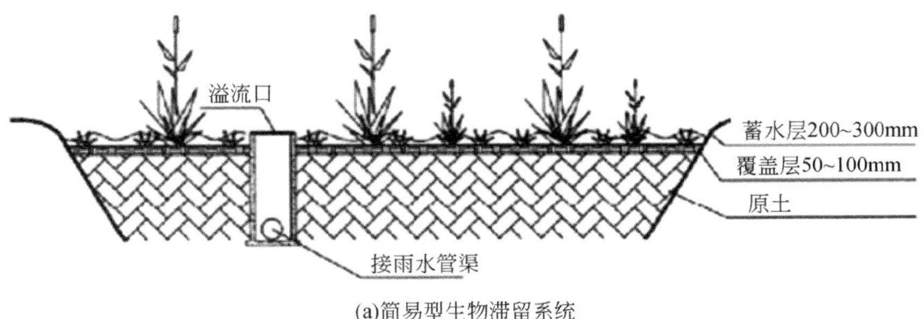

(a)简易型生物滞留系统

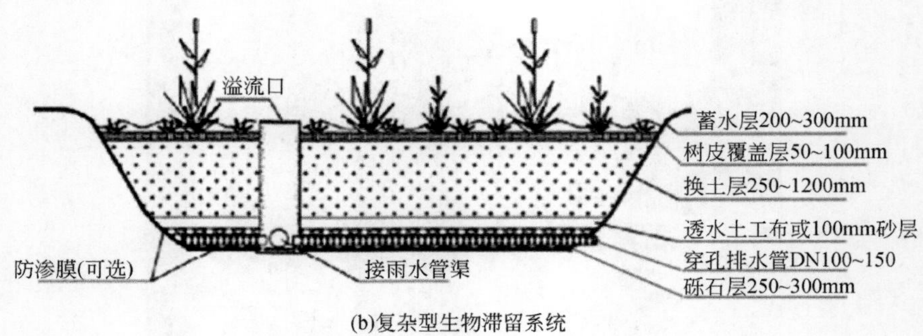

(b)复杂型生物滞留系统

图 2-17 按复杂程度分类生物滞留系统结构图

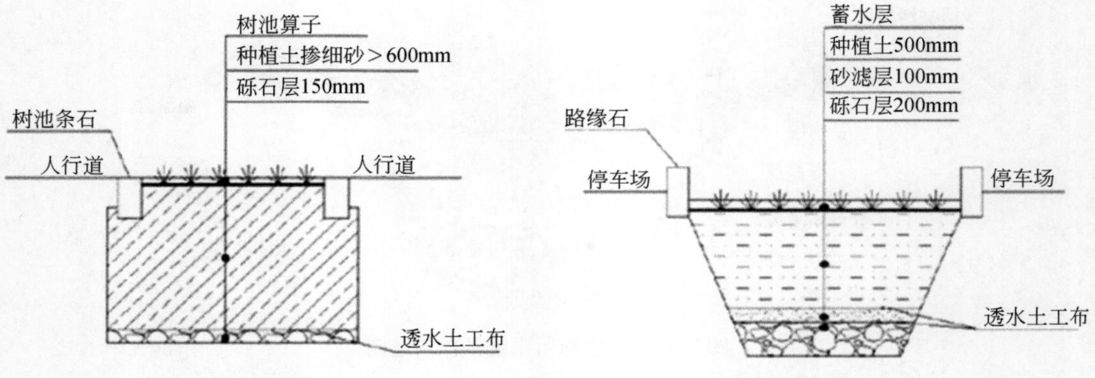

树池箅子
种植土掺细砂＞600mm
砾石层150mm
树池条石
人行道
人行道
透水土工布

(a)生态树池结构图

蓄水层
种植土500mm
砂滤层100mm
砾石层200mm
路缘石
停车场
停车场
透水土工布

(b)雨水花园结构图

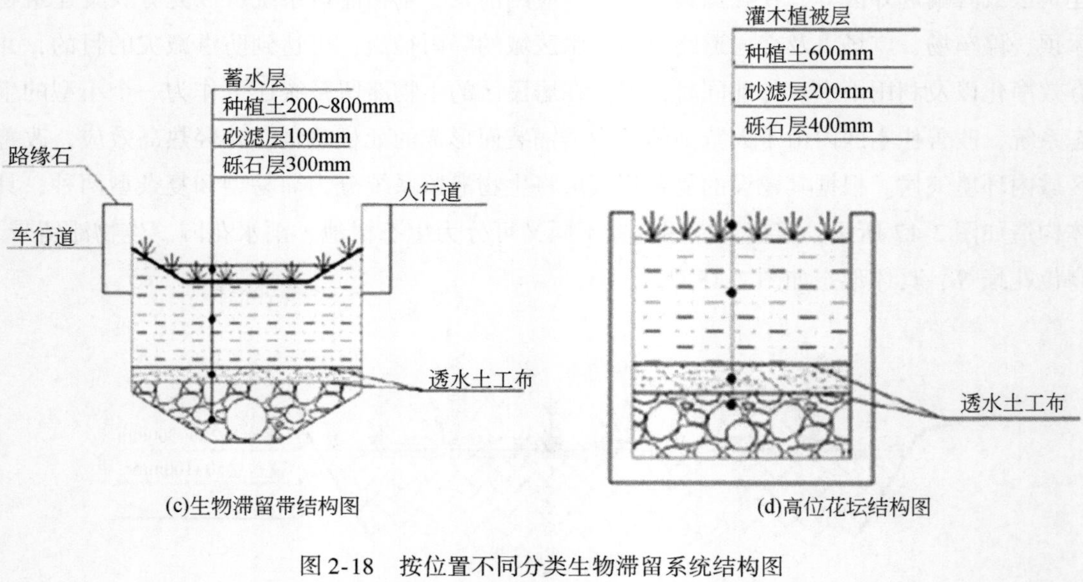

蓄水层
种植土200~800mm
砂滤层100mm
砾石层300mm
路缘石
人行道
车行道
透水土工布

(c)生物滞留带结构图

灌木植被层
种植土600mm
砂滤层200mm
砾石层400mm
透水土工布

(d)高位花坛结构图

图 2-18 按位置不同分类生物滞留系统结构图

合适的填料对于保持生物滞留设施内排水性的良好、磷素的有效去除以及植物的正常生长具有重要意义。一些典型的填料组成如表 2-8 所示。

表 2-8　生物滞留池填料组成的优化措施及效果

填料组合	效果
双层填料；在低透水性填料上覆盖一层透水性高的填料	除磷效果 58%，且去除效果稳定；若上下层填料调换，除磷效果提高为 63%
在比例为 98% 砂、2% 黏土的填料中，添加 5% 粉煤灰	TP 去除率 85%，很少有磷从填料中解吸
无砂混凝土+中粉质壤土、中砂+砂砾料+中粉质壤土	NH_4-N、TN、TP 去除率分别达 80%、90%、50% 以上，出水达到地表水二类水质排放标准
沸石与麦饭石比例为 3∶7	TN 去除效率 85.28%；TP 去除率 94.59%，效果稳定
5% 给水混凝铝污泥、3% 碎硬木树皮、71% 砂壤土、22% 的砂（质量比）	TP 去除率 88.5%，出流小于 25μg/L
90% 河沙、5% 粉煤灰、5% 有机物	TP 去除率 92.06%~97.1%，解吸率低且吸附效果稳定；对各种形态氮有很好的去除效果
2% 的钢丝	TP 去除率 81%；但出水中铁浓度较高
95%~96% 基础介质（30% 土壤、65% 建筑黄砂、5% 木屑）、4% 给水混凝铝污泥（质量比）	7 个月连续运行后，出水中 TP 浓度小于 0.05mg/L，优化后填料吸附能力增大 4 倍
9% 给水混凝铝污泥、71% 草皮砂、20% 高黏土（质量比）；12% 椰壳泥炭（体积比）	PO_4-P 去除率 94% 以上；PO_4-P 负荷为 1.5mg/L
1∶5 粉煤灰与砂（体积比）	COD、TN、TP 去除效果均优于沙子、炉渣、种植土等填料

（4）下凹式绿地

下凹式绿地被称为天然的“蓄水池”。该措施通过充分利用开放空间的绿地，对雨水进行储蓄，以达到降低径流流量及径流污染物的目的（孙鑫等，2020）。此外还可以补充地下水，降低绿化用水，改善环境。下凹式绿地可广泛应用于城市建筑与小区、绿地、道路以及广场内，下凹式绿地具体形态示意图如图 2-19 所示，具体构造如图 2-20 所示。作为一种天然的入渗方式，下凹式绿地透水性能好、节省投资，便于集蓄雨水，延长雨水径流的停留时间，同时在下渗过程中截留污染物，提高水质，适合建在坡度小且运送距离短的区域。同时下凹式绿地可以有效削减洪峰径流流量，加大入渗量。下凹式绿地陶粒与土壤的合理配比是洪峰出现时影响径流削减效果的主要因素（吕娟等，2015）。

下凹式绿地有广义和狭义之分，通常所讲的下凹式绿地都属于狭义范畴。狭义的下凹式绿地是指低于周围铺装地面或道路 200mm 以内的绿地；广义下凹式绿地一般是指具有一定调蓄容积的绿地，具有调节和净化径流雨水的功能。狭义的下凹式绿地应满足以下要

图 2-19　下凹式绿地具体形态示意图

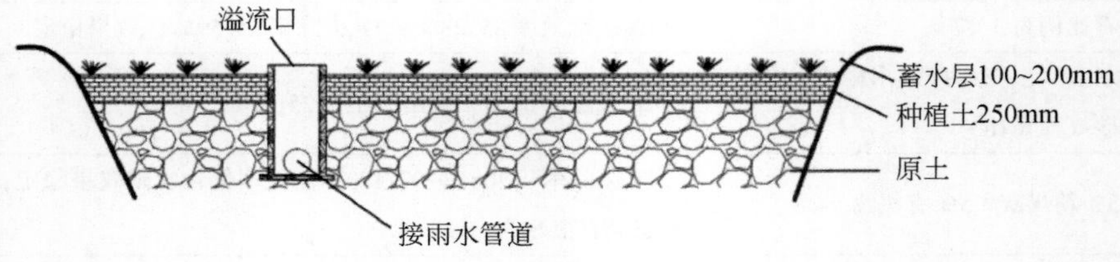

图 2-20　下凹式绿地具体构造示意图

求：①应根据植物的耐淹性和土壤的渗透性确定下凹式绿地的下凹深度，一般为 10 ~ 20cm；②下凹式绿地内一般应设置溢流口。

下凹式绿地广泛用于城市建筑和社区、道路、公园等，它可以有效减少地表径流，并削减径流中的污染物，是实现海绵城市功能重要的技术手段之一，具体应用如图 2-21 所示。对于设施底部的渗透面距离岩石层或季节性最大地下水位小于 1m 以及距离建筑物地基小于 3m 且径流污染严重的区域，必须采取措施，应注意避免二次灾害。狭义的下凹式绿地具有广阔的应用范围，其建造和维护成本相对较低，但是，在大面积使用时，实际的存储量很小，容易受到地形和其他条件的影响。

（5）初期雨水弃流设施

针对面源污染严重，且现场有可利用空间做初雨弃流设施的地方，设置弃流井、调蓄池等设施，收集初雨面源污染。集雨水池前端一般存有弃雨池。具体工艺流程为沉淀—过滤（包含多级过滤）。沉淀包括初沉池+蓄水池，过滤通过“过滤净化有机肥料缓释装置”实现。

对于面源污染相对严重区域，若区域面积较小，在相应雨水支管与市政雨水干管的相接处设置初雨弃流井。同时新建接出管道与污水管道相接。污染较为严重的初期雨水经弃流井流入污水系统，最终进入污水处理厂。中雨及大雨后期干净雨水经弃流井进入雨水系统排入河道。

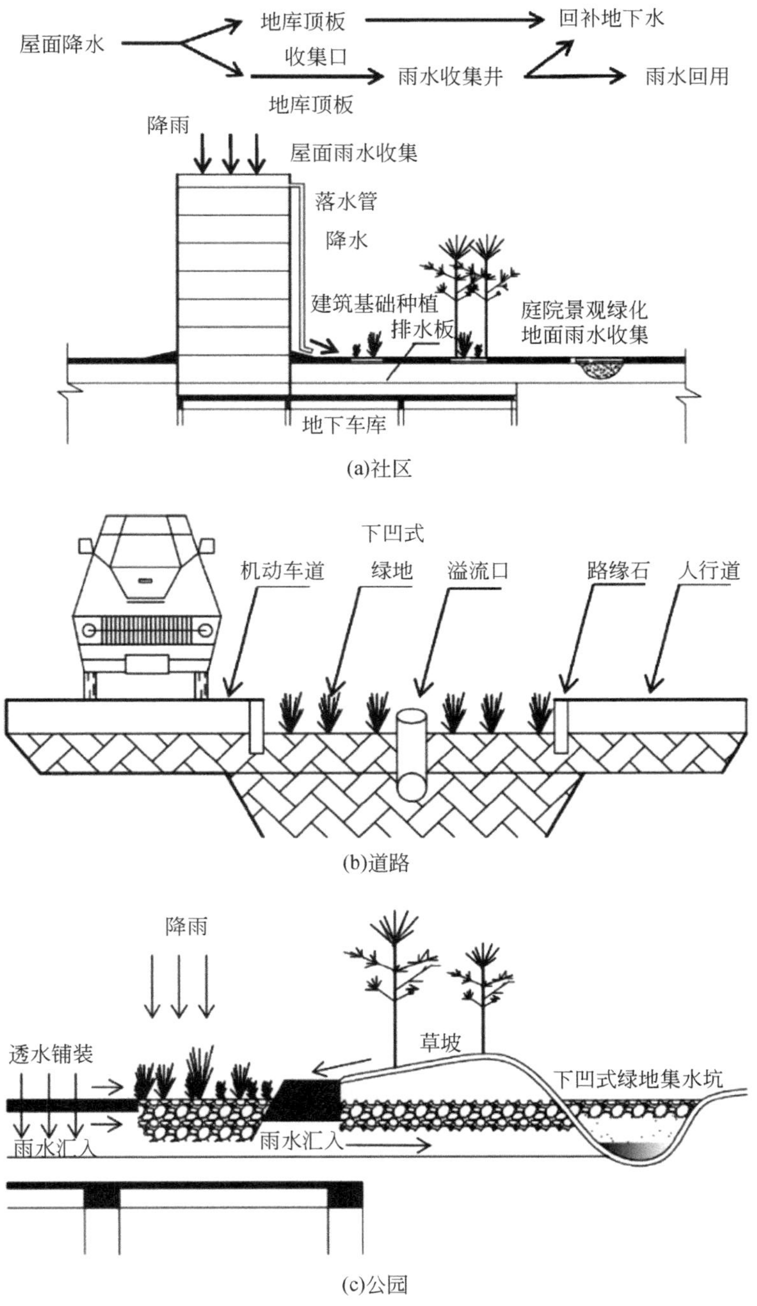

(a)社区

(b)道路

(c)公园

图 2-21　下凹式绿地具体应用结构示意图

2. 过程控制措施

(1) 植草沟

植草沟是指种植植被的地表沟渠，用于收集、传输、收集和净化雨水，也可用于连接其他低影响开发设施和市政排水系统（戴晓钰等，2019），促进城市的良性水文循环。一般可分为转移型草洼地、干式草洼地和湿式草洼地（刘翠等，2021）。植草沟的功能主要体现在植草沟对径流的传输，植草沟在某些地区可以替代传统的雨水排水管道排放雨水径流。植草沟表面一般用三维网草皮覆盖，费用较低，管理维护方便，同时兼具景观观赏性能；植草沟对径流的削减主要表现为径流总量的削减和径流峰值的削减。对径流总量的削减主要体现为小降雨条件下土壤渗透为主，中等强度降雨条件下以降低径流速度为主，暴雨条件下以传输排放雨水为主；对径流峰值的削减主要表现为通过雨水下渗、滞留来延长水力停留时间，数据表明，植草沟对洪峰流量的削减为10%~20%；雨水径流中悬浮固体颗粒、铅、铜、铝、锌等的金属离子及油类物质可通过植草沟土壤、植物根系、滤层中微生物的一系列的物理、化学及生物变化进行去除。植草沟对雨水径流的控制是物理化学和生物的共同作用，易受地理气候、建设情况、维护状况以及雨水径流污染程度影响。其影响因素主要包括基质组成、结构、降雨强度、雨水径流污染程度、植被和长度等影响因素（许浩浩和吕伟娅，2019）。

针对植草沟表面径流，植草沟长度对雨水径流污染的削减效果影响很大，国外有研究发现，长度为30m的植草沟对碳氢化合物去除率为50%，而长度为60m时去除率为75%。虽然植草沟对雨水径流的控制效果随着长度增加而增加，但植草沟在实际运行中更多承担着传输雨水的作用，受上下游设施的位置及实际地形影响，不能为达到更好的处理效果而一味增加植草沟长度。

植草沟根据地表径流的传输方式不同可分为3种类型：标准传输植草沟、干植草沟和湿植草沟。3种类型植草沟都可运用于农村或城市地区，因为植草沟的边坡较小，占用的土地面积较大，所以植草沟一般不适用于用地紧张的市中心。三种类型的植草沟示意图分别如图2-22、图2-23、图2-24所示。

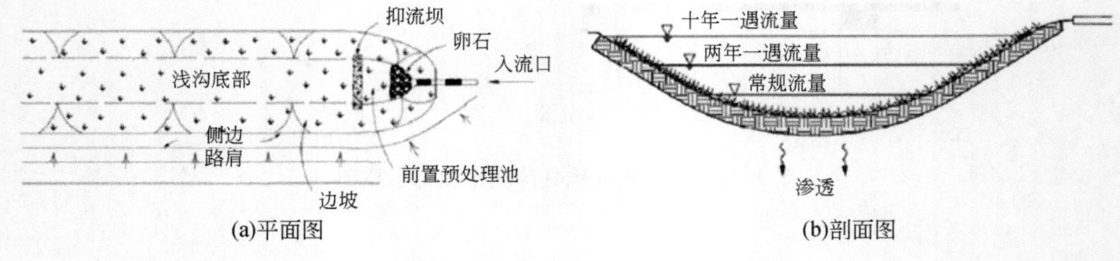

图2-22 标准传输植草沟形态示意图

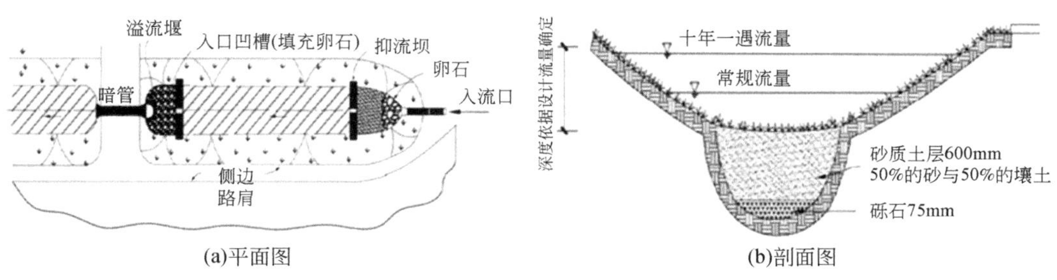

(a)平面图　　(b)剖面图

图 2-23　干植草沟形态示意图

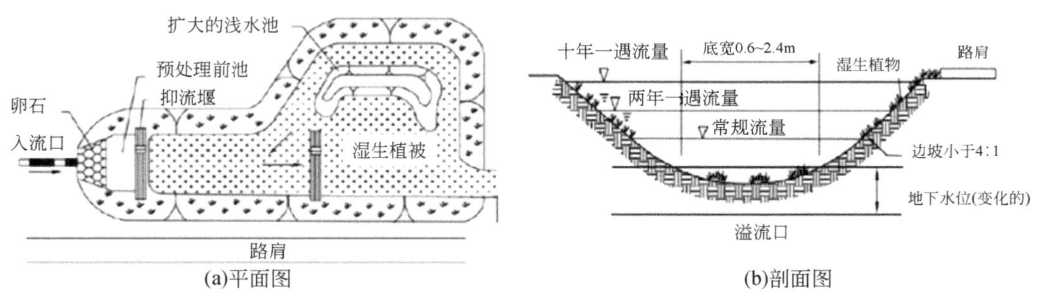

(a)平面图　　(b)剖面图

图 2-24　湿植草沟形态示意图

标准传输型植草沟是开阔的、耐冲刷的浅植物型沟渠，它将集水区的径流雨水进行疏导并进行预处理；干植草沟的植被层下部采用了透水性较好的土壤过滤层，同时在沟渠底部铺设了雨水传输的管道，这样的结构构造优化了雨水的渗透、传输、滞留和净化性能，保证了雨水在水力停留时间内从沟渠排出，减小了水淹对植被的损害，提高了雨水的利用效果。干植草沟通过定期割草维护可保持植草沟内无明显积水。湿植草沟与转输传输型植草沟类似，但由于其增加了堰板，从而增加了水力停留时间，故该类型植草沟可以长时间的保持湿润或水淹状态，但同时容易滋生蚊虫。三种不同类型的植草沟性能比较如表 2-9 所示。

表 2-9　不同植草沟性能比较

名称	构造	建设成本	维护	是否考虑植物水淹情况	适用范围
标准传输植草沟	简单	低	简单	否	径流量小、人口密度较低的区域，如高速公路周边
干植草沟	一般	高	一般	是	居民区
湿植草沟	复杂	高	较难	是	高速公路排水系统或小型的停车场等地

(2) 雨水渗蓄设施

雨水的回用除了有收集回用外，还有渗透利用，而渗透利用除铺地、绿地自身渗透外，还可以通过渗透井、渗水沟、渗透管、渗透槽、渗透池等多渠道加大对雨水的就地下渗量（Damien et al.，2017）。同时，渗透设施也可以与雨水收集系统相结合。

A. 地下浅层渗蓄设施

地下浅层渗蓄设施主要运用于土壤渗透系数太小、雨水渗透较慢、雨水在短时间内难以形成有效入渗的区域；为了促进雨水的渗透利用，采用地下浅层渗蓄技术，扩大雨水的入渗面积及提高雨水存储空间。地下浅层渗蓄设施布置于铺装或绿地下方，结合城市公园的功能设计要求，一般采用多孔材料堆砌而成，可以对公园内绿地、铺装、屋顶等雨水形成渗蓄利用（田磊，2019）。地下浅层渗蓄设施的设计一般包括有植被层（或渗透铺装层）、隔离过滤层、储水层、渗滤层。地下浅层渗蓄设施在城市公园内运用的优点是可以不改变原有土地的使用功能，在人行道、铺装广场及绿地下面都可以方便布置，既不影响景观的要求，又能够灵活设置储存雨水、解决高地下水位地区雨水的渗蓄难题。

B. 渗透井

渗透井是一条埋入地下的穿孔管状构筑物，作用是将收集到的雨水渗透补充地下水源；为了防止穿孔堵塞，其周围可以采用碎石围合（Fiaz et al.，2019）。渗透井可以收集屋顶、停车场和其他不透水铺装上的雨水，通过进入管进入到渗透井中。渗透井一般可以采用混凝土、塑料、金属等材料制作，宽度或深度都可以依据各地情况灵活处理，且安装方便（Ferreira et al.，2018）。渗透井的优势是占地面积和所需地下空间小，在公园内便于集中控制管理等。但是渗透井对雨水的净化能力较低，为了防止强污染的雨水渗透污染地下水，渗透井应该设置在对雨水污染较小的公园汇水区域。

C. 渗水沟

渗水沟也是常见的雨水收集装置，沟渠内装满沙和粗石等透水介质，或者用草及简单的植物覆盖，保证景观的同时，对雨水也可以起到初步简单的过滤作用。渗水沟在城市公园用来渗透屋顶、停车场和其他不渗水地面汇集的雨水，也通常汇集绿地的雨水形成入渗。渗水沟也是比较灵活的装置，能设置在任何可渗透的地面上，如城市公园的广场、绿地、建筑周边处。有污染的雨水还可以通过有组织的进水管道进入雨水收集箱，去除沉淀物和其他废物后再引入进入渗水沟，最后通过渗水沟中填充的沙石或植物入渗。公园内采用渗水沟的形式，可以大大减少雨水径流，尽快地缓解路面积水的问题，有效地防止园地或者广场由于长时间的阴雨天气产生的积水而影响公园景观；在缓解雨水排水压力的同时，也有效地使雨水还原成地下水。在城市公园内使用渗水沟具有施工简单、投资低等优点。

D. 渗透管

渗透管是指埋在地下的对雨水具有渗透作用的穿孔管道，渗透管和渗透井的原理相差无几，都是使收集到的雨水能够及时地回灌到地下，有效地补充地下水源。渗透管有占地面积少、便于设置、可以与雨水管系结合使用等优点，缺点是检修比较繁琐。

E. 渗透池

渗透池是池底没有固化具有雨水渗透能力的水池，有地表和地下两种做法。在城市公园内，是一种典型的与景观相结合的渗透设施，未经固化的人工湖、水塘等都具有渗透池的功能。

F. 渗透设施组合

各种渗透设施不仅可以单独使用，还可根据具体工程条件将各种渗透设施进行组合。

渗透地面、渗透井、渗透池、渗透管的组合。其优点是可以根据现场条件的多变，利用各种设施灵活组合，取长补短，如渗透地面和绿地可以截留净化部分杂质，超出其渗透能力的雨水进入渗透池，具有渗透、净化的作用；渗透池的溢流雨水再通过渗井和滤管下渗，能有效提高系统的效率。在利用的时候应该排除各装置间的相互干扰，尽量减小占地面积。

渗沟、渗透地面和渗透池相结合的综合渗透设施。在公园雨水水质较好的场合可以采用这种组合方式。

渗透地面、渗透井和渗管结合的综合渗透设施。可以渗透经过弃流装置的屋顶雨水，在建筑周边采用，能有效控制占地面积。渗透井、渗水沟、渗管、渗透池等渗装置都可以有效地将雨水渗透回补地下水，工程上也简便可行，所以在城市公园内，有必要把这类渗透设施作为雨水利用的工具运用到整个雨水利用系统中。

（3）雨水花园

雨水花园通常建造在地势较低的绿色区域，通过渗透补充地下水，并在进入当地河流之前去除污染物，具有景观效果和生态价值（胡俊涛，2019），同时还具有净化雨水水质等功能，停滞降雨，延缓雨水高峰，具有建设成本低、易于维护和管理、受欢迎程度高等优点（马晓菲和石龙宇，2020）。

雨水花园通过植物的吸收、土壤的渗透及截留作用可以有效地减少地表雨水径流，削减径流峰值并能及时地补充地下水，还能够有效地净化水质，雨水花园还能够较好地与周围景观融合（Sarah，2015）。雨水花园按照其结构可分为 5 层，从上到下分别是蓄水层、覆盖层、种植土壤层、砂层、砾石层，其总厚度一般为 900 ~ 1400mm。雨水花园具体形态结构示意图如图 2-25 所示。

雨水花园是一种兼顾降雨地表径流削减、雨水中污染物含量削减以及保持良好的景观生态效益的设施。研究表明，雨水花园在较大规模的降雨事件中，对暴雨洪峰的削减量可

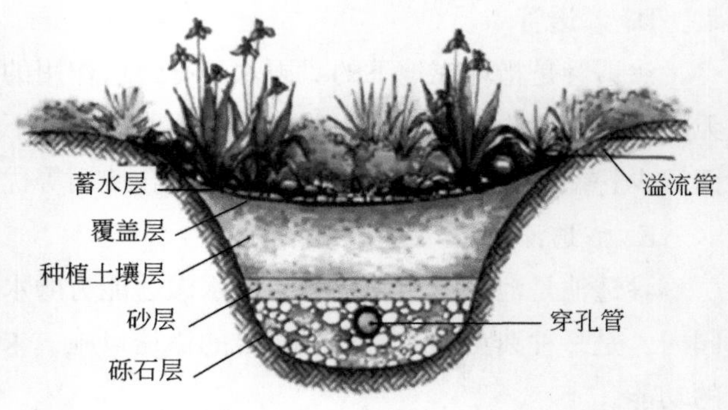

图 2-25　雨水花园具体形态结构示意图

达40%以上（李凯等，2022）。需要注意的是，在绿地中设置雨水花园应与建筑物保持3m以上的间隔，以确保建筑物地基土壤的稳定。雨水花园形式多样且灵活，对降雨径流的控制效果非常好，可布置在研究区域中相对积水较重的区域，能有效降低该区域地表径流量并缓解积水现象，但雨水花园的建设成本及后期维护费用相对较高（刘万和等，2021）。

3. 末端处理措施

（1）雨水罐

雨水罐是一种集水效率高、安装简单、维护管理方便的低成本雨水收集和利用设施。它们通常连接到渗水场所，如雨水花园或砾石填充的干井，并安装在建筑物附近的小房间中，以收集从屋顶落水管流下的雨水，用于非饮用水利用，如清洁厕所等（王贤萍等，2020）。按安装位置可分为地上雨水罐和地下雨水罐。雨水罐具体形态结构示意图如图2-26所示。雨水罐对雨水水质的净化作用较弱，因此雨水罐不应蓄水太久，以免污染水质和储罐，因此需要定期对雨水罐内部进行清洗，以确保其正常的功能效果。

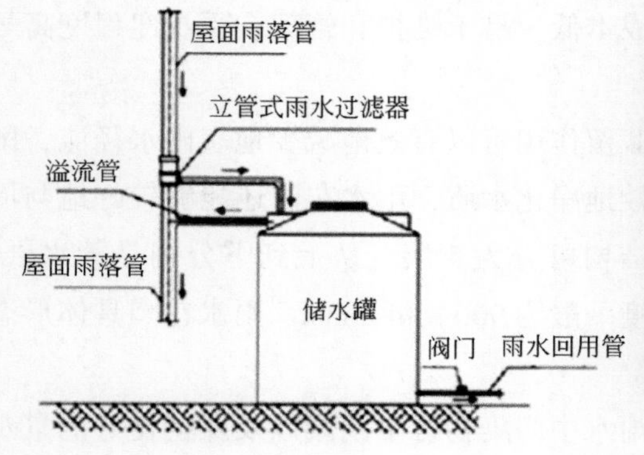

图 2-26　雨水罐具体形态结构示意图

雨水罐需要定期排空，以恢复保水作用，而安装雨水罐可以通过收集雨水用于非饮用目的。雨水池投资的回收期受水池尺寸、用水量、当地水价、位置和寿命成本的组合影响。

雨水罐一般具有收集、存储和回用屋面径流的功能，可减少外排水量和绿化灌溉等自来水用水量。目前大多数的雨水收集设施是模块化的，可以根据需要进行组装，以适应不同场地的雨水收集要求。雨水罐的维护要求并不高，合理设置格栅等污物拦截设施，还可进一步降低维护需求，但所收集的雨水必须在相邻的两场降雨间隔时间内用完，以充分发挥其调蓄能力、减少外排水量，并避免雨水变质、产生臭味等。严禁所收集的雨水回用进入生活饮用水系统。

（2）人工雨水调蓄池

调蓄池是一种常用的集蓄雨水的储存设施，是控制径流总量、减少洪峰流量的一种方式。人工雨水调蓄池是指为了达到收集雨水的目的，有规划地进行合理的布置，使雨水得到一个存储空间，待雨后或干旱季节再安排使用的起到雨水调蓄作用的工程设施。按材料不同可分为钢筋混凝土、砌体和塑料组合蓄水池。土地利用有限的城市地区大多使用地下蓄水池。地下蓄水池可采用钢筋混凝土、砌体和其他材料建造，具有良好的适应性，可节省空间，但需要大量开挖，更难清洁和维护。按位置不同可以分为地上、地下和半地下的形式（王兴超，2018）。水在进入调蓄池之前，可以利用一些简易的过滤装置如卵石、格栅等滤去雨水中的粗大杂质；屋面、道路上污染较重的初期雨水，应该设置弃流装置做初期弃流。蓄水池的大小决定了蓄水量（李志鹏和梅胜，2010），也决定了调蓄能发挥出的效力，但同时也直接影响到工程的投资成本，因此蓄水池的容积设计不能盲目，必须要经过合理的计算（井雪儿和张守红，2017）。

（3）人工湿地

人工湿地是通过模拟自然湿地的结构、功能、布局以及水文过程，人工建造的具备调蓄雨洪、净化水质功能的雨洪调蓄设施，它运用物理方式、植物微生物等净化雨水，能高效地控制雨水径流污染。人工湿地适合排水区域最小为 $5hm^2$，优选 $10hm^2$ 以上区域。人工湿地对雨水径流中有机物具有较强的降解能力，同时可以控制水中细菌数量。对悬浮物的去除率可达 90% 左右，COD 的去除率可达 80% 以上，BOD_5 去除率为 85%~95%，总氮去除率在 60% 以上，如添加沸石等填料，总氮去除率可达 85%，氨氮去除可达 90% 以上（高成，2015）。按照水流方式的不同，分为表流型和潜流型人工湿地两种类型。表流型人工湿地填料层底部设置气密性强的防水层，阻止污染物渗透到地下土壤引起大面积污染。潜流型人工湿地将土壤覆盖在水面之上，更类似于沼泽。外观上，表流型人工湿地就展示为小水面，而这种类型看上去就是覆盖着植被的土地。潜流型人工湿地的净化功能更好，但建造、维护过程复杂，且造价及后期维护费用高，也需投入大量的人力物力。

2.4.3 城市雨水资源综合利用模式实例

(1) 深圳南山区

从南山区本地情况来看，建设具有蓄存功能的海绵城市设施，可以调节雨水资源的时空分布，为雨水利用创造条件。建设有蓄存功能的区域，除了基本的源头和中端措施，最重要的还是末端处理措施（彭晶等，2016）。依据上述城市雨水利用措施集，从源头收集措施、过程控制措施和末端处理措施三个方面开展深圳南山区城市雨水资源综合利用。

针对南山区的面源污染控制主要从源头海绵化建设，源头收集措施包括透水铺装、绿地等。规划区域建设用地开发建设时，适当限制开发强度、合理控制不透水下垫面比例、精细化组织径流路径，削减、滞留、净化雨水径流；城市地块更新时，理顺雨污水排水路径，适当增加绿地等透水下垫面；根据用地在雨水径流汇流路径上的上下游关系，分类提出建筑与小区、道路广场、公园绿地、河湖水系海绵城市建设的策略与目标。同时，南山区雨水调蓄设施的建设可结合公园、绿地建设，落实用地，解决建设用地紧缺问题。

过程控制措施主要包括雨水花园、雨水渗蓄设施等。国内外部分城市从排水防涝、雨水利用等多角度制定适合本区域的雨水池设置要求。雨水调蓄池的利用率偏低，利用雨水资源时一般会使用雨水花园、透水铺装等生态化形式。为了达到雨水利用目标要求，同时降低面源污染和提高合作区排水防涝能力，考虑地块面积、用地性质、硬化程度等情况，规划在一些地块建设集中调蓄设施。积蓄用水可用于绿化浇洒、道路及广场冲洗、车库地面冲洗、车辆冲洗、景观水体补水和冲厕、消防备用水源等。

末端处理措施包括雨水调蓄池、人工湿地等。建设雨水调蓄池，将雨水径流的高峰流量暂时贮存于雨水调蓄设施中，待流量下降后，再将蓄水池中水排出，以削减洪峰流量，降低下游管渠的规模，节省工程投资，提高城市的排水和防涝能力，降低因不透水下垫面急剧增加导致的雨水径流量增大而带来的内涝风险。作为雨水调蓄空间，解决用地紧缺的同时，节省工程投资。对于专用雨水调蓄池，适用于内涝积水较为集中的局部洼地处、排水通道较长的主干管渠上，工程上采用不同的建设模式，发挥其最大效用。借助水力模型，合理布局雨水调蓄设施，充分挖掘现有水系、湿地、绿地的雨水调蓄功能，构建城市雨水调蓄体系。地块内部布置雨水收集罐、景观水体等进行雨水的收集利用。深圳市南山区雨水资源利用流程图如图 2-27 所示。

依据本书提出的城市雨水利用措施集，上述深圳市南山区雨水资源利用可以归纳为如图 2-28 所示的城市雨水资源利用模式，与现状规划措施比较，在源头收集措施方面建议增加绿色屋顶、植草砖、透水砖、下凹式绿地等，在过程控制措施方面建议增加雨水花园等，在末端处理措施方面建议增加表流型和潜流型人工湿地。

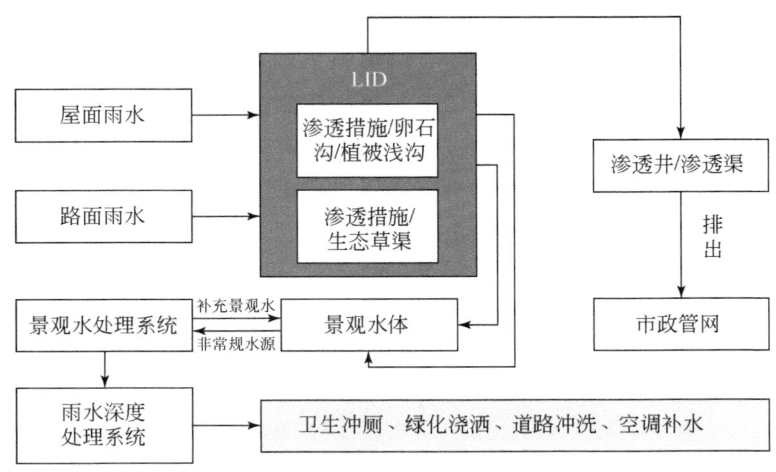

图 2-27 深圳市南山区雨水资源利用示意图

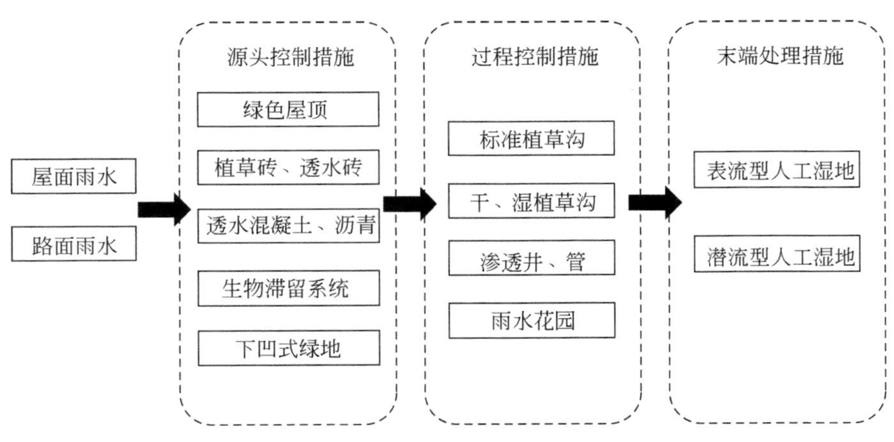

图 2-28 深圳市南山区城市雨水资源综合利用模式

结合需求分析，在源头收集方面提高了空间的利用率，利用绿色设施提高了区域防洪排涝能力；在过程控制和末端处理方面提高了区域观赏性，也改善了雨水水质，相比于原规划措施更全面、更有效地利用雨水。

（2）兰州城关区新港城小区

由于兰州缺水问题严重，加上降雨不多，当地并未修建很多雨水设施，当地最广泛的雨水收集应用模式是庭院式雨水收集，可缓解当地缺水问题（牛燕，2014）。新港城小区总面积约为 0.46km^2，小区建筑物屋顶总面积保守估计约为 0.13km^2，建筑密度约 28.99%。源头收集措施包括绿色屋顶、下凹式绿地等，有效利用城市区域内有限的空间资源，提高城市绿化率，还能在收集雨水的过程中对雨水进行过滤净化，提高收集到的雨水水质。

过程控制措施包括植草沟、雨水花园、地下雨水管等，作为城市绿化的重要部分，而且由于距离生活区路程短，能很好地满足市民日常休憩需要。可以将蓄水设备放置于设施下方，一方面节省土地资源，另一方面也便于维护。末端处理措施包括地下调蓄池等，雨水经过净化处理可以用于植被的日常养护，多余的雨水也可用于住户洗车、冲马桶等日常需水（赵艳，2017）。新港城小区位置如图 2-29 所示。

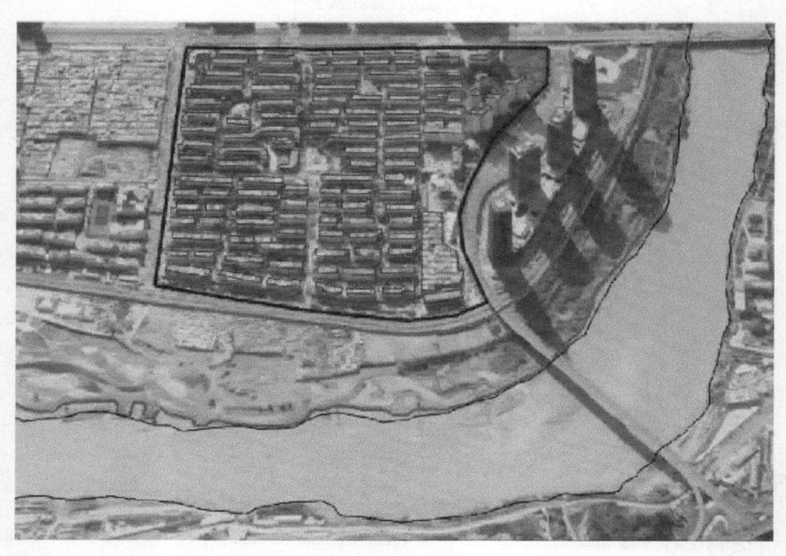

图 2-29　新港城小区位置卫星图

依据提出的城市雨水利用措施集，兰州城市雨水资源综合利用模式及新港城小区雨水收集利用系统分别如图 2-30、图 2-31 所示。

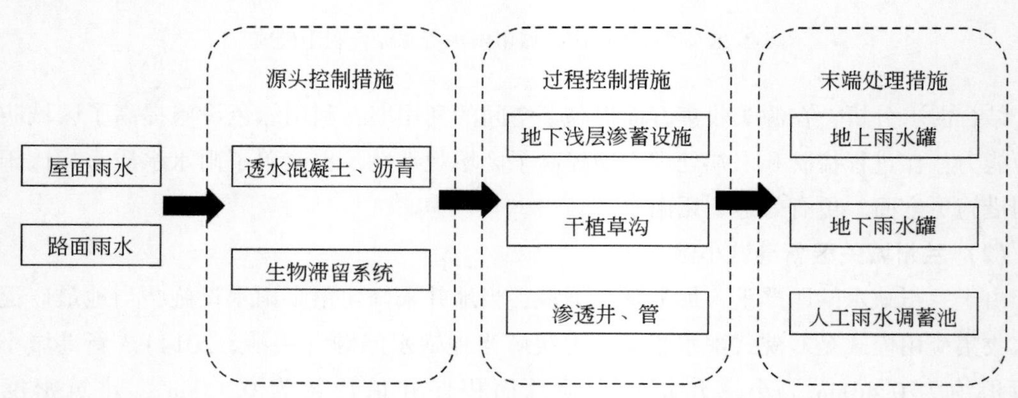

图 2-30　兰州城市雨水资源综合利用模式

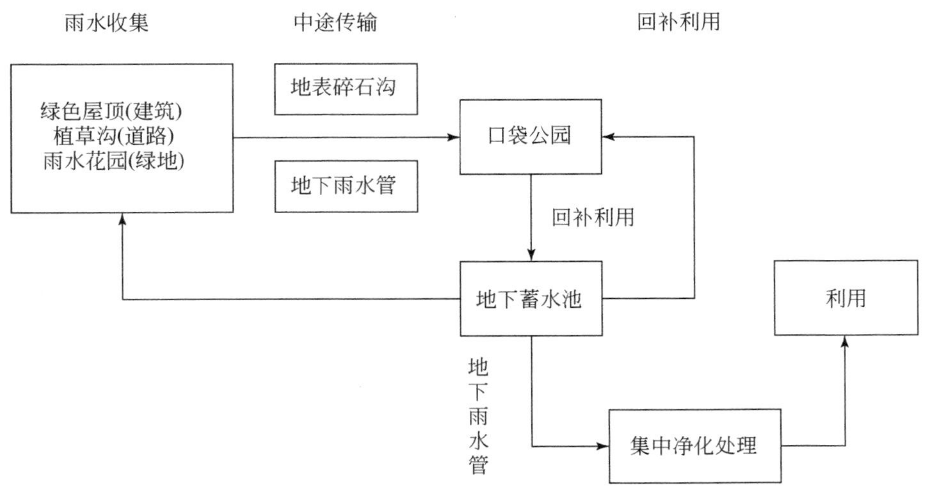

图 2-31　兰州新港城小区雨水收集利用系统

与现状措施比较，在源头收集措施方面建议增加生物滞留设施等，在过程控制措施方面建议增加地下浅层渗蓄设施、干植草沟、渗透沟等，在末端处理措施方面建议增加地上和地下雨水罐等。

结合需求分析，在源头收集和过程控制方面增加雨水收集设施，确保雨水资源充分利用，同时增加了净化和传输雨水的设施；在末端处理方面增加了雨水储存量，以此应对突发的干旱气候。相比于原规划措施更全面、更能有效地利用雨水。

2.5　小　　结

本章围绕我国城市雨水资源利用实际需求，阐明了典型城市雨水资源利用的约束机制，总结了美国、荷兰、德国、澳大利亚等创新型国家城市雨水综合利用方式、措施以及效果，归纳了创新型国家城市雨水资源综合利用模式，构建了针对我国典型城市雨水资源综合利用需求措施与方式等的方案集，提出了适应国情的城市雨水资源综合利用模式，为我国城市雨水资源利用供策略支持。具体研究总结如下。

（1）城市雨水资源化需求分析与约束机制解析

根据我国水资源分布特征与城市缺水类型，筛选了深圳市、兰州市作为国内典型城市，以我国典型缺水城市为例，调研城市用水结构、雨水资源时空分布特征、雨水资源利用措施与能力等现状，梳理城市雨水资源利用需求与现状利用过程中在利用方式、工程能力、配置效率、成本效益等方面存在的问题，国内典型城市雨水资源利用模式正在不断完善，形成了包括直接利用、间接利用以及综合利用的雨水利用方式。综合利用措施也较为丰富，主要有屋顶集雨系统、低洼绿地、植被浅沟、透水铺装、雨水花园、人工湿地等工程技术措施。量化了影响城市雨水资源利用的工程条件、水量水质以及成本效益等约束因素，解析约束性量化指标与雨水利用定量指标间的响应关系，揭示了我国典型城市雨水资源利用约束机制。

(2) 典型创新型国家城市雨水综合利用模式剖析

选取美国、德国等创新型国家雨水综合利用经验丰富、成效显著的代表性城市，调研城市雨水资源特征、用水结构、约束条件等雨水利用背景情况，归纳雨水资源利用方案中工程调控技术、先进模型工具以及政策管理等手段，剖析各项先进手段的适用对象与适用范围，总结典型创新型国家城市雨水资源利用成熟的应对与管理经验，形成包含需求、工程、技术、效益、管理等多方面的创新型国家城市雨水综合利用模式。重点归纳了城市雨水资源利用9项代表性技术手段，包括最佳管理实践、低影响开发等；同时，梳理了国内外城市雨水资源利用的政策、法规以及技术规程，为提出本书国内典型城市雨水资源利用管理措施提供参考。

(3) 适合国情的城市雨水综合利用模式构建

针对我国典型城市雨水资源利用的需求，根据雨水利用的不同阶段，从源头收集、过程控制和末端处理三个方面对雨水利用措施进行分类，构建城市雨水综合利用措施集。选取城市雨水资源利用代表性案例，结合美国、荷兰等创新型国家城市雨水综合利用模式，构建了源头收集—过程控制—末端处理的城市雨水资源综合利用模式框架，选取南北方典型城市雨水资源利用案例，在充分考虑地域性、工程性、技术性以及管理性等约束机制的基础上，构建分地、分季节、分水情的不同需水情景下的雨水综合利用方式，并与现状雨水资料利用情况比较，建立了适合国情的城市雨水综合利用模式。

第3章　城市雨水资源利用时空动态调配技术

针对我国城市雨水资源禀赋特征，以水质型缺水城市深圳和资源型缺水城市兰州为代表，分析城市雨水资源的分布特征与资源需求匹配性，合作研发城市雨水资源时空动态模拟技术和精细化流域降雨—汇流—水质模拟模型与决策工具，建立城市雨水利用多目标协同方法；研发集需求分析—动态预报—工程调控—水量调度—优化决策为一体的我国城市雨水资源利用时空动态调配技术。

3.1　城市雨水资源利用时空动态调配模型构建框架

城市雨水资源利用时空动态调配模拟系统主要包含三个部分：水和生态系统模拟器（Water And ecosYstem Simulator，WAYS）模型，城市水量平衡模型和城市雨水资源利用模拟与决策系统。WAYS模型用于流域尺度的水文过程和雨水资源利用模拟分析，并且给社区尺度的城市水量平衡模型提供基础辅助数据。城市水量平衡模型适用于社区尺度的雨水资源分析，可模拟绿色基础设施对雨水资源的影响。城市水量平衡模型的特点是适用于社区尺度，不能单独运行，需要其他模型提供辅助数据，而WAYS模型能够给城市水量平衡模型提供相应的辅助数据。通过将WAYS模型与城市水量平衡模拟结合，研发了应用于城市雨水资源利用模拟与决策系统，用于分析雨水资源的时空动态调配（图3-1）。WAYS模

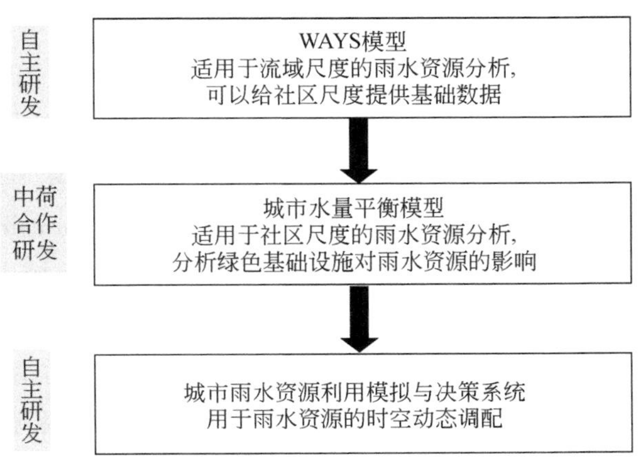

图3-1　城市雨水资源利用时空动态调配模型构建框架

型与城市雨水资源利用模拟与决策系统是自主研发的，城市水量平衡模型为中方与荷兰三角洲研究院合作研发的。

3.2 流域尺度水与生态系统模拟技术

土壤水在多个水文和大气过程中起到重要作用，是地球系统动力学中的关键变量之一。植物根系区储存的土壤水是重要的水资源，对于农业，土壤水代表了植被可用水量，同时对壤中流等水文过程起到调蓄作用；另外，根区土壤水是限制作物产量的重要因素。根区土壤水也与生态系统的重要组成部分——绿水息息相关。绿水是指降雨储存在不饱和土壤中，最终通过蒸腾作用被植物消耗的水量。土壤水估算有多种方法，如原位测量法、卫星测算法和模型模拟等。近年来，各种传感器和地球观测系统，如地球观测高级微波探测辐射计和 AMSR-2，土壤湿度和海洋盐度（Soil Moisture Ocean Salinity，SMOS）卫星，土壤湿度活动主被动（Soil Moisture Active Passive，SMAP）任务卫星等，为全球土壤水的连续观测和评估提供了数据支撑。

由于难以直接观测，根区土壤含水量估算仍旧是一个挑战。卫星遥感只能探测表层土壤水，大部分情况下只能探测到表层 5cm，无法探测到深层土壤水。诸多研究对根区土壤水进行反演，发现根区土壤含水量与根区蓄水能力非常接近。除了遥感测算外，水文模型和路面过程模型是土壤水模拟的重要工具，在历史反演和未来情景模拟中发挥了重要作用。此外，也有研究通过数据同化，将遥感观测数据与多种模型模拟结果相结合，以此估算根区土壤含水量，并取得了较好的结果。然而以上研究都只针对一定深度的根区土壤含水量进行估算，对整个根区土壤含水量缺乏深入研究，如对部分根系深达 30m 及以上的地区，仍需要进一步研究。

根区土壤水也可以通过分辨率成像光谱仪，如 MODIS 或 Landsat 卫星监测得到的植被指数，如归一化植被指数（Normalized Difference Vegetation Index，NDVI），增强植被指数（Enhanced Vegetation Index，EVI）等，与根区土壤水之间的关系来进行反演。然而，以上研究或假设根系深度一致，或局限于含水量均匀的土壤深度，并未考虑整个根系空间的含水量。已经有研究对根区土壤含水量与归一化差值红外指数（Normalized Difference Infrared Index，NDII）之间的关系进行分析，发现在位于泰国的一个流域中根区土壤含水量与 NDII 存在相关关系，尤其是在缺水的旱季时更是如此。但 NDII 只能反映根区土壤含水量的动态变化过程，不能反映其具体数值。同时，基于遥感数据的方法只能进行历史土壤含水量的分析，不能进行未来情景预测。虽然通过模型模拟预测土壤含水量的方式仍缺乏更深入的研究，但相关研究成果使得通过水文模型对缺乏根区土壤含水量直接观测数据的区域进行模拟、预测和评估成为可能，为以 NDII 为根区土壤含水量潜在指标的相关研究奠定了理论基础，同时对农业旱情分析等相关应用领域起到了启发作用。

基于以上研究进展，刘俊国教授团队自主研发了水和生态系统模拟器（WAYS）（Mao and Liu，2019）。WAYS 充分考虑根系区域的空间异质性，对根区水文过程进行刻画和描述的同时亦可对一般水文过程和变量进行模拟，WAYS 满足水文和生态系统的应用需求，可以在城市水文过程中模拟绿色基础设施对雨水资源的利用情况。WAYS 模型可模拟流域全要素水文过程，为分析绿色基础设施的水文效应提供有用工具。改进后的模型可分离计算潜在蒸散发、叶面截留、叶面截留蒸发、土壤蒸散发、植被蒸腾、根系深度、植被盖度等与绿色基础设施相关的水文参数。

WAYS 是一个基于水文过程和水量平衡的分布式水文模型，其结构基于集总式水文模型，属于通量交换模型（FLEX）的一种。WAYS 将 FLEX 灵活的模型框架拓展到全球范围，可实现全球的分布式水文过程模拟。同时增加了土壤蓄水能力计算模块和更多的土壤类型，增强了 WAYS 模型在全球范围内的模拟性能。WAYS 可模拟以栅格为单位的日水文过程，模型结构由五个概念水库组成：积雪库 S_w（mm），地表积雪总量；截留库 S_i（mm），冠层截留总水量；根区土壤水库 S_r（mm），非饱和土壤层含水总量；快速响应水库 S_f（mm），和慢响应水库 S_s（mm）。另外，模型中还嵌入两个滞后函数来概括暴雨至洪峰的滞后时长和根区向地下水补给的滞后时长。除了满足水量平衡外，针对每个水库还设置了输入输出过程函数。图 3-2 概化了模型模拟的水文循环过程，并展示了 WAYS 模型垂向水量平衡及相应的通量流向和存量变化。其中，中间变量仅在流程图中显示。例如，R_f

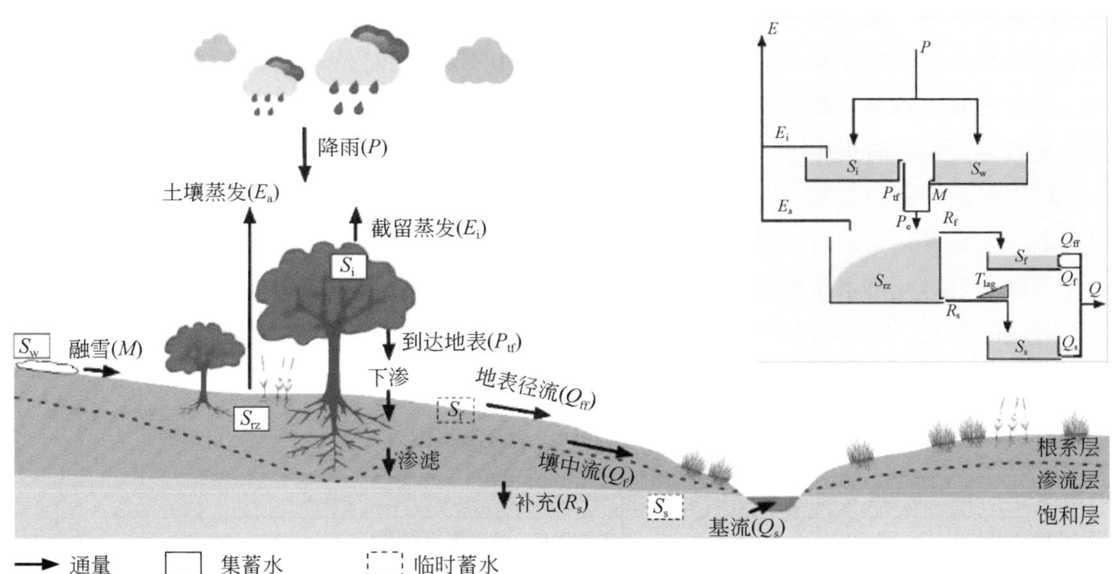

图 3-2 WAYS 模型结构

是在划分地表径流和壤中流之前在根区层生成的优先径流；有效降水量 P_e 是融雪和降水的总和。模型模拟的水文循环可概述为以下过程：气温决定降雨和降雪量；降雪储存在积雪库中，而降雨在经冠层截留后到达地面成为直接降水；由直接降水和融雪组成的有效降水部分渗入土壤，其余成为径流。径流分为地表径流和地下径流：部分渗透储存在土壤中供植物使用，其余渗透到深层土壤中，作为地下水补给。原始集总模型（FLEX）共 28 个参数，考虑流域内的四种土地利用类型。为了降低计算成本同时避免过度拟合问题，部分校准参数直接选取经验值，如融雪率 FDD、截流水库容量 $S_{i,max}$、地下水补给系数 f_s、地下水补给最大值 $R_{s,max}$。具体模块介绍参见《自然-社会系统水资源评价理论与方法》一书。

3.3 城市水平衡模拟技术

在借鉴荷兰三角洲研究院现有先进技术的基础上，研发了适应我国国情的城市雨水利用时空动态调配模拟技术。针对城市水文—水动力—水质实时动态模拟，利用水量平衡模型，结合高精度实时降雨数据，通过径流流向与面积比计算出每项雨水利用措施及其组合的可调节径流流量；针对城市极端降雨事件发生时雨水利用措施对城市水文过程的影响，利用蓄水—径流—频率（SDF）曲线模拟区域水平衡。城市水量平衡模型模拟了降雨径流浅层地下水、饱和和非饱和地表水和污水（混合和单独排放）等城市水文过程（图 3-3）。该模型的开发目的是确定小规模城市地区径流事件的回归期，并设定整个地区的水文或地理条件是相似的。确定径流回归期需要长时间序列的降雨蒸发数据，最好是不少于 30 年。城市水量平衡模型的主要优点是可以计算多种不同的暴雨，这些暴雨具有各种先决天气条件，并考虑城市各部分系统不同的水资源初始条件。此外，该模型的建立和计算相较于其他水文水力模型耗时更少。

城市水量平衡模型是一个基于城市水平衡建模的集总概念模型，模型的概念框架为用户提供一个水量分布的总体概念，基于该框架可以针对城市水系统中的主要水文动态快速建模。以下是对城市水量平衡模型的主要组成模块的简要介绍，表 3-1 为模型的主要模块及其对应的含义，大部分模块将在后面进行详细的说明，该节只描述模块的主要功能与设定。

表 3-1　模型的主要组成模块

名称	含义
Paved Roof/PR	铺砌屋顶，指房屋等建筑
Closed Paved/CP	封闭铺砌，指沥青等完全封闭的下垫面
Open Paved/OP	开放铺砌，指透水砖等存在下渗的下垫面
Unpaved/UP	未铺砌，指未开发的自然路面

续表

名称	含义
Open Water/OW	开放水域，指湖泊等水域
Unsaturated Zone/UZ	非饱和区，与 UP 区域下方的植物蒸腾相关
Shallow GW	浅层地下水，用作水分渗透
Sewer System（MSS and SWDS）	混合下水道系统（MSS），在同一管道系统中收集雨水和生活、工业废水；雨水排放系统（SWDS），将废水和雨水分流到两个独立的系统
Atmosphere/Atm	大气，用作降雨蒸发的水分交换
Deep groundwater/Deep GW	深层地下水，接收浅层地下水的渗流
Outsidewater and Waste Water Treatment Plant（Out and WWTP）	外部水和污水处理厂

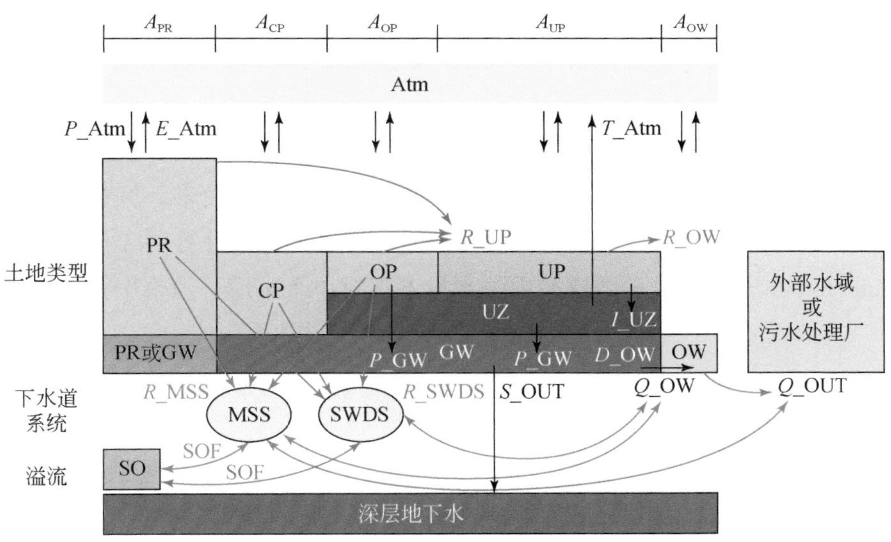

A：面积
Atm：大气
PR：铺砌屋顶(paved roof)
CP：密闭铺砌(closed paved)
OP：透水铺砌(open paved)
UP：未铺砌区域(unpaved)
OW：开放水域(open water)
UZ：未饱和区域(unsaturated zone)
GW：地下水(groundwater)
MSS：混合排放系统
SWDS：暴雨排放系统
SO：管道溢流
SOF：管道到街道的溢流
*P*_Atm：降水
*E*_Atm：蒸发
*T*_Atm：蒸腾
*I*_UZ：下渗
*R*_UP：铺砌区域到未铺砌区域的径流
*R*_OW：到开放水域的径流
*P*_GW：渗透
*D*_OW：排放量
*S*_OUT：向下渗流
*R*_MSS/*R*_SWDS：到管道系统的径流
*Q*_OW：到开放水域的排放量
*Q*_OUT：到外部水域或WWTP的排放量

图 3-3　城市水量平衡模型示意图

在 Atm 模块，降雨量和潜在蒸发量是模型的主要驱动力。太阳辐射可以应用在预处理过程，将每日蒸发时间序列转化为时间步长较小的时间序列。在 Deep GW 模块，从浅层地下水（GW）到深层地下水的渗流可以在城市水量平衡模型中定义为一个恒定的通量（向下、向上或零），也可以定义为一个动态计算的水流，取决于计算的地下水位与定义的深层地下水水头之间的差异以及垂直流动阻力。在 Out and WWTP 模块，MSS 将其水排放到污水处理厂。OW 中多余的水，即超过目标水位的水被排放到外部水域。这两种水分排放都被预先设定的排放能力所限制。当 OW 的水位低于目标水位时，其差额由外部水供应。

只有降雨被识别为降水（不包含雪），它在每个时间步长开始瞬时计入。首先被表层拦截，铺砌地区发生蒸发，开放铺砌和未铺砌还发生渗透。蒸发量为该时间段潜在的开放水域蒸发量，而渗透则为开放铺砌区域的渗透能力。在未铺砌区，蒸发和渗透同时清空了表层的拦截蓄水量。来自铺砌区的径流流向下排水系统，超过下水道系统存储能力的部分作为街道上的下水道溢流单独处理，与下水道系统断接的铺砌区域径流则流向未铺砌的区域。所有相关参数都是用户根据项目区当地条件设置的，如土地利用类型、土壤类型、植被类型、地表水位等。

径流量和蓄水量的计算以该模块的单位面积深度（mm）表示。模型假设位于串联水库下游的 B 水库的流入量，是由 A 水库对 B 水库的面积比转换而来。例如，A 的面积为 $5m^2$，B 的面积为 $10m^2$，从 A 流入 B 的水量为2mm/h，那么以 B 计算从 A 流入 B 的水量为 $2\times5/10=1$mm/h。在城市水量平衡模型中，水量不仅对单个水库，对整个模型都是严格守恒的。

3.3.1 模块介绍

铺砌屋顶（Paved Roof，PR）指城市地区的各种建筑，从低层建筑（如独立式住宅、公寓大楼）到高层建筑（如高层住宅、摩天大楼）。屋顶的排水系统是利用排水设施收集雨水，并通过下水管道将雨水排入下水道。屋顶表面拦截的少量雨水被定义为拦截储存，只能通过蒸发排空，超过拦截储存能力的水为铺砌屋顶的径流。基本上，所有的径流都流向下水道系统（SWDS 和/或 MSS），模型还设置了与下水道系统断接的部分，设定这部分径流流向未铺砌区（图 3-4）。

落在建筑屋顶上的雨水首先被保留为拦截储存，并通过蒸发耗尽，超出拦截存储能力的水成为径流。若铺砌屋顶预先设定了较大的拦截储存能力，就不会有径流产生。铺砌屋顶上的径流按照用户预定义的比率重新分配到下水道系统（SWDS 和 MSS）和未铺砌区域（UP）。如果部分屋顶与下水道系统断开连接，如小部分水从屋顶边缘直接流出到地面，

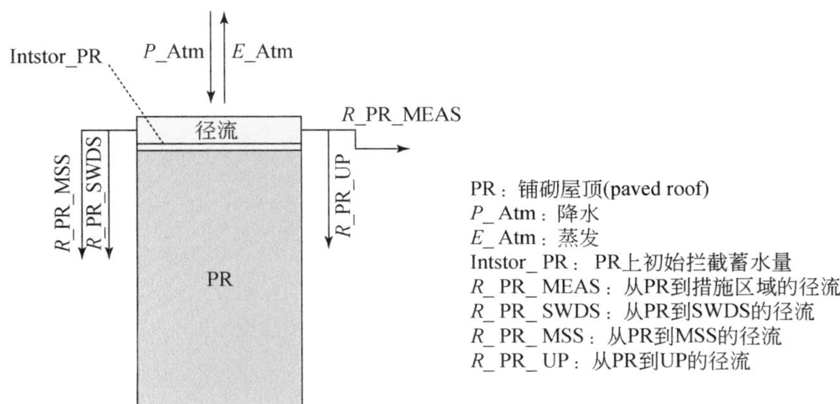

图 3-4　铺砌屋顶（PR）模块示意图

则假定断开连接的部分径流流向未铺砌区域。然而，排水系统功能正常的铺砌屋顶，其大部分径流仍是以预定义的比例进入雨水排放系统（SWDS）或（和）混合排放系统（MSS）。在当前时间步长开始时，铺砌屋顶上的初始拦截存储量是上一时间步长结束时铺砌屋顶上的剩余拦截存储量加上当前时间步长的降雨量，它受到铺砌屋顶上预定义的拦截存储量的限制。在当前的时间步长中，铺砌屋顶上（实际）蒸发量受限于潜在的开放水域蒸发量和同一时间步长中铺砌屋顶上可用的初始拦截储存量，只有当拦截储存中含有水时才会发生蒸发。在当前时间步长结束时，铺砌屋顶的最终拦截储存量是蒸发量减去初始拦截储存量。来自铺砌屋顶的总径流是降雨量减去实际蒸发量加上当前时间段与前一时间段之间的拦截存储量变化，该径流按预定义的比例重新分配到措施（Meas）、下水道系统（SWDS 和 MSS）和未铺砌（UP）区域。其中，总径流减去通往措施区域的径流就是剩余径流，未拦蓄径流按预定义的比例重新分配到雨水排放系统（SWDS）和混合排放系统（MSS），与下水道系统断接的径流按预定义的比例流向未铺砌区域（UP）。

封闭铺砌（Closed Paved，CP）指道路、停车场、车道等有铺砌物的区域，这些铺砌物由水泥或沥青混凝土等防渗材料制成。在概念建模机制方面，密集封闭式铺砌与铺砌屋顶很相似，都具有不透水的铺砌表面，少量的雨水被拦截为表面积水，只能通过蒸发排空；超过拦截储存能力的降雨将产生径流，流向下水道系统（SWDS 和/或 MSS），与下水道系统断接的径流流向未铺砌区域（UP）（图 3-5）。

落在封闭铺砌上的雨水首先被保留为拦截储存，并通过蒸发耗尽，超出拦截存储能力的水成为径流。若封闭铺砌预先设定了较大的拦截储存能力，就不会有径流产生。封闭铺砌上的径流按照用户预定义的比率重新分配到下水道系统（SWDS 和 MSS）和未铺砌区域（UP）。如果部分封闭铺砌区与下水道系统断开连接，则假定断开连接的部分径流流向未铺砌区域。然而，排水系统功能正常的密集铺设，其大部分径流仍是以预定义的比例进入

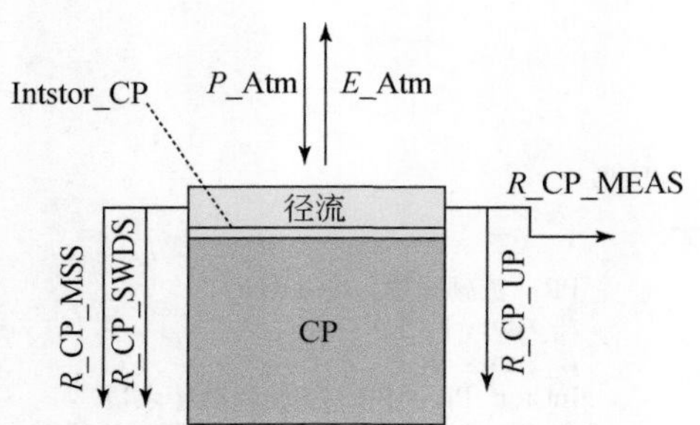

图 3-5　封闭铺砌（CP）模块示意图

雨水排放系统和混合排放系统。

在当前时间步长开始时，封闭铺砌上的初始拦截存储量是上一时间步长结束时封闭铺砌上的剩余拦截存储量加上当前时间步长的降雨量，它受到封闭铺砌上预定义的拦截存储量的限制。在当前的时间步长中，封闭铺砌上（实际）蒸发量受限于潜在的开放水域蒸发量和同一时间步长中封闭铺砌上可用的初始拦截储存量，只有当拦截储存中含有水时才会发生蒸发。在当前时间步长结束时，封闭铺砌的最终拦截储存量是蒸发量减去初始拦截储存量。来自封闭铺砌的总径流是降雨量减去实际蒸发量加上当前时间段与前一时间段之间的拦截存储量变化，该径流按预定义的比例重新分配到措施区域、下水道系统和未铺砌区域。其中，总径流减去通往措施区域的径流就是剩余径流，未断接径流按预定义的比例重新分配到雨水排放系统和混合排放系统，与下水道系统断接的径流按预定义的比例流向未铺砌区域。

开放铺砌（Open Paved，OP）指小路、人行道、停车场和其他具有透水性的铺砌区，其渗透能力相对有限。这些具有一定渗透性的路面使用的是透水性多孔材料（如透水混凝土、多孔沥青）或间隔的无孔材料（如铺路石、可渗透的混凝土路面），它允许水在裂缝间渗透（图 3-6）。因此，与铺砌屋顶（PR）和封闭铺砌（CP）模块相比，开放铺砌（OP）模块有一个额外的从开放铺砌到地下水的渗透通量，该渗透通量受到渗透能力和开放铺砌区域可用的拦截存储限制，超过拦截储存能力的降雨将产生径流，流向下水道系统（SWDS 和/或 MSS），与下水道系统断开的径流流向未铺砌区域（UP）（图 3-7）。

开放铺砌模块的铺砌材料允许渗透的孔隙只占开放铺砌表面积的极小部分，因此，它不影响开放铺砌表面的拦截储存能力，渗透是在拦截存储饱和后开始的，它受到预定义的渗透能力的限制，同样，该拦截存储只能通过蒸发排空。开放铺砌区没有植被，从而地表下的根系区域没有蒸腾作用。简单起见，设定从开放铺砌区表面渗入的水直接渗入地下水（GW）并不通过非饱和区（UZ）。在当前时间步长开始时，开放铺砌上的初始拦截存储量是上一时间步长结束时开放铺砌上的剩余拦截存储量加上当前时间步长的降雨量，它受到

图 3-6　透水路面–多孔沥青和透水砖路面

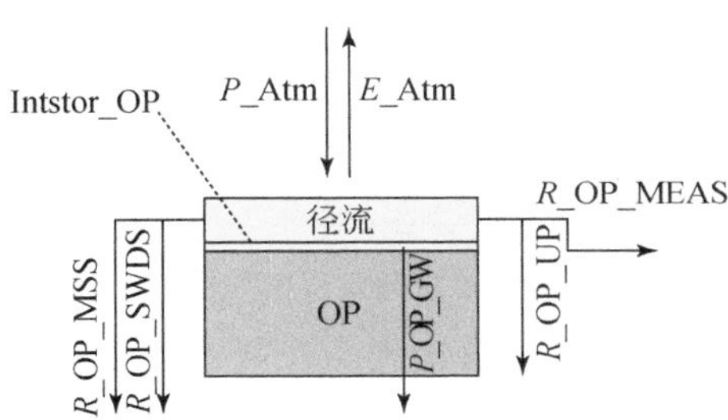

OP：透水铺砌(open paved)
P_Atm：降水
E_Atm：蒸发
Intstor_OP：OP上初始拦截蓄水量
P_OP_GW：从OP到GW的下渗量
R_OP_MEAS：从OP到措施区域的径流
R_OP_SWDS：从OP到SWDS的径流
R_OP_MSS：从OP到MSS的径流
R_OP_UP：从OP到UP的径流

图 3-7　开放铺砌（OP）模块示意图

开放铺砌上预定义的拦截存储量的限制。在当前的时间步长中，开放铺砌上（实际）蒸发量受限于潜在的开放水域蒸发量和同一时间步长中开放铺砌上可用的初始拦截储存量，只有当拦截储存中含有水时才会发生蒸发。在当前时间步长结束时，开放铺砌的最终拦截储存量是蒸发量减去初始拦截储存量。渗透（渗入地下水）只有在拦截存储饱和时才会发生，它受开放铺砌上预定义的渗透能力限制，该部分渗透不经过非饱和区直接流入地下水（GW）来自开放铺砌的总径流是降雨量减去实际蒸发量加上当前时间段与前一时间段之间的拦截存储量变化减去地下水渗透，该径流按预定义的比例重新分配到措施（Meas）下水道系统（SWDS 和 MSS）和未铺砌（UP）区域。其中，总径流减去通往措施区域的径流就是剩余径流，未断接径流按预定义的比例重新分配到雨水排放系统（SWDS）和混合排放系统（MSS），与下水道系统断接的径流按预定义的比例流向未铺砌区域（UP）。

未铺砌（Unpaved，UP）是一种没有表面覆盖物的土地利用类型，如花园和草地，其上的水比铺砌表面的水更容易渗入。未铺砌区域的植被（作物）类型需要预先定义。该模型假定已铺砌区域（PR、CP 和 OP）和未铺砌区域（UP）之间有明显的区别，铺砌区的径流主要通过下水道系统排出；未铺砌区的径流主要渗入地下的非饱和区，再渗入地下水，并通过地下水流到排水系统（开放水域）。储存在地表拦截层的降水蒸发到大气、渗入非饱和区，超过拦截储存能力的水被假定为到开放水域（OW）径流（图 3-8）。

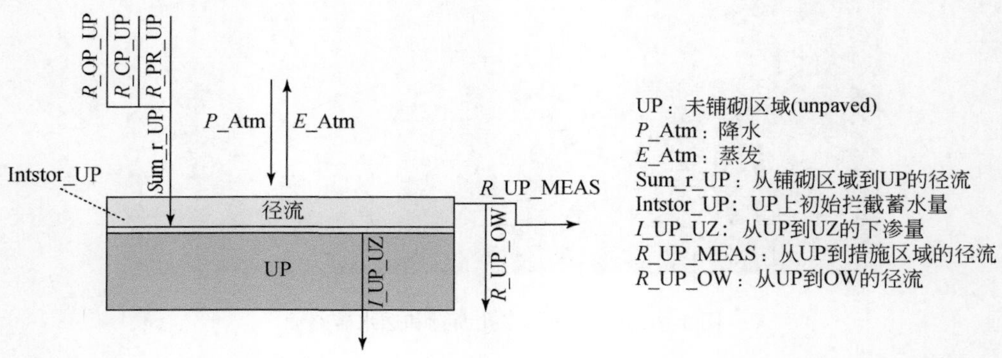

图 3-8　未铺砌（UP）模块示意图

铺砌区与下水道系统断开的径流被平均分配到未铺砌区，该区域的拦截存储能力被设定为地表径流的水深。植被的拦截能力没有单独定义，植被的蒸发量被非饱和区的蒸腾量吸收。只要水停留在地表，未铺砌路面的蒸发和渗入就会发生。渗透是在（初始）拦截储存饱和之后开始的，同样，（初始）拦截存储按比例被渗透和蒸发排空，过多的部分成为径流。渗透受实际渗透能力和非饱和区可用储存量的限制；蒸发受该时间段内潜在的开放水域蒸发量的限制；渗透和蒸发在同一个时间段内发生，并受可用的初始拦截储存量的限制。在当前时间步长中，实际的渗透能力受非饱和区实际可用自由空间的限制，即最大含水量减去同一时间步长中根系区的实际含水量；在同一时间段内从非饱和区到地下水的入渗量受土壤的饱和渗透性和可用于渗入的水的限制。定义的时间系数是指水留在地表的时间步长。潜在的开放水域蒸发量与这个时间系数相乘，得到未铺砌区域在该时间段的实际蒸发量；实际入渗能力与该时间系数相乘，得到该时间段内未铺砌区向非饱和区的实际入渗量。

落在未铺砌区上的雨水和来自铺砌区的径流首先被保留为拦截储存，并通过蒸发和渗透耗尽，超出拦截存储能力的水成为径流。若未铺砌区预先设定了较大的拦截储存能力，就不会有径流产生。设定除了 UP 产生的径流外，未铺砌路面上的径流都会流向开放水域（OW），如果没有开放水域，水就不能形成径流，它将被储存在未铺砌路面的表面。在这种情况下，水只能通过蒸发或渗透排空。然而，在当前版本的城市水量平衡模型中，还没有充分研究和测试未设置开放水域模块的方案，因此，为了避免潜在的错误，我们建议将开放水域（OW）的比例定为非零。铺砌区到未铺砌区的总径流是用面积比换算后，（与下水道系统断接）铺砌区（PR、CP、OP）到未铺砌区（UP）的径流之和。

在当前时间步长开始时，未铺砌区上的初始拦截存储量是上一时间步长结束时未铺砌区上的剩余拦截存储量加上当前时间步长的降雨量再加上断接铺砌区域的总径流。它不受拦截存储能力的限制，因为（初始）拦截存储是一个瞬时变量，只在计算过程中相关。在当前的时间步长中，未铺砌区的实际入渗能力受其预定义的入渗能力和根系区可用于渗透的自由空间限制；非饱和区可用于渗透的自由空间受根系区最大含水量减去上一时间步长土壤含水量和当前时间段预期渗透量的限制；预计的渗透量受土壤的饱和渗透性和可用于渗入的水的限制。正如上文所述，时间系数是指水留在地表的时间步长。因此，有了时间系数就可以确定实际蒸发量和实际入渗量，当前时间步长的实际蒸发量是潜在蒸发量乘以时间系数；当前时间步长从未铺砌区到非饱和区的实际入渗量是实际入渗量乘以时间系数。地表最终拦截储存量受限于未铺砌区上的预定义的拦截储存量和初始拦截储存量以及实际蒸发量和实际入渗量。在当前时间步长中，未铺砌区域的总径流是蒸发和渗透后初始拦截存储的一部分，超过其预定义的拦截存储能力的径流被重新分配到措施区域（Meas）和开放水域（OW）如果对未铺砌区域进行措施规划，则部分径流按预定义的比例流向措施区域，而其余径流按设定流向开放水域（OW）。

非饱和区（Unsaturated Zone，UZ）在未铺砌区（UP）的下面是一个非饱和区（UZ）。非饱和区，通常被称为上层滞水带，是地下水位以上的地下部分。如前所述，模型没有在铺砌区（PR、CP 和 OP）应用非饱和区，因此，假设非饱和区的面积与未铺砌区相同。未铺砌地面的渗透是对非饱和区的流入，而从非饱和区渗透到地下水（GW）是流出。在非饱和区，我们重点关注根系区，植物的蒸腾作用是通过植物根系吸收水分。根区可以用一个容器来表示，其中的水含量可能会波动。降雨入渗和地下水向根区的毛细管上升会增加根区的水分，减少根区的耗损，而土壤蒸发、作物蒸腾和渗透会从根区带走水分，增加耗损。根系区的蒸发量被模拟为参考作物蒸发量（使用 Penman-Monteith 蒸发量或 Makkink 蒸发量）与蒸腾减少系数的乘积。蒸腾减少系数来自文献中的 Feddes 植物水分胁迫系数的概念。田间容水量是指排水良好的土壤在重力作用下所能容纳的水量。在没有水供应的情况下，根系区的含水量会因作物吸水而减少。随着吸水的进行，剩余的水以更大的力量被固定在土壤颗粒上，降低了其势能，使植物更难提取。最终，达到所谓的永久枯萎点，作物不能再提取土壤中的剩余水分，吸水率为零。枯萎点是植物将永久枯萎的土壤含水量（图 3-9）。

开放铺砌（OP）的渗透直接进入地下水（GW），不经过非饱和区。非饱和区只与未铺砌区有关。非饱和区的面积与未铺砌区的面积相等。由于模型评估的时间步长 Δt 小于一天（目前 $\Delta t=1$ 小时），为了计算简便，将每小时的参考作物蒸发量除以 $2\Delta t$ 所得到每日的作物蒸发量，作为蒸腾量减少点的潜在蒸腾量。因为假定（作物）蒸发只发生在白天（半天）。实际上，最好是采用当天 24 小时的参考作物蒸腾量之和作为每日作物蒸腾量值，但为了计算效率和稳健性，采用这种简化方法作为一种近似，对计算结果的影响可以忽略

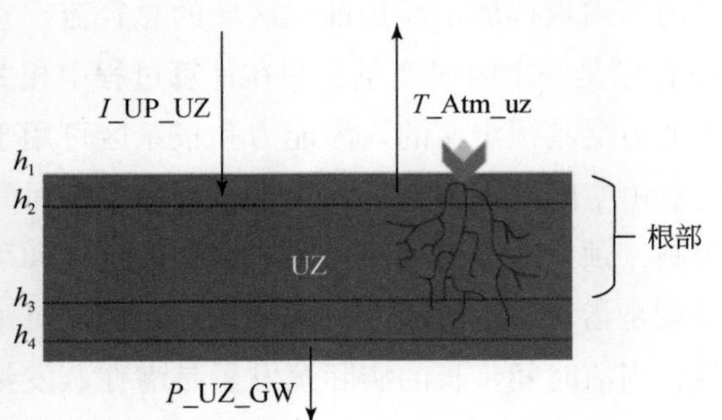

图 3-9　非饱和区（UZ）模块示意图

不计。当前时间步长的实际蒸腾量由蒸腾减少系数（水分胁迫系数）和同一时间步长的参考作物蒸腾量（作物系数=1）决定。地下水渗透受到土壤的饱和电导率的限制。

未铺砌区域的总入渗量作为入流量，也包含从措施区到非饱和区的径流。计算根区土壤在蒸腾减少点 h_3 的含水量。如果每日参考蒸发量小于 1mm/d，$\theta h_3 = \theta h_3 l$。如果日参考蒸散量大于 5mm/d，$\theta h_3 = \theta h_3 h$。如果日参考蒸发量在 1 ~ 5mm/d，$\theta h_3$ 在 $\theta h_3 l$ 和 $\theta h_3 h$ 之间内插。根据上一时间步长中根系区的实际含水量加上当前时间步长中未铺砌区域的入渗量，通过线性内插法确定蒸腾减少系数 α（根系区在完全饱和点的含水量）、θh_2（根系区的田间持水量）、θh_3（根系区在蒸腾减少点的含水量）和 θh_4（根系区在永久枯萎点的含水量）。从非饱和区（UZ）到地下水（GW）的渗透量可以是正的（向下的深层渗透）也可以是负的（向上的毛细管上升）。在模型中，地下水的深层渗透和水位的毛细管上升被归纳为一个术语，如果当前根系区的水分计算（前一时间步长的根系区含水量+从 UP 的入渗+从措施区到 UZ 的径流-蒸发）大于根系区的平衡含水量 θeq，就是向下的深层渗透，否则就是向上的毛细管上升。深层渗透受土壤饱和渗透率和当前水分计算与根系区的平衡含水量 θeq 之间的大小限制；毛细管上升受最大毛细管上升和当前水分计算与根系区的平衡含水量 θeq 之间的大小限制。当前时间步长结束时的根区含水量 θ 是前一时间步长结束时的根区含水量+入渗+措施区径流-蒸发渗透。

地下水（Groundwater，GW）在模型中，非饱和区的下面是饱和区，即地下水库（GW）。地下水库被模拟为非封闭的含水层，下面是深层地下水，是与外界进行水交换的边界之一。来自非饱和区和开放铺砌的渗流对地下水进行补给，而向下渗入深层地下水和排入露天水则消耗了地下水库。流入（非饱和区的渗流）和流出（渗流和排水）是由水头差驱动的，因此这些通量的值既可以是正的也可以是负的。地下水库的面积计算为整个模型的面积减去非地下水位上的开放水域面积再减去低于地下水的铺砌屋顶的面积。当前时间步长的最大毛细上升和存储系数是根据上一时间步长结束时的地下水位通过插值确定的（图 3-10）。

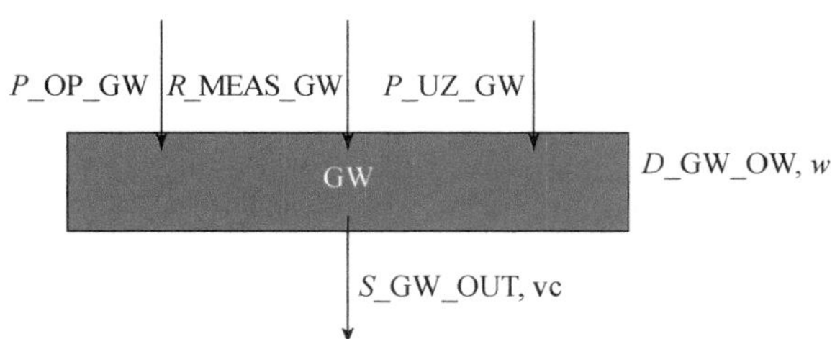

GW：地下水(groundwater)
P_OP_GW：从OP到GW的下渗量
R_MEAS_GW：从GW到措施区域的径流
P_UZ_GW：从UZ到GW的下渗量
D_GW_OW：从GW到OW的排放量
w：GW与OW之间的排放阻力
S_GW_OUT：从GW到深层地下水的下渗量
vc：GW与深层地下水之间的下渗阻力

图 3-10　地下水（GW）模块示意图

来自开放铺砌的水直接渗入到地下水，并未通过非饱和区。该模块的排水和渗流是根据前一个时间步长结束时的地下水位计算的。通量引起地下水位的变化，排水和渗流会减少。这意味着浅层地下水和深层地下水（或开放水域）之间的水头差越大，驱动力就越大，因此水流量就越大。随着水的交换，水头差变小，所以水流量变小。渗入地下水的水量是开放铺砌的入渗量和非饱和区的入渗量之和，用面积比转换。根据上一时间步长的地下水位，通过内插法确定地下水储存系数 μ。在模型中，对于给定的土壤类型，储存了不同地下水位的储存系数数据。当前时间段的地下水存储系数是根据前一时间段的地下水位从查询表中插值出来的。根据上述计算公式，可以确定当前时间步长结束时的地下水位。根据预设渗流条件，确定当前时间间隔中向深层地下水的总渗流。深层地下水的渗流可定义为恒定流量或动态计算的流量，这取决于深层地下水的预定水头以及地下水库和深层地下水之间的垂直排水阻力。根据水量平衡，可以确定当前时间段内从地下水库到开放水域的排水量，该排水量是根据其他通量和地下水量的差异（地下水位和存储系数）得出的参数。当前时间步长结束时地表以下的地下水位和地表以上的地下水位，取决于前一时间步长结束时的地下水位、当前时间步长中计算出的渗入、渗出、排水通量和存储系数 μ。

下水道系统（Sewer System，SWDS/MSS）模型中的下水道系统是雨水排放系统（SWDS）和混合排放系统（MSS）的结合，后者意味着城市排水和城市废水的混合排放。在城市地区，这两种系统都被应用。因此，在模型中，总的铺砌面积（PR、CP 和 OP）按比例分为 SWDS 应用区（0～100%）和 MSS 应用区，用户可以自定义该比例和系统容量，以符合当地情况。在正常降雨条件下，混合排放系统中的所有水都被转移到污水处理厂（WWTP）进行进一步处理。在暴雨条件下，允许大部分的雨水和废水混合后未经处理就排放到邻近的水体（如城市池塘）。下水道系统的污水溢出会给受纳水体带来污染问题，如果降雨量非常大，超过了溢流排放能力，那么就会发生下水道溢流到街上的情况。与混合排放系统相反，在雨水排放系统中，只有废水流向污水处理厂，降雨径流排入地表水。雨水排放系统受到系统排放能力的限制，超过这个能力就会发生下水道溢流到街道的情况。

下水道系统的总面积加起来等于总的铺砌面积（PR、CP 和 OP）。SWDS 和 MSS 的面积是用户定义的，从三个铺砌区域到下水道系统的径流被预定义的比率所除。也就是说，一个城市地区如果有 60% 的 SWDS 和 40% 的 MSS，60% 的 PR 区径流将被排入 SWDS，40% 被排入 MSS。同样的径流划分也适用于 CP 和 OP 区。但若是应用了适应措施，即城市径流（部分）流向这些措施区，会改变这一情况。但是，对于没有流向措施区的那部分径流，将保持这个比例（在这个例子中是 60%：40%）。当前时间段内从铺砌区（PR、CP、OP）和措施区（如果有）到 SWDS 的径流之和，是根据上一时间段 SWDS 的存储量、铺砌地区的径流量和措施区的径流量计算的。当前时间段从 SWDS 到 OW 的流出量受 SWDS 的排放能力限制。当前时间段内从铺砌区（PR、CP、OP）和措施区（如果有）到 MSS 的径流之和，是根据前一时间段 MSS 的存储量、铺砌地区的径流量和措施区的径流量计算的。当前时间段 MSS 到污水处理厂的流出量受 MSS 的排放能力限制。当前时间段从 MSS 到 OW 的流出量受 MSS 到 OW 的排放能力的限制。当前时间步长中从 SWDS 或 MSS 溢出到街上的污水，设定为在同一时间步长中被排入开放水域。只有当排水量超过流入量时才会蓄水，蓄水被限制在蓄水能力范围内，超出部分将溢出，从而可计算当前时间步长结束时 SWDS 或 MSS 的剩余存储量。

开放水域（Open Water，OW）模型中的开放水域是指所有受控的开放水体，如沟渠、运河和池塘。在模型中，开放水域有一个固定的目标水位。超过这个水位，水就会被排到外面的水中，该部分由用户定义的排放能力来限制。如果蒸发损失导致水位低于目标水位，将从外部水体中引进水（容量无限）以维持目标水位。开放水域可以被认为是反映系统存储能力的抽象术语，设定所有来自未铺砌路面的径流和所有下水道溢流都直接流向开放水域。模拟过程中，在连续的大雨天气下，由于储存能力和排放能力不足，开放水域的水位可能会超过目标水位，该部分过多的水城市水系统无法处理，反映各种真实的城市洪水现象。在当前版本的模型中，高于地表高程水平的水不能（直接）流向其他地表区域，因此开放水域的最大水位不受限制。计算目标水位以上的存储高度是为了了解系统的水存储需求。比如某一洪水事件中开放水域的最大蓄水高度与开放水域面积相乘，可以反映该事件中整个研究区域所需的蓄水能力（图 3-11）。

在同一时间步长中，来自 UP 的所有径流都流向 OW，所有从 SWDS 和 MSS 溢出到街上的污水也都直接流向 OW。OW 的目标水位低于地表水位，这是 OW 水位的下限。例如，目标水位被设定为−1.5m，那么计算的水位 x 只能高于这个水位（$x \geqslant -1.5$）。在这个水位以上（$x>1.5$），OW 开始向外部排放水。外部水不是模型的一部分，从 OW 到外部的排放受到预定义的抽水能力的限制，这个抽水能力可以作为蓄水−排水−频率（SDF）曲线中的排水能力，其中蓄水是指计算结果。

城市洪水通常可划分三种类型：暴雨洪水（山洪暴发和地表水）、河流洪水和沿海洪

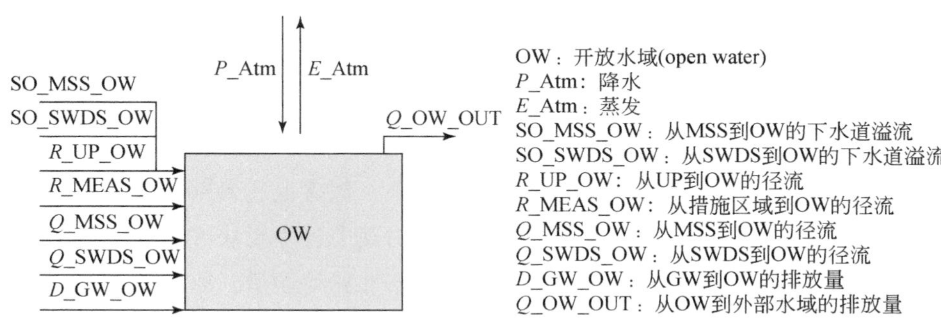

图 3-11　开放水域（Open Water）模块示意图

水（风暴潮）。当极强的降雨使水系统的储存能力饱和，多余的水无法被吸收时，就会发生暴雨洪水；当河流因持续或强降雨而决堤时，就会发生河流洪水；沿海地区因风暴潮等极端潮汐条件而发生沿海洪水。与其他类型的洪水不同，暴雨洪水对城市地区的影响是最明显和最具破坏性的。模型仅通过两个指标来模拟城市水系统中的暴雨洪水，即下水道溢流到街道和高于目标水位的存储高度。

据预测，气候变化将增加极端降雨事件的强度和频率。再加上进一步的城市化和快速增长的人口，导致城市河流洪水风险增加。为了有效应对日益增长的洪水风险，需要结合各种干预策略，包括结构性基础设施、基于自然的解决方案、早期预警系统、风险融资工具等。本模型能够对各种适应措施进行建模，主要包括结构性基础设施和基于自然的解决方案。结构性基础设施是指灰色基础设施，通常是使用混凝土和钢铁的工程项目，而基于自然的解决方案是指依靠水、植物和生态系统的蓝-绿基础设施。

蓝-绿基础设施是对自然土地、景观和其他开放性空间的规划使用，在保护生态系统价值和功能的同时，也为人类提供相关价值（Palmer et al.，2015）。蓝-绿基础设施通常是分散的，水在降落区域被收集处理，而不是运送到处理设施，包括雨水收集、水广场、城市湿地、绿色屋顶、生物沼泽等应用方式。灰色基础设施是指人类设计的水资源基础设施，如废水处理厂、管道和水库。它通常是集中式的水管理，比如运河、堤坝、沟渠等。在本模型中，开发了一个名为 Measure 的模块，用于模拟城市适应措施。通过该模块的设计计算，措施的机理被模拟出来，并纳入动态水文模型中。

措施通过创造额外的储存、蒸发、渗透、排水以及措施组合来缓解城市洪水。因此，尽管城市适应措施的类型很多，但它们可以在特定的框架下进行分类和建模。本模块的基本思想和原则是提供一个通用的适应性框架来代表措施的物理尺寸，并模仿措施的主要功能。模型中的措施模块可以被定义为 1 层、2 层或 3 层结构。

1 层结构只包含一个拦截层（第 1 层），是指可以储存雨水、加快蒸发的措施类型，典型案例为绿色屋顶。

2 层结构由 2 层组成，一个拦截层（第 1 层）和一个底部存储层（第 3 层）。底部存储层是措施模块中最复杂的部分，用户可以定义蒸发量、地下水渗入和（到任何地方）受控径流。受控径流是指首先存储在措施中的径流量以受控方式排出，通常意味着要么“持续延迟排放”到城市水系统，要么“在更晚的时间即时排放”，此时城市水系统具备再次处理这些径流的能力。城市水系统指的是整个水系统，包含上述各部分模块。在目前的模型中没有纳入实时控制，而是通过大量的时间步长对其中各个模块 SWDS、GW、OW 的小规模恒定排放进行模拟。持续延迟排放被定义为动态计算的通量，取决于水头差和流动阻力。2 层措施的例子有雨桶、湿塘、渗透箱等。

3 层结构由 3 层组成，一个拦截层（第 1 层），一个顶部存储层（第 2 层）和一个底部存储层（第 3 层）。与 2 层措施相比，多出了顶部存储层。这一层特别添加了绿色屋顶和生物沟等适应措施，它通常有一个促进蒸发的生长介质，以及在生长介质下面的排水层，可以将过多的水排入下水道系统。一项措施可以被定义为 3 层，每层设置的面积应当一致。措施区域的流入源并非唯一，例如，如果在 OP 区设置一个措施，径流不仅仅来自 OP 区，还可以来自 PR 和 CP 区，但该部分内容还没有被充分地开发测试。

3.3.2 参数设置

地表以上的土地利用类型分为 5 个部分，即铺砌屋顶（建筑物）、封闭铺砌（道路等）、开放铺砌（人行道、停车场等）、未铺砌（草地等）和开放水域（沟渠、运河、池塘等）。这五种土地利用类型的面积比例之和应达到 100%。此外，铺砌区（PR、CP、OP）还需设置另外三个参数的值。

1）三个铺砌区域的断开比例：表示每个铺砌区域与下水道系统断开连接的百分比。如果铺砌屋顶的这一比例为 5%，则意味着 5% 的铺砌屋顶（PR）与下水道系统断开连接。因此，铺砌屋顶（PR）有 5% 径流不会流入下水道系统，而是流向未铺砌区域。

2）地下水（GW）以上的建筑物比例：这部分意味着铺砌屋顶（PR）的地基底部高于地下水位的百分比。

3）地下水（GW）以上的开放水域比例：这部分类似于地下水（GW）以上的建筑物比例。它影响地下水区域大小的计算，假设我们有 300m^2 的开放水域，如果这个比例是零，那么地下水面积就限制在 300m^2；如果这个比例是 100%，那么地下水也将包含这 300m^2，因为所有开放水域都被设定在地下水位之上。

综上所述，类型 2）和类型 3）影响地下水（GW）的总面积。这个面积很重要，因为模型中的所有存储量和通量都是以深度（mm）计算的，因此从一个模块到另一个模块的转换取决于这两种成分的面积比。因此，定义这两个参数值可以确定模型中的实际地下水面积。

只有当地表截流蓄水能力不能再处理过量降雨时，才会产生从铺砌表面到下水道系统的径流。该径流流入下水道系统中，设置流入“雨水排放系统”的比例（$X\%$），即该部分铺砌区域具有雨水下水道系统；其余径流（$100\%-X\%$）流入“混合排放系统”，即铺砌区域中具有混合下水道系统。

3.4 城市雨水资源利用时空动态模拟技术

针对我国城市雨水资源时空分布不均、调蓄能力不足、雨水资源利用率低等问题，研发了城市雨水资源时空动态模拟技术。

城市雨水资源利用时空动态模拟技术是基于气象和下垫面数据进行雨水资源利用分析的模拟技术。该技术可以对城市地区雨水资源利用的时空动态进行建模和分析，帮助使用者对城市雨水的利用进行全面有效的评价。该技术的目标是优化雨水资源的利用，减少雨水对环境、社会的负面影响，提升地区水安全，从而更好地应对气候变化下城市雨水资源利用方面的挑战。该技术基于城市雨水资源利用模拟与决策系统进行雨水资源时空模拟，其结果可以用于雨水利用系统的规划、设计和管理决策。

3.4.1 城市雨水资源利用模拟与决策系统

城市雨水资源利用时空动态模拟技术基于城市雨水资源利用模拟与决策系统完成，是一种用于城市规划与雨水资源利用模拟的工具。该系统基于城市水量平衡模型 UWBM 开发而成，可以模拟多情景下城市雨水资源的利用效果，根据不同的地理条件、气候条件和可用资源确定最优雨水利用策略，帮助使用者制定更有效的雨水处理和管理解决方案。此外，该系统还可以分析蓝-绿-灰基础设施的水文效应和雨水资源利用差异，模拟不同基础设施及其空间分布的雨水资源利用效果，结合系统内的决策模块，给出不同情景下的雨水资源利用方案。

该系统通过使用数学模型和计算机软件来模拟雨水从降雨到径流的整个过程，评估不同的雨水资源利用策略，并为决策者提供有关雨水资源利用效果的信息。该系统考虑了多种因素，如降水、地下水位、土壤类型、地表径流及多种绿色基础设施的水文效应等，以便更准确地评估雨水资源利用的效果。该系统的目的是通过对城市雨水资源利用状况的评估和模拟，帮助决策者在环境、经济和社会效益方面做出明智的决策，提高雨水资源的利用效率。

城市雨水资源利用模拟与决策系统需要用户输入研究区的气象数据，通过在系统内部放置多种蓝-绿-灰基础设施实现雨水资源利用的时空动态模拟。在设置完研究区边界后，使用者每放置一次蓝-绿-灰基础设施并设置其属性，系统即调用 UWBM 进行一次雨水资源利用的时空模拟并实时展示雨水资源利用结果，实现伴随使用者对空间基础设施添加过程的“动态”结果输出。使用者依据结果栏展示的数据调整蓝-绿-灰基础设施的空间分布及属性，实现动态模拟雨水资源的利用状况。

3.4.2 城市雨水资源利用时空动态模拟流程

新用户在进入该系统前，需要注册一个实名账号用以储存创建的工程文件。用户注册系统需要输入姓名、单位、城市、邮箱（用以寻回密码）并设置登录密码，用户填入的隐私信息被加密储存在系统服务器中。登录成功后，用户可根据实际需求修改密码、储存工程文件和查看、编辑记录等。

系统可接收用户上传的矢量边界文件（shapefile）或手动在线绘制。上传的矢量文件非 GCS_WGS_1984 坐标系时，需要同时上传记录图形元素坐标位置信息的 . shp 文件和记录整个文件坐标信息的 . prj 文件。同时用户还可以导入并编辑储存在本地的项目文件。设置完项目边界后，用户可自由添加或修改项目区域内的基础设施属性，系统调用 UWBM 快速计算该情景下的雨水资源利用结果。

系统中提供了包括绿色屋顶、雨水花园、城市森林等在内的 20 余种蓝-绿-灰基础设施。用户通过勾绘选区的方式放置选定的基础设施，系统后台调用动态计算模块实时输出雨水资源利用的计算结果。用户亦可更改已添加设施的属性，模拟同一基础设施在不同空间位置时雨水资源利用的差异，实现多目标决策下的最优雨水利用方案。

3.4.3 添加基础设施并计算结果

城市雨水资源利用模拟与决策系统可接收用户上传的矢量边界文件或手动在线绘制。上传的矢量文件非 GCS_WGS_1984 坐标系时，需要同时上传记录图形元素坐标位置信息的 . shp 文件和记录整个文件坐标信息的 . prj 文件。同时用户还可以导入并编辑储存在本地的项目文件。用户可点击系统提供的基础设施，点击添加的设施，即可在系统地图上绘制该设施的空间位置。以城市森林为例，措施添加结果如图 3-12 所示。

图 3-12 在研究区边界内添加 5 块“城市森林”基础设施。其中区域 1 处于关闭状态，不参与结果的计算，左侧的区域 5 超出研究区边界，在左侧提示“超出范围”，亦不参与结果的计算。用户在添加完基础设施后，可通过应用措施右侧的蓝色按钮确定该区域是否参与到后续的雨水资源利用模拟中，方便对比分析添加/去除某类基础设施后雨水资源利

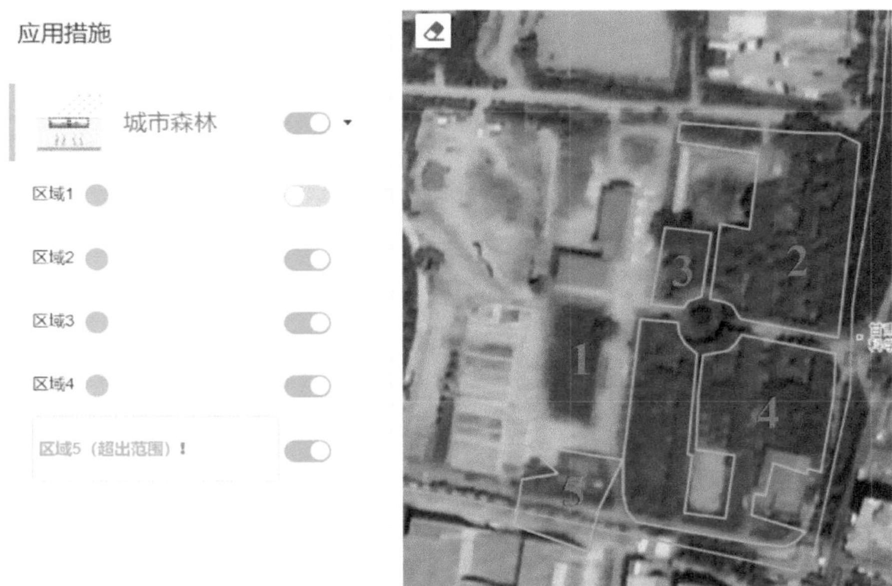

图 3-12　添加基础设施（城市森林）

用的差异。系统右侧提供了三种结果展现方式，通过顶部图标切换，如图 3-13 所示。

根据输入数据的时间尺度，系统可自适应结果展示的方式。示例中输入了日尺度的气象数据，系统计算完毕后自动展示了以月为结果的图表。但在右下方的“导出结果”中，仍然会记录日尺度的计算结果。用户可下载系统计算结果与编辑的工程文件到本地指定的位置。计算结果以 Excel 文件储存，工程文件可被系统再次打开进行编辑。

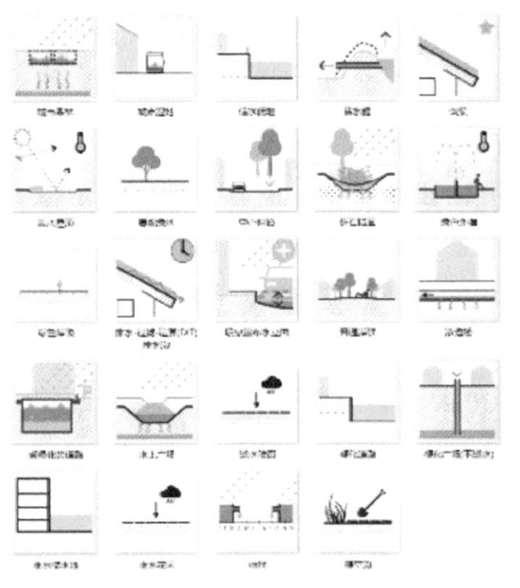

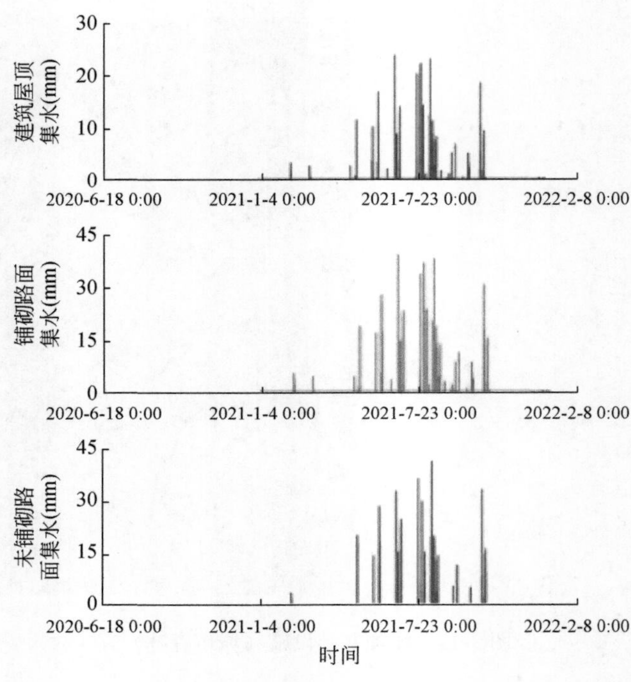

图 3-13　雨水资源利用结果示意图

3.5　茅洲河示范区模型模拟

茅洲河流域地跨深圳、东莞两地，是深圳市最大的流域。属珠江三角洲水系。长期以来，由于流域内工业高速发展，违法乱排现象突出，流域治理困难重重，长期超负荷污染排放使得该流域成为珠江流域污染最为严重的河流之一。

茅洲河源头位于深圳石岩水库上游的羊台山，并由羊台山流经石岩、光明、松岗等街道，最终汇入到伶仃洋。茅洲河全长约 41km，其中干流河段河长 31km，上游石岩水库控制河段河长约 10km，与东莞市的界河河段长 11km，下游宝安段汇入珠江的感潮河段长 13km。茅洲河流域大部分区域位于海拔 25m 以下，土地利用类型以建设用地为主，约占流域面积 47%，林地约为 22%，城市绿地约占 10%。茅洲河流域具备高度城市化的特征，建设用地集中分布在流域中下游地区，使该类地区面源污染较为严重，影响流域水质、生态环境和水安全。茅洲河流域位置、土地利用类型及研究中用到的气象站点如图 3-14 所示。

茅洲河流域山地起伏较大、地势坡度较陡，河床落差平均比降约为 2‰。地势较高的是茅洲河北部、东部与东南部，而西部与西南部的地势相对较低。其中宝安片区地形地貌

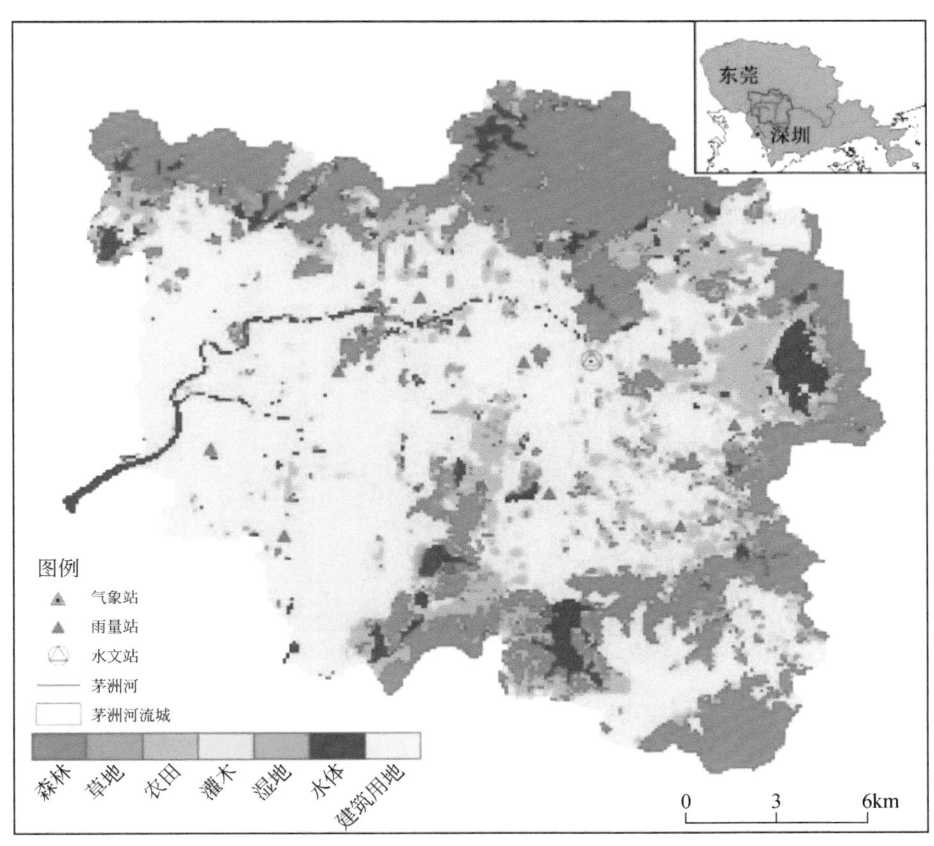

图 3-14　茅洲河流域地理特征

多以低丘台地为主，低山丘陵地貌在茅洲河东北部居多，海滩冲积平原多分布于西南部，与东莞接壤且干流入海，因此地形相对平坦。光明片区中楼村桥以上有长约 8km 的河道，以低山丘陵区为主，东北部地形明显较高；楼村桥至塘下涌长约 9km 的河道则主要是低丘盆地和平原。茅洲河流域山地区域自然植被主要是常绿阔叶林、稀疏灌丛等树种。低山丘陵区域植被主要是人工造林，包括桉树与木荷等树种。

茅洲河流域全年气候温和湿度较大，是典型的南亚热带海洋性季风气候区，雨水较多。区域最高最低气温极端值达 38.7℃和 0.2℃，多年平均气温 22.3℃，日气温 30℃以上平均天数多达 132 天。区域降雨较为充足，降雨量多年平均值约为 1800mm，降雨径流深度与水面蒸发量多年平均值为 860mm、1100mm。降雨年内与年际分布不均，变化较大。流域风向东风常年盛行，夏季以东南风向居多，而冬季则以东北风向为主。

茅洲河流域处于低纬度地区，东南与西北部山区较多，雨量较为充足。茅洲河汛期（4～9 月）台风相对频繁，极易造成暴雨和洪涝等灾害性天气。如图 3-15 所示，茅洲河流域近年来降雨年际变化较大，最大年降雨量2916mm，最小年降雨量1344mm。降雨量主要集中在第二、第三季度，占全年总降雨量的81%，其中第二、第三季度分别占45%与36%。

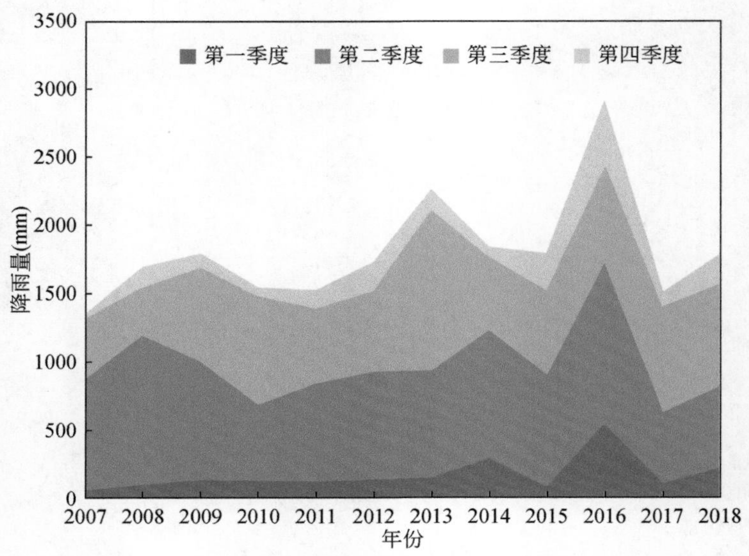

图3-15　茅洲河流域多年降雨分布

茅洲河流域降雨时间与空间存在分配不均的现实，而台风和暴雨导致城市极易发生内涝。茅洲河流域生态失衡破坏效应明显，茅洲河河岸质地发生了较大改变，加上两岸工厂排污造成的水体污染，导致茅洲河生态缓冲保护能力下降，同时由于两岸生产及生活垃圾影响使茅洲河流域的河道空间受到较大程度的破坏，河流难以进行有效的自身生态修复，茅洲河成为珠江三角洲水体污染最严重的河流之一。降雨径流污染导致的面源污染是茅洲河流域水环境恶化的重要原因，且由于河道天然径流小、部分区域水动力条件较差，导致径流污染带来的灾害进一步加剧。为控制茅洲河流域面源污染，调节雨水资源时空不均，提高雨水资源利用量，通过在茅洲河流域建设蓄水池的方法实现水质-水资源的多维调控。

茅洲河包括石岩河一级支流的流域面积为388km^2，部分流域位于东莞，茅洲河位于深圳市境内的流域面积为310km^2。茅洲河水系分布呈树枝状，其中二级、三级与四级支流分别为25条、27条和6条。茅洲河上游流向为由南向北，由于河底高程差较大，水流较急，其右岸支流较发达，包括石岩河、东坑水等支流；中游流向为由东向西，水流较上游渐缓，且河岸更为宽阔，右岸支流仍较发达，包括罗田水、西田水等包括；下游由东北流向西南方向，后汇入珠江口，此段地形平坦且河道较宽，左岸支流相对发达，如沙井河、排涝河等。

茅洲河流域降雨时间与空间存在分配不均的现象，而台风和暴雨导致城市极易发生内涝。首先，茅洲河下游宝安片区处于感潮河段，河道干流汇入珠江口，河口受潮位影响较大，加之河道两岸地势较低，因此洪涝事件较为频繁。其次，茅洲河河道系统治理仍然不足，河道断面不够宽阔，使茅洲河流域防洪能力相对脆弱。最后，河道生态失衡破坏效应明显，茅洲河河岸质地发生了较大改变，加上两岸工厂排污造成的水体污染，导致茅洲河生态缓冲保护能力大大下降，同时由于两岸生产及生活垃圾影响使茅洲河流域的河道空间受到较大程度的破坏，河流难以进行有效的自身生态修复。降雨径流污染导致的面源污染是茅洲河流域水环境恶化的重要原因，且由于河道天然径流小、部分区域水动力条件较差，导致径流污染带来的灾害进一步加剧。茅洲河流域水环境的典型特征为洪涝频发、水质污染严重和水动力情况复杂，流域水安全正面临较大的挑战。

自主研发的流域尺度水与生态系统模拟技术（WAYS）在传统分布式水文模型的基础上，更多考虑蓝-绿-灰基础设施的生态效应及根系层的蓄水能力。WAYS 在全要素水文过程模拟的基础上，对雨水资源进行全面的模拟和分析，为确定雨水资源的分布和时空变化规律提供数据支持，同时 WAYS 模型还可用于研究雨水的径流路径，从而更好地规划排水系统，减少水污染的风险。

茅洲河流域实测站点数据缺乏，基于部分遥感数据驱动 WAYS 模型能够更为准确和高效地模拟流域生态水文过程。模型的输入数据和参数较多，主要包括从公共平台下载的遥感产品、根据遥感影像目视解译得到的数据、利用遥感反演方法估算得到的数据、通过查询数据库获取的属性数据、模拟数据及部分实测数据。茅洲河流域 WAYS 模型运算涉及的数据如表 3-2 所示。

表 3-2　茅洲河流域 WAYS 模型输入数据库

数据代码	数据说明	数据来源	单位
DEM	地表高程	ASTER-GDEM	m
LST	地表温度	MODIS-11	K
LAI	叶面积指数	MODIS-15	/
Albedo	地表反照率	MODIS-43	/
Tem	日平均气温	实测数据	℃
Tdew	露点温度	实测数据	℃
Tmin	日最低气温	实测数据	℃
Tmax	日最高气温	实测数据	℃
P	降水	实测数据	mm
Atm	大气压强	实测数据	kPa
Ws	风速	实测数据	m/s
Landuse	土地利用类型	基于遥感影像解译	/
VegCove	植被覆盖度	遥感反演	/

续表

数据代码	数据说明	数据来源	单位
RootDepth	根系深度	遥感反演	m
PET	潜在蒸散发	模拟数据	mm
SWF_ U	表层土壤田间持水量	HWSD-SPAW	%
SWF_ D	下层土壤田间持水量	HWSD-SPAW	%
SWW_ U	表层土壤饱和含水量	HWSD-SPAW	%
SWW_ D	下层土壤饱和含水量	HWSD-SPAW	%
SWS_ U	表层土壤凋萎含水量	HWSD-SPAW	%
SWS_ D	下层土壤凋萎含水量	HWSD-SPAW	%

数字高程模型（DEM）是利用有限的地形高程数据进行真实地形的数字模拟，是地学分析计算中的非常重要基础数据。模型构建所使用的 DEM 数据原始空间分辨率为 26. 35m，利用模型附加的重采样批处理模块对数据进行投影转换和重采样，得到研究区分辨率为 100m 的数据。MODIS 数据是全球环境监测的重要资源，Terra 和 Aqua 卫星上搭载的遥感仪器可测量多种用于环境、生态的水文遥感数据。模型构建过程中，使用模型附加的时空插值模块处理原始数据的异常值，并将非日尺度的数据插值为日尺度数据并重采样至分辨率为 100m。模型运行所需的实测数据来自于深圳市国家气候观象台，包括降水、气温（日平均气温、露点气温和日最高/最低气温），风速、大气压强。点状的数据使用模型自带的空间插值程序，制备研究区内气象数据的空间分布数据。潜在蒸散发数据作为雨水资源利用的重要参数，与可利用雨水资源量、植被健康及流域水安全密切相关。WAYS 模型基于世界粮农组织推荐的 FAO-56 公式开发了专门的模拟程序，由气象数据计算流域日尺度的潜在蒸散发，并在后续的模拟过程中细分为水体蒸发、植被截留蒸发、植被蒸腾和土壤蒸发四部分。土壤含水量数据基于世界土壤数据库（Harmonized World Soil Database，HWSD）查询茅洲河流域所在位置的土壤类型和物化特性，将研究区土壤特性输入 SPAW 中计算不同层土壤水含量特征。

研究中基于茅洲河流域楼村水文站进行模型最终结果的率定验证。楼村水文站位于茅洲河流域中游，监测断面以上人为取水较少，且避开下游感潮河段，能够代表自然状态下的径流情况。模型参数率定和验证的指标选择为均方根误差（Root- Mean- Square error，RMSE）和 Nash-Suttchiffe 系数（NSE）作为评价标准。

基于全局优化算法（Differential Evolution based Deterministic Swarm Optimization Algorithm，DDS），茅洲河流域 2019 年楼村水文站实测断面流量和模拟流量如图 3-16 所示。

基于上述结果，研究利用 WAYS 模型模拟计算了茅洲河流域 2019 ~ 2022 年的水文结果，在此基础上分析茅洲河流域雨水资源利用的时空差异。其中 2021 年、2022 年 MODIS

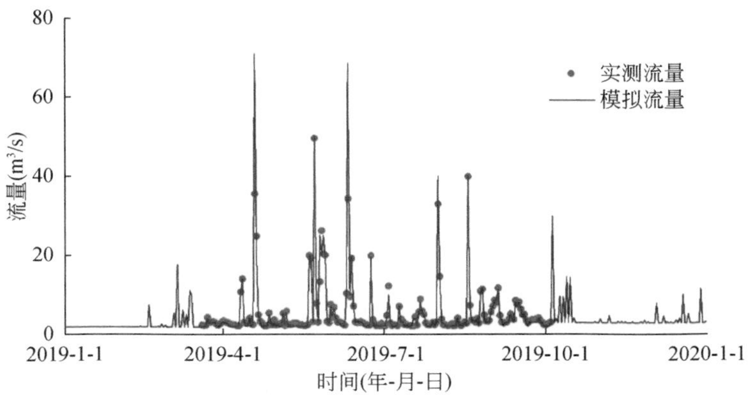

图 3-16　楼村水文模拟流量与实测流量

及土地利用数据缺失。考虑 2020 年以来茅洲河流域人类活动减弱，下垫面数据改变有限，流域水文过程主要受气象因素控制。2021 年、2022 年下垫面数据使用茅洲河流域 2020 年状态作为补充，气象数据更新为当年数据（图 3-17）。

欧盟空间观测网（ESPON）于 2020 年 5 月发布了《城市绿色基础设施》报告。报告指出，绿色基础设施由相互关联的绿色和蓝色空间（如公园、行道树、绿色屋顶、河流等）组成，是为了促进城市、区域或国家的环境、社会和经济可持续发展而建造或改造的公共设施。这些设施通常是指公园、绿道、河流、城市林地、湿地等，旨在一定程度上保护环境，同时还能提供公共服务，如休闲、运动、社区活动等。绿色基础设施是城市可持续发展的重要组成部分，也与水安全密切相关，是雨水资源利用的有效途径。

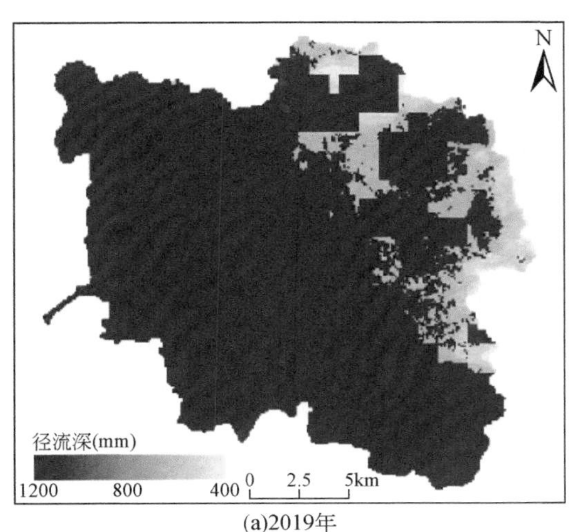

(a)2019年

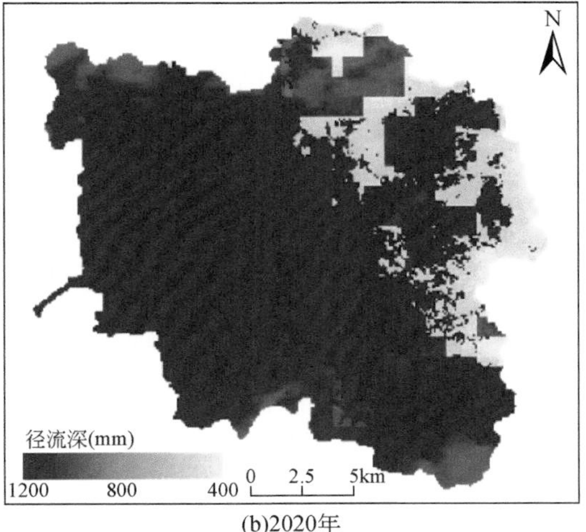

(b)2020年

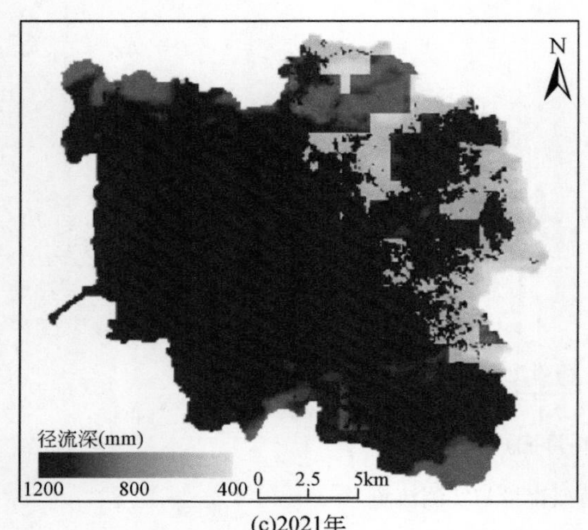

(c)2021年

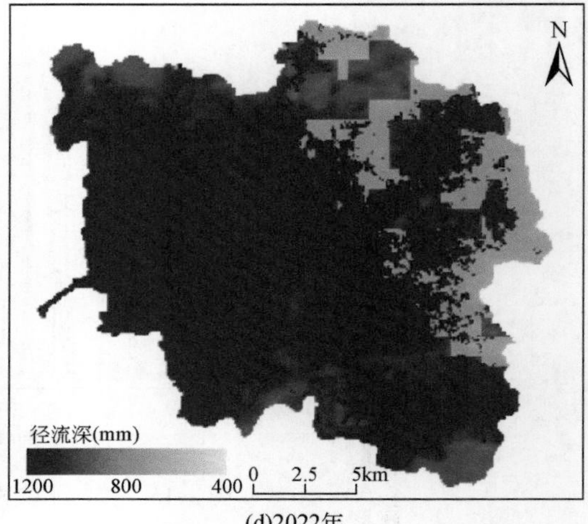

(d)2022年

图 3-17　茅洲河流域 2019～2022 年径流深空间分布

基于茅洲河流域实际情况，结合现有绿色基础设施分类体系，选择林地、草地、湿地公园和绿色屋顶作为绿色基础设施代表进行雨水资源利用分析。其中林地、草地和水体依靠土地利用分类识别，绿色屋顶融合了 NDVI 和深圳市矢量屋顶数据集（Vectorized Rooftop Area Data for 90 Cities in China）计算。2019 年和 2020 年四类绿色屋顶空间分布如图 3-18 所示。茅洲河流域两年间绿色基础设施空间分布差异较小。绿色基础设施以林地为主，结合流域内高度城市化的现状和实地调查结果，这些林地普遍以城市森林的状态存在，是森林公园的一部分，和原始生长的林地具有明显差异。草地斑块较为破碎，多分布在林地边缘地带。

基于 WAYS 模型的结果，结合南方科技大学绿色基础措施雨水资源利用综合实验结果，在茅洲河流域开展绿色基础设施的雨水资源利用分析（图 3-19）。其中林地、草地和绿色屋顶具备拦截、储存功能，水体则具备对过量雨水的储存功能，起到迟滞洪水、调节雨水资源时空不均的作用。绿色植被叶面具备雨水的拦截作用，从而减少径流的产生，该部分雨水最终以蒸发的方式返回大气中，增加空气水汽含量。

计算结果表明，草地和绿色屋顶的最大截留量相近，分别为 1.7mm 和 1.2mm，这和绿色屋顶普遍采用草类作为优势植被有关，这也和在茅洲河流域开展的全流域调查结果相近。考虑到绿色屋顶的建设成本、养护成本和生态效应，茅洲河流域内的绿色屋顶普遍以草地为主要植被，间或种植少量灌木，零星种植乔木（图 3-20）。

按照绿色基础设施分类，林地平均每年拦蓄 2011.31 万 m^3 雨水；草地平均每年拦截 386.05 万 m^3 雨水；绿色屋顶平均每年拦截 49.97 万 m^3 雨水。茅洲河流域草地面积约为林地的 9%，得益于密集种植，草地具备较高的叶面拦截能力，拦截雨水量却达到林地的

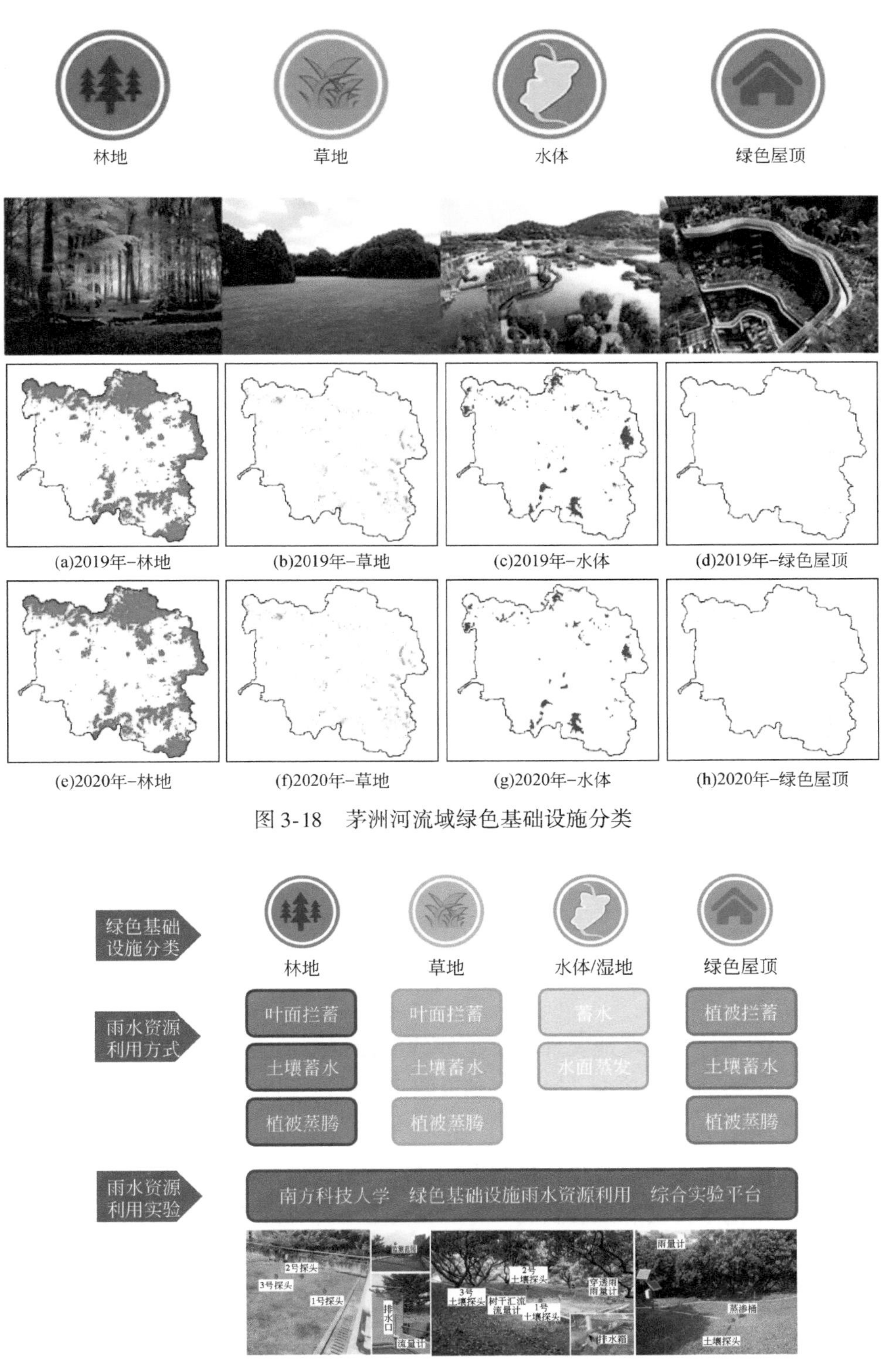

图 3-18 茅洲河流域绿色基础设施分类

图 3-19 绿色基础设施雨水资源利用分类

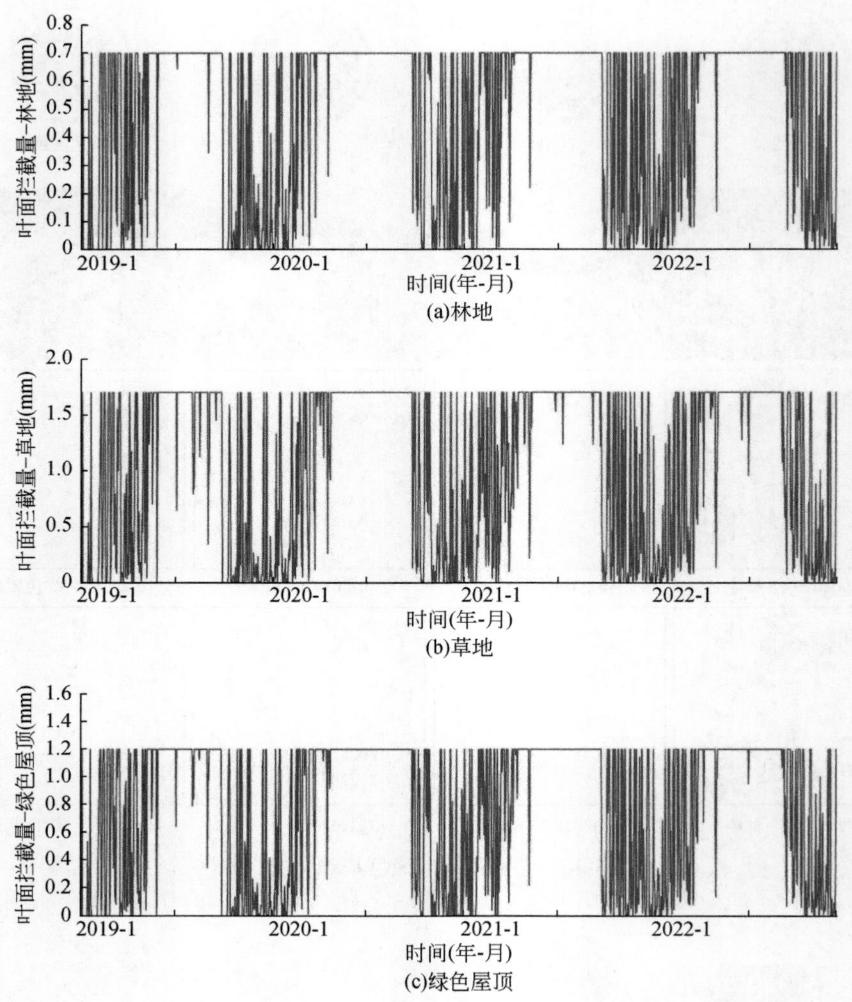

图 3-20　绿色基础设施叶面拦截量

19.2%。在有限的条件下，草地表现出了更好的叶面拦截能力。由于 2020 年以后人类活动减弱，流域内下垫面变化较少，绿色基础设施建设进度缓慢，2020 年后绿色基础设施对雨水资源的拦截量增加变缓（图 3-21）。

绿色基础设施分布范围内，绿色植被根系可以改善土壤结构、增加土壤含水性和通气性，对于增加降雨的下渗具有积极意义。WAYS 模型可计算降雨时期土壤的下渗量，储存在土壤中的水避免和地表径流在同一时间形成洪水，该过程可被视为绿色基础设施土壤对雨水资源的迟滞作用（图 3-22）。

蓄积在土壤中的雨水，最终流向于植物生长耗水、土壤蒸发和产生地下径流。其中蓄积在土壤层的水本身具备对雨洪的迟滞作用，对于减少城市内涝风险具备积极意义；

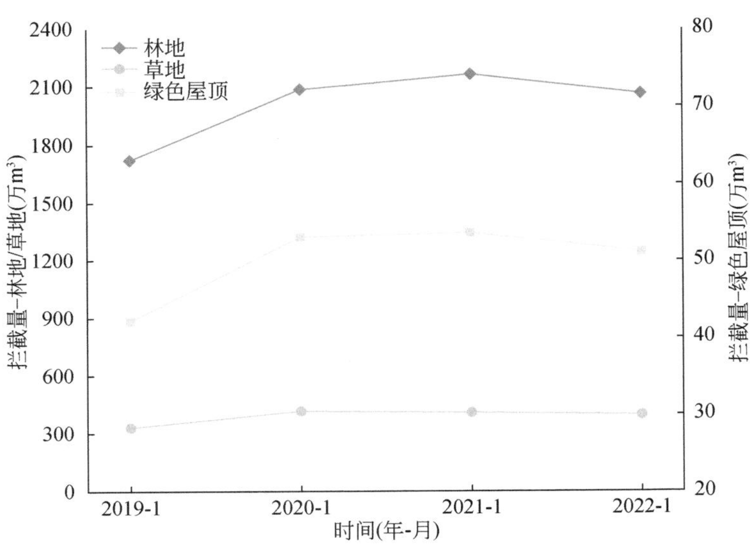

图 3-21 绿色基础设施叶面拦截量

土壤层的水还供给植被正常生长的需水，该部分亦是绿色基础设施对雨水资源的利用过程（图 3-23）。

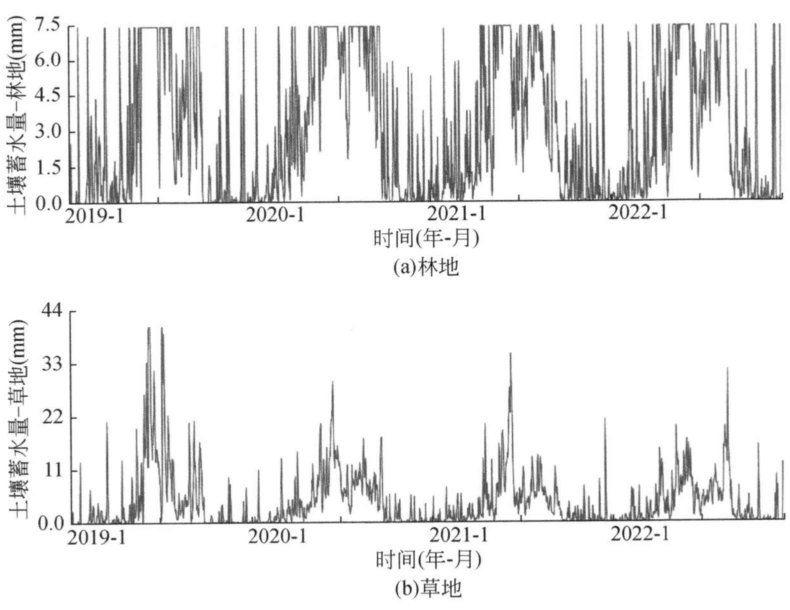

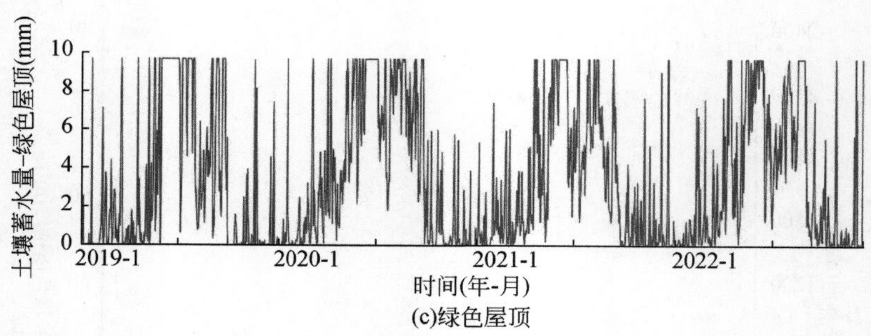

(c)绿色屋顶

图 3-22　绿色基础设施土壤蓄水量

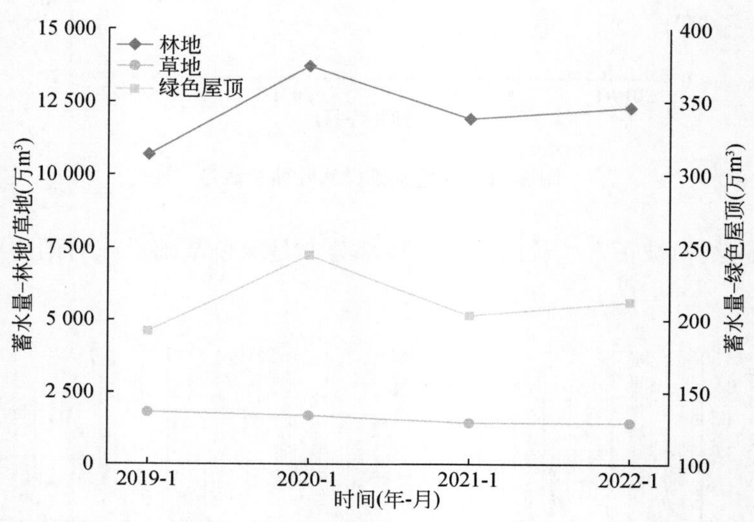

图 3-23　绿色基础设施土壤蓄水量

按照绿色基础设施分类，林地土壤平均每年储存雨水 12 173 万 m^3；草地土壤平均每年储存 1589 万 m^3 雨水；绿色屋顶土壤平均每年储存 212 万 m^3 雨水。

绿色基础设施分布范围内，植物正常生长雨水会吸收利用土壤中储存的雨水，该部分雨水被视为维系绿色基础设施正常运行的必要雨水资源。为模拟该区域利用的雨水资源量，基于植物蒸腾能力进行模拟，茅洲河流域在 2019 ~ 2022 年的植被蒸腾用水如图 3-24 所示。

植物蒸腾用水一部分被植物本身利用，一部分散发到空气中，增加空气湿度。该部分用水与绿色基础设施的生态效应直接相关，充分的供水是绿色基础设施正常运行的关键。

以水体为代表的绿色基础设施具备过量雨水的储存作用，用以调节雨水资源时空分布不均。研究中根据地形数据和管道数据绘制茅洲河流域具备储水能力水体的汇水区，基于

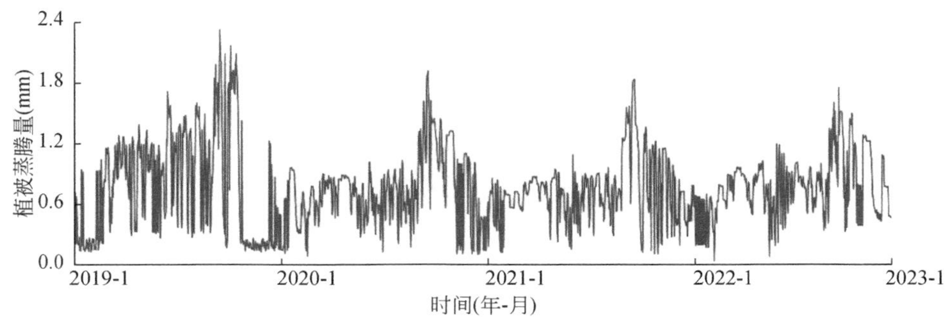

图 3-24　茅洲河流域植被蒸腾用水

WAYS 模型，分析各水体可汇集的水量，为雨水资源利用的蓄水量提供数据支撑。茅洲河流域各水体汇水区划分流程如图 3-25 所示。

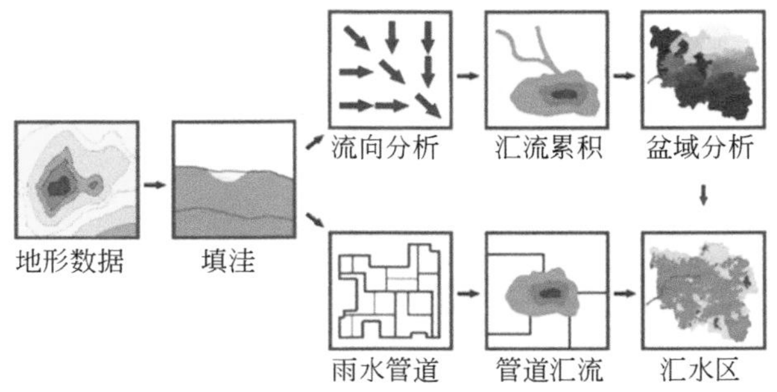

图 3-25　水体汇水区划分流程

茅洲河流域共识别出 91 处水体，包含各类水库、湿地公园、湖泊和蓄水池，水面面积合计 19.47km^2，水体的汇流面积合计 141.87km^2。茅洲河流域水体及其汇流区空间分布如图 3-26 所示。

茅洲河流域边界周围分布有各类大小水库，这些水体汇集上游来水，为城市供水与排洪提供保障；流域中部分布有各类湖泊、湿地公园，结合管道临时储存过量的降水，减少城市内涝的发生。基于实地调查，茅洲河流域的水体未发现严重的溢流事故，汇水区内产生的降雨径流可被这些水体临时储存。假设汇水区内产生的径流可以完全被储存在这些水体中，WAYS 模型模拟了茅洲河流域水体潜在蓄水量，如图 3-27 所示。

基于水体汇流面积，茅洲河流域水体在 2019～2022 年，平均每年可蓄积 13 171.19 万 m^3 雨水资源。结合深圳市、东莞市水资源公报，按人口比例换算用水量时，茅洲河流域水体蓄积的雨水资源可满足流域内 30% 左右的社会活动用水，具有重要的开发潜力。

伴随社会经济的发展，茅洲河流域人类活动加剧，工业污染严重，加之无序的污水排

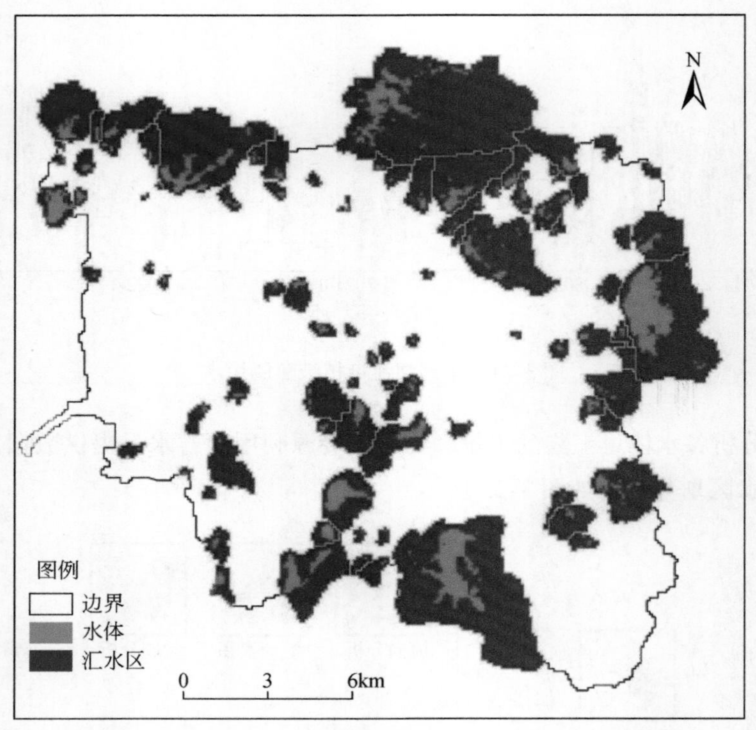

图 3-26　茅洲河流域水体及其汇流区空间分布

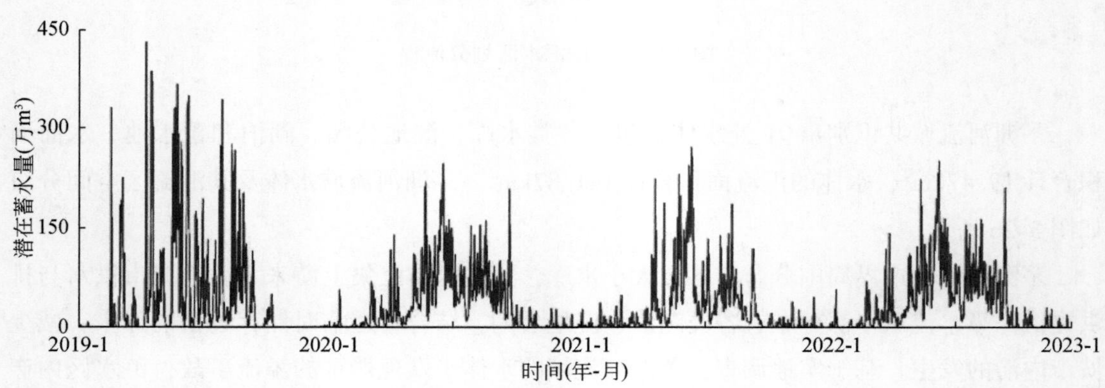

图 3-27　茅洲河流域水体潜在蓄水量

放，一度成为珠江流域污染最为严重的河流之一。经过数十年的治理，点源污染基本得到控制，但面源污染形势仍很严峻。

蓄积在地表或土壤中污染物，被降水冲刷汇集到河流中是面源污染影响水质的主要途径。因此在人类活动强烈区域分析降雨径流分布空间规律，是识别面源污染潜在风险的有效手段。基于 WAYS 模型结果，在茅洲河流域开展了建筑用地类型下径流空间分布的研究，如图 3-28 所示。

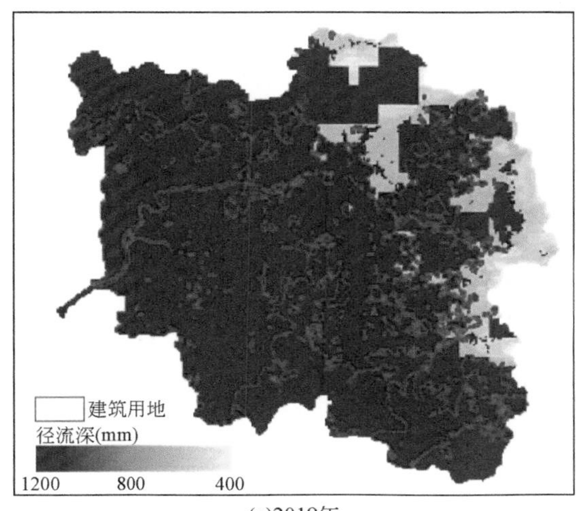

(a)2019年

(b)2020年

(c)2021年

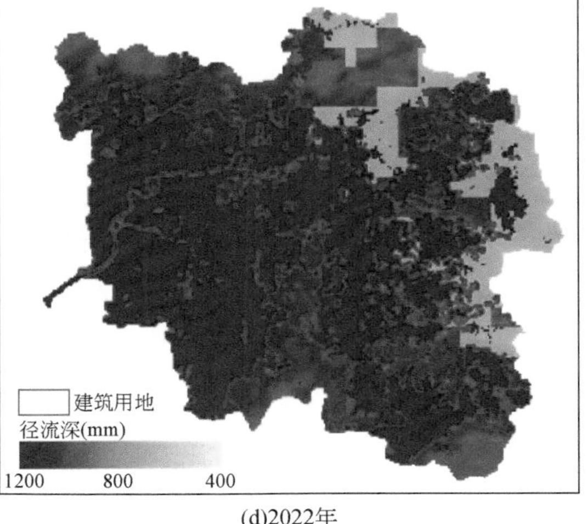

(d)2022年

图 3-28　茅洲河流域建筑用地产流空间分布

WAYS 模型具备在流域尺度分析产流空间分布的优势。茅洲河流域产流较高的区域和城市建筑区空间分布高度相关，该类地区人类活动频繁，高产流会携带更多的污染物进入水体，进一步加重面源污染的程度。茅洲河下游存在连片的城市建筑区，特别是深圳市宝安区内，分布众多农贸市场、集贸市场、电子工业园、汽修厂和密集的城中村，这些地区是面源污染产生的重点区域，亦是需要开展全面面源污染普查、进行工程治理的关键区域。

基于 WAYS 模型茅洲河流域模拟结果，将高产流和人类活动剧烈的交叉地区确定为流域面源污染普查的重点地区。结合实地调查，选定流域内 14 个地区作为雨水资源时空动态模拟的区域，位置如图 3-29 所示。

图 3-29　茅洲河流域雨水资源时空动态模拟区分布

所选茅洲河雨水资源时空动态模拟的区域集中分布在茅洲河流域中部地区。该地区基于全流域最高的降雨径流，人类活动剧烈，不透水面较多。研究区内面源污染重点存在于农贸市场、工业园区、汽修厂等人口稠密地区，该类地区亦是水资源短缺地区，通过兴建雨水调蓄池的方法可在一定程度上保障水安全，提升雨水资源利用量。

基于城市雨水资源利用与模拟决策系统，以蚌岗集贸市场为例，在研究区内添加多种基础设施，模拟雨水资源利用结果。基础设施分布如图 3-30 所示。

蚌岗集贸市场内设置了绿色屋顶、城市森林、景观绿地等八种基础设施。所有研究区的蓝-绿-灰基础设施配置以 2019 年气象数据为例，系统模拟了研究区内各类下垫面基础设施对雨水资源的利用结果，基于系统导出的 Excel 文件，雨水资源在各类基础设施上可被收集利用的状况如图 3-31 所示。

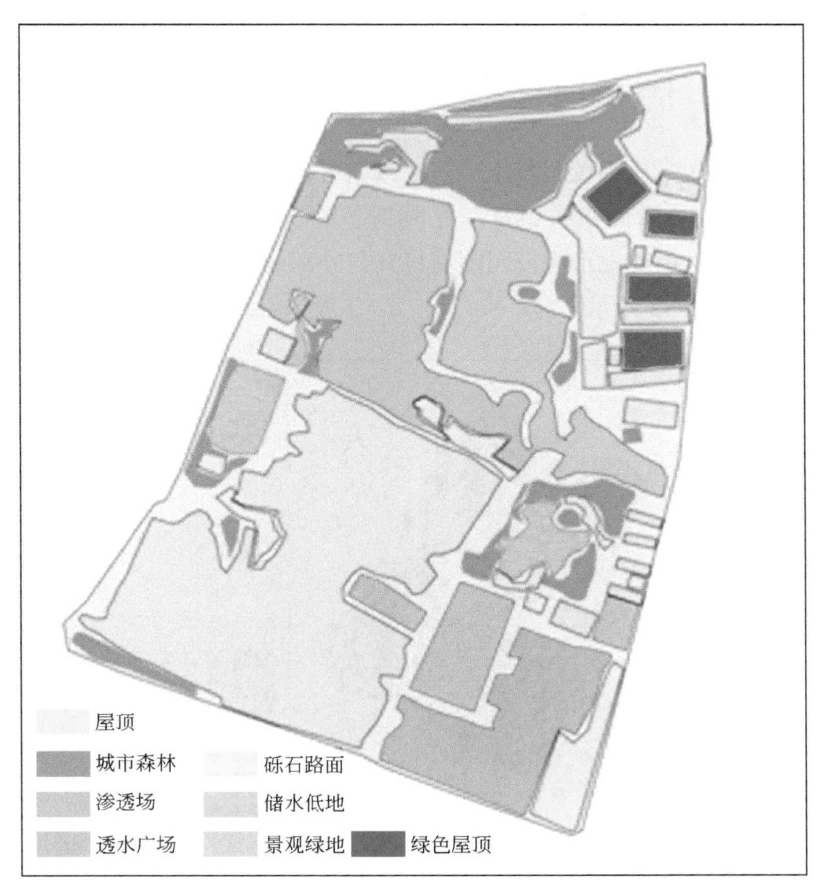

图 3-30　茅洲河研究区下垫面分类（蚌岗集贸市场）

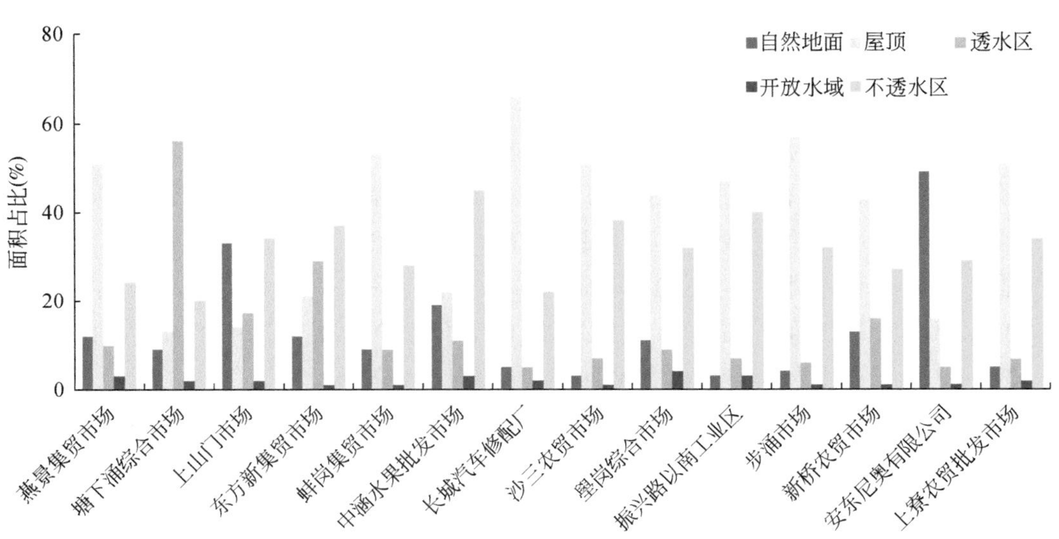

图 3-31　茅洲河研究区城市雨水利用动态调配结果

3.6 南方科技大学校园示范区模型模拟

研究区南方科技大学海绵校园位于广东省深圳市，属亚热带季风气候，年平均降水量为1932.9mm。校园红线内面积约2km^2，平均海拔约50m。校园的北部和中部有小山丘，南部有一条河流穿过，山地地形和校园围墙将其与外部分隔为一个较为独立的区域。研究区土地利用类型如图3-32所示。

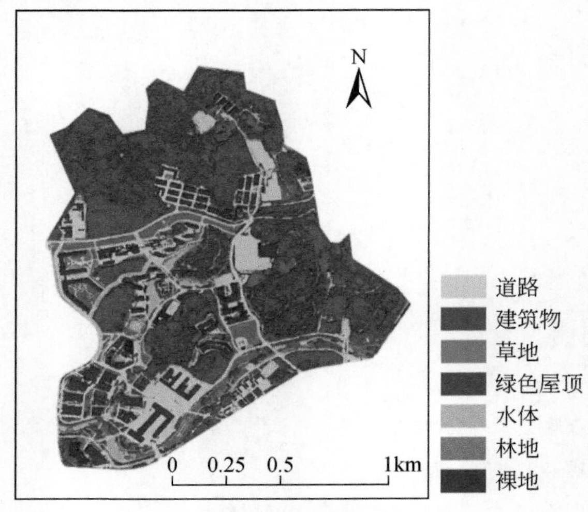

图3-32　研究区土地利用分类图

一般来说，根据UWBM模型需求，将林地、草地和裸地设置为未铺砌区域（UP），绿色屋顶设置为开放铺砌（OP），道路设置为封闭铺砌（CP），建筑物设置为铺砌屋顶（PR），水体设置为开放水域（OW）。经计算，UP面积占比为66.51%，OP面积占比为2.07%，CP面积占比为19.35%，PR面积占比为10.33%，OW面积占比为1.74%。

根据南方科技大学校园示范区实际以及UWBM模型需求，将林地、草地和裸地设置为未铺砌区域（UP），绿色屋顶设置为开放铺砌（OP），道路依据其渗透性能分别设置为开放铺砌（OP）和封闭铺砌（CP），建筑物设置为铺砌屋顶（PR），水体设置为开放水域（OW）。经计算，UP面积占比为66.51%，OP面积占比为17.55%，CP面积占比为3.87%，PR面积占比为10.33%，OW面积占比为1.74%。

UWBM模型部分重要初始参数设置如表3-3所示，其中，带＊的9个参数是需要通过模型校准和率定来最终确定的。

表 3-3 UWBM 模型参数设置及来源

参数名称	物理意义	初始取值	来源
soiltype	研究区主要的土壤类型	11	《中国土系志》
croptype	研究区主要的植物类型	12	实地调查
infilcap_ up *	UP 的下渗率（mm/d）	500	文献调研
infilcap_ op *	OP 的下渗率（mm/d）	300	文献调研
intstorcap_ pr *	PR 的洼蓄拦截（mm）	2	实验监测
intstorcap_ cp *	CP 的洼蓄拦截（mm）	2	实验监测
intstorcap_ op *	OP 的洼蓄拦截（mm）	4	实验监测
intstorcap_ up *	UP 的洼蓄拦截（mm）	5	实验监测
storcap_ swds	雨水管道初始的蓄水能力	5	文献调研
discfrac_ pr *	PR 与管道断开的面积占比	0	经验取值
discfrac_ cp *	CP 与管道断开的面积占比	0. 1	经验取值
discfrac_ op *	OP 与管道断开的面积占比	1	经验取值

率定数据为研究区出水口处的实测流量排放数据，时间跨度为 2021 年 1 月 1 日至 2021 年 12 月 31 日，时间步长分别为 1 分钟和 1 小时。由于 UWBM 设置铺砌区域流向未铺砌区域，与研究区实际情况相反，因此通过构建变量 new_ swds 代替整个区域流向雨水管道的雨水量，其计算公式如式（3-1）所示。

$$\mathrm{new\_swds}=\frac{\mathrm{area}_{\mathrm{up}}\times r\_\mathrm{up\_ow}+\mathrm{area}_{\mathrm{pr+cp+op}}\times \mathrm{sum\_r\_swds\_new}}{\mathrm{tot\_area}} \tag{3-1}$$

式中，r_up_ow 代表由 UP 部分流向 OW 的雨水，由于 UP 下方未铺设管道，因此多余的雨水只能流向 OW，代替管道接受剩余雨水；sum_r_swds_new 则代表 PR、CP 和 OP 区域流向管道的雨水总量。两部分之和代表整个区域流向雨水管道的雨水量。

以均方根误差（RMSE）来衡量模型模拟值与观测值之间差异的从而衡量参数的准确性，该值范围在 0 ~ ∞ ，值越接近 0 表示数据吻合程度越好，计算公式如下：

$$\mathrm{RMSE}=\sqrt{\frac{\sum_{t=1}^{n}(R_s-R_o)^2}{n}} \tag{3-2}$$

式中，R_s 为实际观测值；R_o 为模型模拟值；n 为样本数量。

以上述初始参数为基础进行数十次手动调参，选取 5 月 4 ~ 5 日和 6 月 28 日的两场降雨进行率定，结果如图 3-33（a）和（b）所示，其 RMSE 分别为 0. 17 和 0. 09，选用 6 月 23 日的另一场降雨进行验证，其结果如图 3-34，其 RMSE 为 0. 22。上述降雨发生前 12 小时内均无降雨，因此参数结果真实可信。

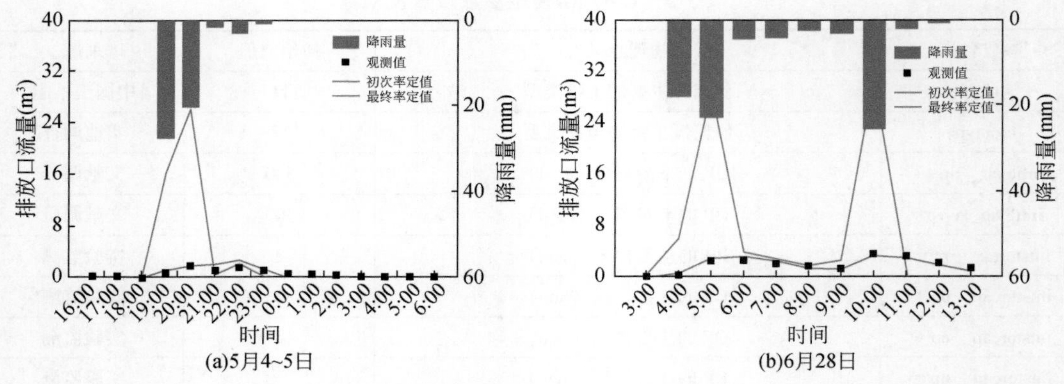

图 3-33　两场降雨 UWBM 率定结果

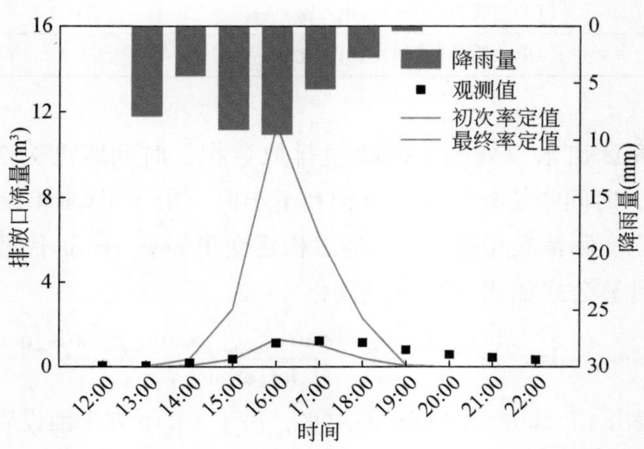

图 3-34　2021 年 6 月 23 日一场降雨 UWBM 验证结果

为验证模型模拟的准确性，使用 SWMM 模型进行交叉验证，由深圳市暴雨强度公式计算得到，采用芝加哥雨型，雨峰系数取 0.4，降雨历时取 120min。设计重现期分别为 0.5 年、1 年、2 年、3 年、5 年和 10 年的降雨过程，使用 UWBM 模型计算的 new_swds 和 SWMM 模型计算的排放口处径流进行对比，结果如图 3-35 所示。经计算，两模型模拟值的均方根误差为 0.03，但相比于 SWMM，UWBM 的建模效率和计算速率更高。

使用率定后的模型配置用于模拟研究区的雨水资源收集，从而计算出海绵校园的雨水资源化利用潜力，见式（3-3）。降水数据选用 2021 年度的逐日数据，潜在蒸散发数据则使用 WAYS 模型输出结果，计算结果如图 3-36 所示。

$$Q = \sum_{i=0}^{n} (P_i - E_i - R_i - I'_i) \tag{3-3}$$

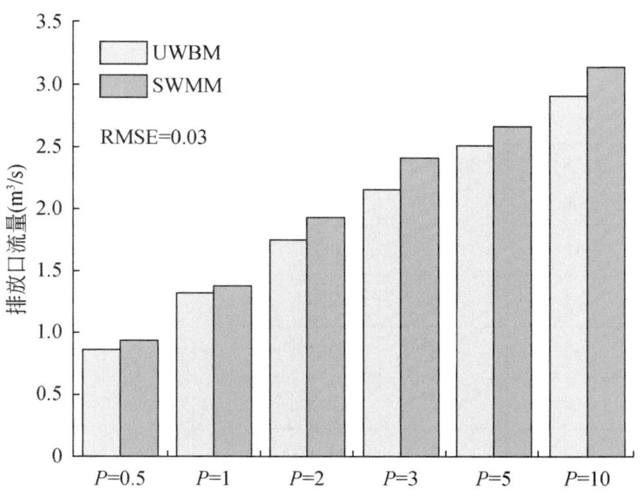

图 3-35　UWBM 与 SWMM 模型模拟结果对比

式中，Q 为雨水资源化潜力，m^3；P_i 为降水量，m^3；E_i 为蒸散发，m^3；R_i 为表面洼蓄，m^3；I_i' 为下渗量，m^3。

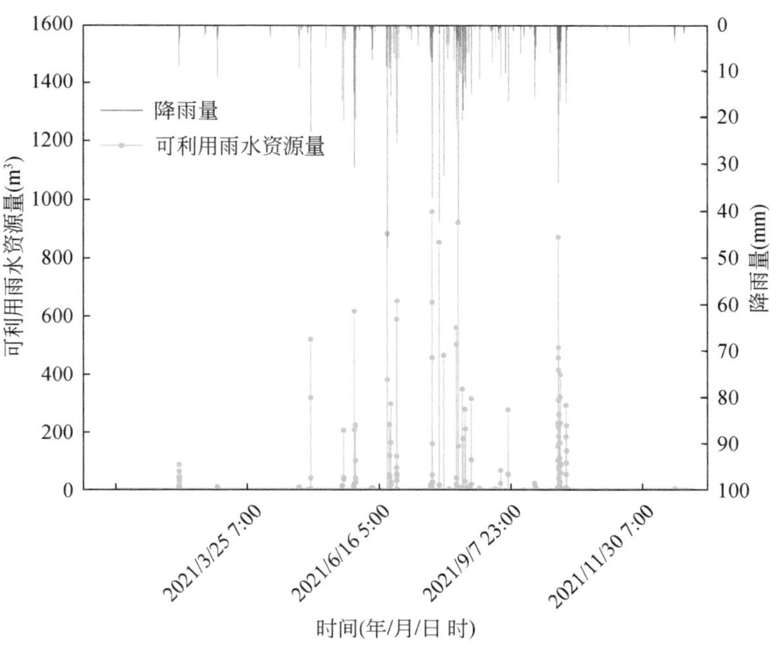

图 3-36　研究区全年雨水资源化潜力计算

经上述计算，研究区2021年全年雨水资源化潜力总量为22 355.2m³。通过走访调查，获取了小流域内有灌溉的区域信息及其灌溉方式，如表3-4～表3-6所示。

表3-4　地面旋转喷头灌溉情况调查表

<table>
<tr><th>序号</th><th>距离喷头（m）</th><th>测试时长（min）</th><th>测试水量（mm）</th><th>圆环面积（m²）</th><th>平均每小时灌溉量（mm）</th><th>灌溉信息及灌溉量（mm/次）</th></tr>
<tr><td rowspan="8">1</td><td>0.5</td><td>12</td><td>2.2</td><td>1.77</td><td rowspan="8">9.29</td><td rowspan="16">无雨时平均三天灌溉一次，有雨时不灌溉；每次时长约2小时</td></tr>
<tr><td>1</td><td>12</td><td>2.4</td><td>5.30</td></tr>
<tr><td>2</td><td>12</td><td>1.5</td><td>12.57</td></tr>
<tr><td>3</td><td>12</td><td>1.2</td><td>18.85</td></tr>
<tr><td>4</td><td>12</td><td>1.2</td><td>25.13</td></tr>
<tr><td>5</td><td>12</td><td>1.4</td><td>31.42</td></tr>
<tr><td>6</td><td>12</td><td>2.4</td><td>37.70</td></tr>
<tr><td>7</td><td>12</td><td>2.4</td><td>43.98</td></tr>
<tr><td rowspan="8">2</td><td>0.5</td><td>12</td><td>2.4</td><td>1.77</td><td rowspan="8">10.48</td></tr>
<tr><td>1</td><td>12</td><td>2.8</td><td>5.30</td></tr>
<tr><td>2</td><td>12</td><td>1.6</td><td>12.57</td></tr>
<tr><td>3</td><td>12</td><td>1.5</td><td>18.85</td></tr>
<tr><td>4</td><td>12</td><td>1.2</td><td>25.13</td></tr>
<tr><td>5</td><td>12</td><td>1.2</td><td>31.42</td></tr>
<tr><td>6</td><td>12</td><td>3.2</td><td>37.70</td></tr>
<tr><td>7</td><td>12</td><td>2.6</td><td>43.98</td></tr>
<tr><td>平均</td><td>—</td><td>—</td><td>—</td><td>—</td><td>9.88</td><td>19.77</td></tr>
</table>

通过上述信息，可以得到人工水管灌溉每次用水239.71m³，地面喷头灌溉每次用水944.43m³，绿色屋顶喷头灌溉每次用水30.54m³。本书依据全年的降雨数据，按照无降雨期间每三天灌溉一次进行计数。结果表明，全年共需灌溉77次，其中春季23次，夏季11次，秋季17次，冬季26次，年度总灌溉用水量为93 530.4m³，而可利用的雨水资源可以为校园节约23.9%的灌溉用水。

表 3-5　绿色屋顶旋转喷头灌溉情况调查表

序号	距离喷头（m）	测试时长（min）	测试水量（mm）	圆环面积（m^2）	平均每小时灌溉量（mm）	灌溉信息及灌溉量（mm/次）
1	0.5	13.54	2	1.77	8.95	无雨时平均三天灌溉一次，有雨时不灌溉；一般下午灌溉，时长约1.2小时
	1	12.44	2	5.30		
	2	12	1	12.57		
	3	12	0.8	18.85		
	4	12	0.4	25.13		
	5	12	1	31.42		
	6	12	2	37.70		
	7	12	3.6	43.98		
2	0.5	12	2	1.77	9.21	
	1	12	2.3	5.30		
	2	12	1.3	12.57		
	3	12	0.9	18.85		
	4	12	0.6	25.13		
	5	12	1.2	31.42		
	6	12	2.2	37.70		
	7	12	3.2	43.98		
平均	—	—	—	—	9.08	10.89

表 3-6　水管人工灌溉情况调查表

序号	测试时长（s）	测试水量（mL）	出水速率（L/s）	灌溉时长（s）	灌溉面积（m^2）	灌溉量（mm/次）	灌溉频率
1	10.30	1030	0.10	70	1.30	5.38	无雨时平均三天灌溉一次，有雨时不灌溉
2	3.37	920	0.27	284	19.00	4.08	
3	4.47	985	0.22	72	2.64	6.01	
4	1.67	830	0.50	60	6.21	4.80	
平均	—	—	—	—	—	5.07	

3.7　兰州示范园区模型模拟

兰州市地处黄土高原与青藏高原的过渡地区，其主要地貌为山地和盆地，海拔较高，约为1500m，是典型的河谷型城市。年平均降水量约为327mm，人均水资源占有量低于国家平均水平，且远低于国际公认缺水警戒线，约为542m³/人。本书选取了小青山国家级水土保持科技示范园作为研究对象，该示范园位于甘肃省兰州市榆中县，地处山区，水资源匮乏，区域性、季节性缺水性问题严重，大型骨干水利工程建设难度大，具备西北黄土高原丘陵沟壑区、华北干旱缺水山丘区、西南干旱山区的共同特征。属温带大陆性气候，温差大，降水少，60%以上降水集中在7～9月。该地区主要花卉作物在4～6月的需水量占全生育期需水量的40%～60%，而同期降水量只有全年降水量的25%～30%，水分供需严重错位。

利用ArcGIS对研究区域监督分类，将研究区下垫面提取并分类为铺砌屋顶、开放水域、透水铺砌、密闭铺砌和未铺砌五类（图3-37）。经计算，研究区内铺砌屋顶占比为6.19%，开放水域占比为0.66%，透水铺砌占比为6.82%，密闭铺砌占比为12.81%，未铺砌占比为73.52%。其中，草地、裸地和林地等区域都作为未铺砌区域，水泥土、混凝土路面作为密闭铺砌区域处理。

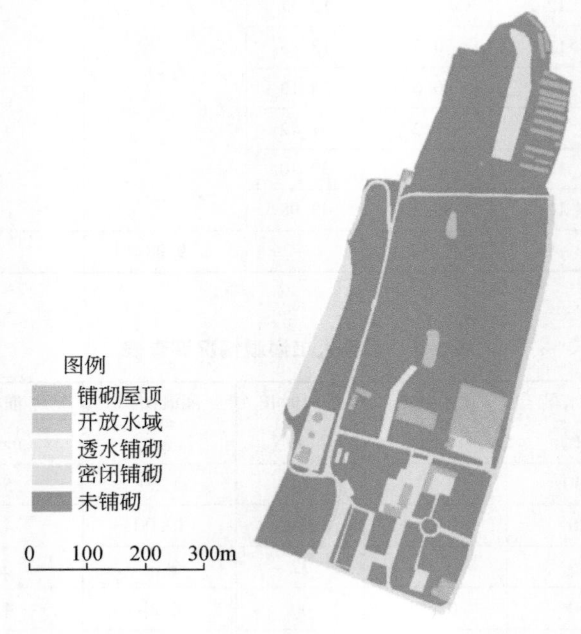

图3-37 研究区概况

根据模型结构和西北地区气候特点，在研究区域内进行径流小区试验，以更准确地率定模型参数。试验采用人工降雨模拟装置在径流区（2m×5m，坡度10°）进行模拟，其结构示意图见图3-38。此次测试了八个具有代表性的下垫面，包括草坪、具有不同杂草覆盖率（75%、50%、0）的天然黄土、透水砖、夯实黄土、水泥土和混凝土。同时，设置了六种降雨情景：小雨（0.41mm/min和0.71mm/min）、中雨（0.92mm/min和1.20mm/

min)、大雨（1.54mm/min 和 1.89mm/min）。通过试验计算了 48 种情景下（8 种下垫面和 6 种降雨强度）下垫面的产流率、径流强度和径流系数，进而建立了用于分析降雨与径流特征关系的模型，为城市雨水时空迁移与资源利用提供理论依据。

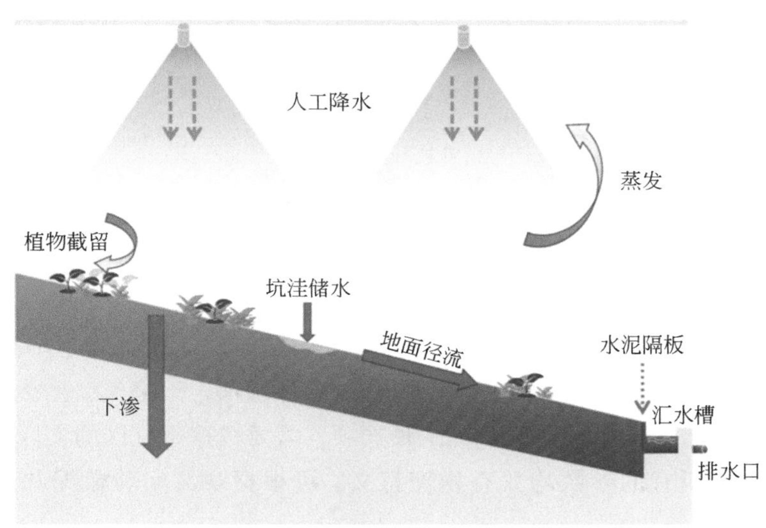

图 3-38　径流小区水文过程

图 3-39 为径流试验区 8 个下垫面的实况图。其中，杂草覆盖率分别为 75%、50% 和 0 的黄土下垫面和草坪均为天然透水下垫面。黄土的主要成分为粉砂，含有一定比例的细砂和极细砂，采自研究区。草坪上的主要植被品种为四季青，常用于兰州市政绿化。天然透水下垫面上的其他植被是常见的杂草，如菊苣和艾草。夯实黄土的土壤成分和级配与天然下垫面相同，但其压实度大于普通天然下垫面。夯实水泥地是由试验场地获得的天然黄土和水泥按一定比例混合而成的，水泥比例为 10%~15%，摊铺厚度为 250mm。透水砖是由河沙、水泥、水，加入一定比例的黏合剂制成的混凝土制品。透水砖的铺设有大量的结构缝隙，宽度在 10mm 左右，缝隙用细沙填满。混凝土为普通 C20 商品混凝土，摊铺厚度为 150mm。

城市水量平衡模型（UWBM）是一个基于城市水量平衡建模的集总概念模型。它通过模拟降水径流、浅层地下水（饱和与非饱和）、地表水和污水（混合与单独排放）等城市水文过程，来计算不同区域模块的雨水资源化潜力。UWBM 的敏感参数可分为三类。一类是拦截蓄水能力（interception storage capacity，ins_tor_cap），降落的雨水首先会被植被冠层或地表坑洼截留，该参数是指地表的截留量（mm），体现在 PR、CP、OP 和 UP 模块；一类是下渗能力（infiltration capacity，infil_cap），在透水铺砌和未铺砌区域雨水会下渗到土壤当中，该参数是指下渗的速率（mm/d）；一类是植被与土壤类型，植被是指未铺砌区

图 3-39　径流小区试验下垫面类型一览

域主要的作物类型，包括草坪、作物和非耕地等 16 种选项，土壤类型是指研究区主要的土壤类型，包括黏土、泥炭土和沙土等 21 种选项。需要根据研究区的实际情况来确定该敏感参数。模型中所有的参数均具有物理意义，可根据观测实验数据和遥感数据进行推算。

本模型进行了八种下垫面类型和六种降雨强度共 48 种降雨情景的模拟计算。其中八种下垫面的三种降雨强度（0.41mm/min、0.92mm/min 和 1.54mm/min）取为模型率定情景，主要率定参数包括 ins_tor_cap 和 infil_cap。率定准则包括：①模拟情景的总径流量相对误差尽可能小；②模拟情景的稳定径流强度相对误差尽可能小；③模拟径流和实测径流的均方根误差尽可能小。模型率定后，保持所有模型参数不变，对八种下垫面其余的三种降雨强度（0.71mm/min、1.20mm/min 和 1.89mm/min）的模拟结果进行验证，验证基础为该 24 种降雨情景的试验数据。其中，均方根误差（RMSE）是常用于衡量模型预测值与观测值之间差异的一种指标，一般取值在 0～1，值越接近 0 表示数据吻合程度越好，公式计算如下：

$$\mathrm{RMSE}=\sqrt{\frac{\sum_{t=1}^{n}(R_{\mathrm{s},t}-R_{\mathrm{o},t})^2}{n}} \tag{3-4}$$

式中，$R_{\mathrm{s},t}$ 为 t 时刻的模拟径流，（mm/min）；$R_{\mathrm{o},t}$ 为 t 时刻的观测径流，（mm/min）；n 为总时间长度。

我们发现：①在相同的降水强度下，随着下垫面植被覆盖程度的增加，其下渗能力也会随之增加；②相同下垫面的下渗能力会随着降水强度的增加随之增大。为了观察下渗能力的变化趋势，我们拟合 infil_cap 与降水强度并计算拟合方程（表 3-7）。基于拟合方程，计算 0.71mm/min、1.20mm/min、1.89mm/min 降水强度下 infil_cap 的参数值，并输入到模型中。参数 ins_tor_cap 则取 0.41mm/min、0.92mm/min、1.54mm/min 降水强度下的均值，并输入到模型当中。

表 3-7　下渗能力–降雨强度的拟合方程

下垫面类型	拟合方程	决定系数
草地	$y=1055x^{0.7967}$	$R^2=0.9935$
75%杂草覆盖	$y=964.23x^{0.6487}$	$R^2=0.9429$
50%杂草覆盖	$y=863.5x^{0.5646}$	$R^2=0.9115$
0 杂草覆盖	$y=772.28x^{0.5644}$	$R^2=0.9352$
夯实黄土	$y=637.58x^{0.9072}$	$R^2=0.9933$
透水砖	$y=631.62x^{0.8182}$	$R^2=0.917$

为验证参数 infil_cap 设置的合理性，以草坪下垫面为例，我们将六种降水强度下观测的下渗率变化过程制作为半小提琴图（图 3-40）。在试验过程中每 10 分钟记录一次土壤下渗率，将之反映于图像上（图 3-40 实心圆点），可以观察到，随着降水强度的增大，其初始下渗率也会随之增大。由于土壤的下渗速率随土壤含水率的增加而减少，所以六种降水情景下的土壤下渗率呈现先迅速降低后趋于稳定的趋势，下渗率在降水 30min 后达到稳定，所以取 1% 作为稳定下渗率（图 3-40 空心圆点）。上文对三种降水情景下（0.41mm/min、0.92mm/min 和 1.54mm/min）率定所得的 infil_cap 参数值进行拟合，并通过拟合方程计算 0.71mm/min、1.20mm/min、1.89mm/min 降水情景下的 infil_cap 参数值，将计算结果反映于图像上（图 3-40 三角标记）。可以发现，模型率定的参数值与观测的稳定下渗率较为吻合，具有一定的数据支持。

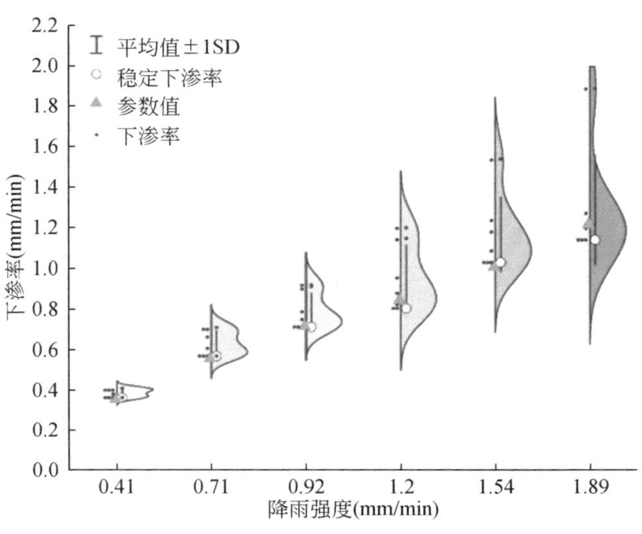

图 3-40　下渗率的观测值与参数值（infil_ cap）

利用 UWBM 及其率定后的参数，对八种下垫面在 0.71mm/min、1.20mm/min、1.89mm/min 降雨情景下的径流过程进行模拟，验证模型精度和评价模型可用性。模拟结果及误差分析见表 3-8 ~ 表 3-15。可以看出，利用 UWBM 模拟径流总量、径流稳定流量的相对误差均在 34% 以下，径流过程的均方根误差均在 0.32 以下。从模拟的降雨径流过程来看，模型对小雨（0.41mm/min、0.71mm/min）和中雨（0.92mm/min、1.20mm/min）的径流过程模拟效果较好，而对大雨（1.54mm/min、1.89mm/min）的模拟结果较差。

表 3-8　草坪下垫面的模拟验证结果

项目	降雨强度（mm/min）	总径流误差（%）	稳定径流误差（%）	RMSE（mm/min）
率定	0.41	0	0	0.01
	0.92	3.3	4.8	0.03
	1.54	2.7	3.9	0.13
验证	0.71	27.6	15.4	0.03
	1.20	3.6	10.3	0.08
	1.98	9.0	4.3	0.14

表 3-9　75%杂草覆盖黄土下垫面的模拟验证结果

项目	降雨强度（mm/min）	总径流误差（%）	稳定径流误差（%）	RMSE（mm/min）
率定	0.41	4.3	0	0.01
	0.92	3.0	0	0.03
	1.54	0.4	0	0.24
验证	0.71	15.3	33.3	0.08
	1.20	16.7	15.8	0.13
	1.98	25.1	15.8	0.24

表 3-10　50%杂草覆盖黄土下垫面的模拟验证结果

项目	降雨强度（mm/min）	总径流误差（%）	稳定径流误差（%）	RMSE（mm/min）
率定	0.41	13.3	0	0.01
	0.92	2.9	0	0.04
	1.54	0.9	2.4	0.24

续表

项目	降雨强度 (mm/min)	总径流误差 (%)	稳定径流误差 (%)	RMSE (mm/min)
验证	0.71	24.1	23.5	0.05
	1.20	17.4	10.2	0.14
	1.98	19.0	13.3	0.24

表 3-11　0 杂草覆盖黄土下垫面的模拟验证结果

项目	降雨强度 (mm/min)	总径流误差 (%)	稳定径流误差 (%)	RMSE (mm/min)
率定	0.41	12.2	0	0.01
	0.92	0.5	0	0.03
	1.54	1.1	1.1	0.27
验证	0.71	8.5	23.8	0.07
	1.20	14.3	9.1	0.16
	1.98	22.2	23.3	0.27

表 3-12　夯实黄土下垫面的模拟验证结果

项目	降雨强度 (mm/min)	总径流误差 (%)	稳定径流误差 (%)	RMSE (mm/min)
率定	0.41	1.2	0	0.04
	0.92	0.4	0	0.08
	1.54	0.6	0	0.06
验证	0.71	2.2	0	0.07
	1.20	1.7	3.1	0.06
	1.98	18.1	20.4	0.25

表 3-13　透水砖下垫面的模拟验证结果

项目	降雨强度 (mm/min)	总径流误差 (%)	稳定径流误差 (%)	RMSE (mm/min)
率定	0.41	0.7	0	0.05
	0.92	1.9	1.8	0.15
	1.54	0.7	0	0.09

续表

项目	降雨强度（mm/min）	总径流误差（%）	稳定径流误差（%）	RMSE（mm/min）
验证	0. 71	19. 4	2. 6	0. 11
	1. 20	3. 8	1. 5	0. 11
	1. 98	14. 8	10. 2	0. 13

表 3-14　夯实水泥地下垫面的模拟验证结果

项目	降雨强度（mm/min）	总径流误差（%）	稳定径流误差（%）	RMSE（mm/min）
率定	0. 41	0. 8	2. 4	0. 07
	0. 92	1. 1	9. 9	0. 16
	1. 54	0	0. 7	0. 14
验证	0. 71	1. 1	6. 7	0. 13
	1. 20	0. 3	0. 8	0. 10
	1. 98	1. 6	1. 1	0. 22

表 3-15　混凝土下垫面的模拟验证结果

项目	降雨强度（mm/min）	总径流误差（%）	稳定径流误差（%）	RMSE（mm/min）
率定	0. 41	1. 7	0	0. 06
	0. 92	0. 8	1. 1	0. 08
	1. 54	0. 7	5. 5	0. 25
验证	0. 71	1. 9	4. 5	0. 07
	1. 20	0. 6	3. 5	0. 14
	1. 98	8. 4	3. 9	0. 32

气象数据取自 1954 ~ 2020 年榆中气象站日级最高、最低气温，风速、相对湿度、日照时数和降水量的站点观测数据，并基于联合国粮食及农业组织（FAO）推荐的彭曼公式（Penman-Monteith）估算研究区域潜在蒸发量和参考作物的蒸发蒸腾量。图 3-41 显示了铺砌区域与未铺砌区域的雨水资源化潜力。通过 ArcGIS 对研究区域监督分类计算出研究区内各类下垫面的面积占比分别为：铺砌屋顶 6. 19%，开放水域 0. 66%，透水铺砌 6. 82%，密闭铺砌 12. 81%，未铺砌 73. 52%。进而我们可以得到研究区内铺砌区域面积约为 25. 82%，未铺砌区域面积约为 73. 25%。正是因为铺砌区域的面积远远小于未铺砌区域的面积，导致铺砌区域的雨水资源化潜力（图 3-41 蓝线）整体小于未铺砌区域的雨水资源

化潜力（图 3-41 绿线）。

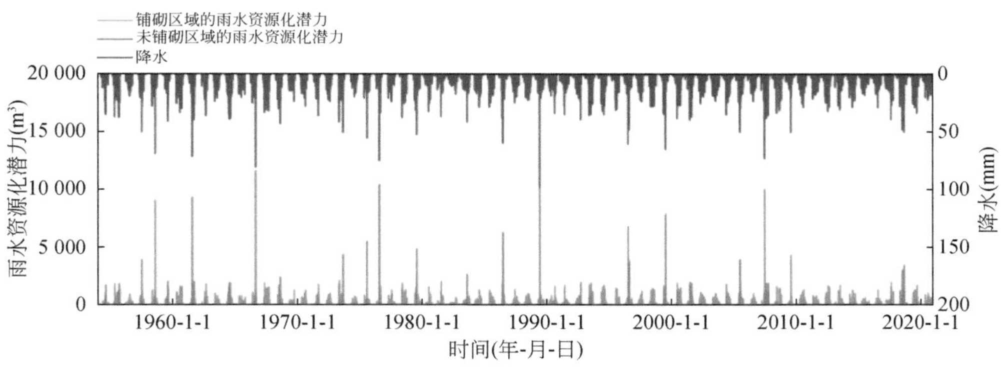

图 3-41　1954～2020 年研究区的雨水资源化潜力

根据模型结构，设定所有来自铺砌区域（PR，CP 和 OP）的径流全部流入未铺砌区域，未铺砌区域的径流则流向开放水域。因此，未铺砌区域的雨水资源化潜力（图 3-41 绿线）包含了来自铺砌区域的径流。从图中我们可以观察到，铺砌区域的雨水资源化潜力与降雨强度具有较强的相关性（图 3-41 红线与蓝线），未铺砌区域在 1954～2020 年存在雨水资源化潜力的频率较低，这是因为来自未铺砌区域的水流入未铺砌区域后并没有立即形成径流，它与降水作为未铺砌区域的主要输入需要先满足区域的下渗和蒸发条件才能形成径流。大部分铺砌区域的径流都被下渗与蒸发耗尽，当且仅当降水强度在 32. 3mm/d 以上时未铺砌区域才会有径流产生。因此，将这部分雨水资源利用起来，收集来自铺砌区域的雨水资源用作兰州特色花卉养殖，不仅可以从源头上减少雨水资源的浪费，同时还可以降低黄河用水的损耗。

对 1954～2020 年榆中站逐日观测数据进行计算，统计 67 年来该站点年降水量的变化情况（图 3-42）。根据国家标准《水文基本术语和符号标准》（GB/T 50095—98）与《水文情报预报规范》（GB/T 22482—2008）可知，将区域逐年降水量进行正态分布分析，依据该区域 30 年及以上的年平均降水量可以划分为：丰水年（大于 25%）、平水年（-10%～10%）和枯水年（小于-10%）。在过去的 67 年里，计算榆中站点的年均降水量可得：丰水年和枯水年各为 9 年，其中 2018 年降水量最高约为 603mm，1997 年降水量最低约为 231. 1mm。丰水年以 2018 年为例，该年研究区域雨水资源化潜力约为 1. 72 万 m^3。枯水年以 1997 年为例，该年研究区域雨水资源化潜力约为 0. 51 万 m^3。自 1954～2020 年以来，研究区域雨水资源化潜力共为 65. 43 万 m^3。

基于 1954～2020 年榆中站逐日历史观测数据计算该站点的逐年日均值，包括降水量和雨水资源化潜力（图 3-43）。其中，根据研究区域土地利用规划、养殖的花卉规模与蓄水池尺寸，设定每年的 4～11 月为花卉的养殖期，每个温室大棚每天需水 $1m^3$，即实际花

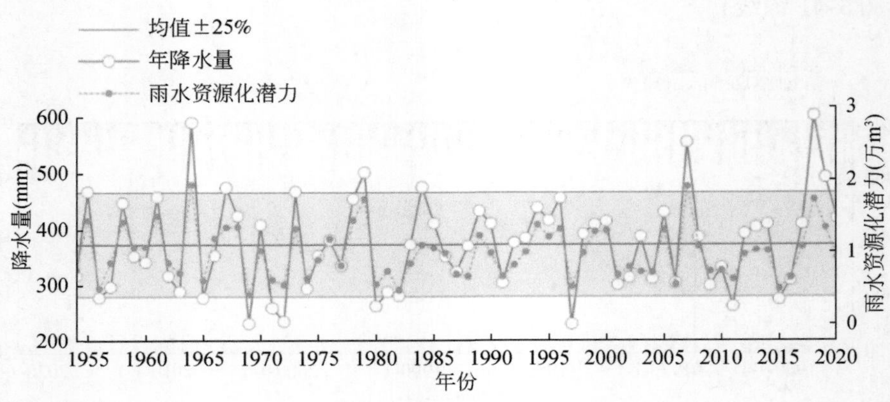

图 3-42　1954～2020 年降水量与雨水资源化潜力

卉需水量为 $7m^3/d$（图 3-43 黄线）；蓄水池尺寸为 $50m^3$，每日雨水资源若小于蓄水池的剩余容积则被收集在蓄水池内（图 3-43 绿色），若大于蓄水池的剩余容积则无法收集（图 3-43蓝色）。蓄水池每日需扣除花卉需水量，若剩余水量不足花卉需水则视为缺水。从图 3-43 中我们可以观察到，通过建设 $50m^3$ 的蓄水池来收集雨水资源可以满足 7 个温室大棚花卉每年约 88% 的用水需求，每年可节约黄河用水约 $1470m^3$。同时我们发现，每年的 11 月 5～30 日所收集的雨水资源无法满足花卉的用水需求，可通过扩充蓄水池容积、增加集水面积或减少花卉养殖规模来降低缺水的风险。

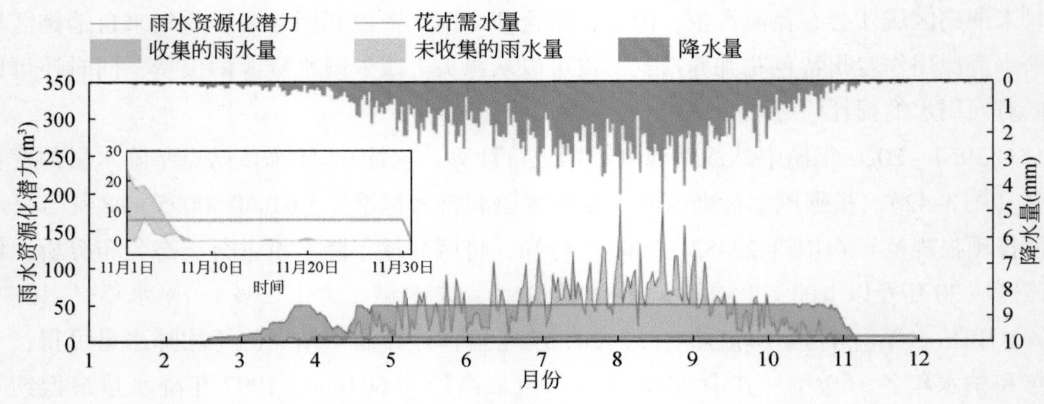

图 3-43　1954～2020 年日均值时空调配效果

3.8　小　　结

自主研发了 WAYS 流域尺度雨水资源分析模型，并且与荷兰合作研发了城市水量平衡模型 UWBM。WAYS 模型用于流域尺度的水文过程和雨水资源利用模拟分析，并且给社区尺度的城市水量平衡模型提供基础辅助数据。城市水量平衡模型适用于社区尺度的雨水资源分析，可分析蓝-绿-灰基础设施对雨水资源的影响。城市水量平衡模型的特点是适用于社区小尺度，需要其他模型提供辅助数据，而 WAYS 模型能够给城市水量平衡模型提供相应的辅助数据，因此在研究中将 WAYS 模型与城市水量平衡模型进行耦合，研发了城市雨水资源利用模拟与决策系统，用于分析雨水资源的时空动态调配。相关模型技术已在深圳市与兰州市得到验证和应用。成果具有创新性和实用性，推广应用前景广阔。

第 4 章 城市雨水资源利用多维效益识别与稳健定量评价

基于我国城市雨水资源禀赋特征，本书建立了考虑雨水资源利用工程经济、社会和生态效益的多维效益定量评价技术。同时，对雨水资源利用工程和技术措施的建设、运营和维护的全生命周期成本进行核算。构建了以城市雨水资源利用的多维效益和全寿命周期成本为目标的稳健权衡决策模型，实现对不同城市雨水资源利用目标约束下雨水资源利用方案及措施的稳健优选。

4.1 城市雨水资源利用多维效益识别与稳健定量评价框架

城市雨水资源利用多维效益识别与稳健定量评价框架由雨水资源利用的效益识别和稳健决策评价两部分有机组合而成。其中，稳健决策框架作为多维效益稳健定量评价的整体框架，效益识别的多维目标是稳健决策的优化目标，多维目标的效益定量化为稳健决策的定量评价提供基础。

4.1.1 城市雨水资源利用稳健决策框架

城市雨水资源利用稳健决策框架并不是单纯使用模型和数据来描述估计的最佳未来风险决策，而是在数百到数千个不同的假设集上运行模型，基于情景发现和权衡分析提供各适应措施在未来情景下的表现情况（Marchau et al.，2019）。

构建城市雨水资源利用稳健决策框架的步骤如下（图 4-1）。

1）问题制定：构建 XLRM 矩阵（图 4-2），通过列举、筛选及定量分析，理出气候变化影响下未来可能出现的不确定因子及其变化区间。

2）生成替代方案：通过在巨量情景时空中抽取代表性样本的拉丁超立方抽样（LHS）实现深度均匀抽样，得到各种不确定性因子组合而成的未来情景，并利用多目标进化算法生成备选的措施方案。

3）不确定性分析：将现有措施和备选方案导入各示范区的水文水资源关系模型，在

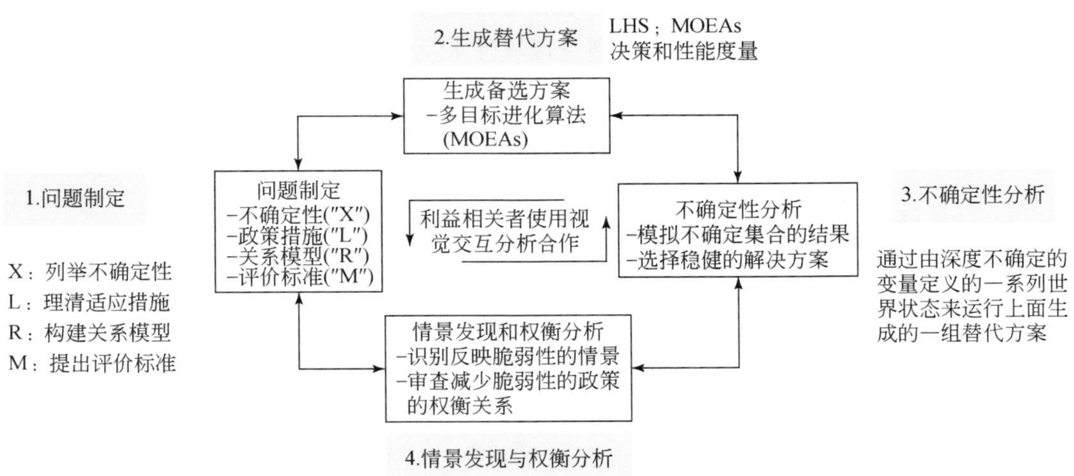

图 4-1 城市雨水资源利用稳健决策框架

图 4-2 城市雨水资源利用的 XLRM 矩阵

不同的未来情景下进行模拟，对比分析不同情景的未来模拟结果，得到一个或几个稳健的措施方案。

4）情景发现与权衡分析：依据适应措施在未来情景中的分析结果，进行脆弱性分析和情景发现，采用在巨量情景–措施组合中发现不达目标要求的组合的情景发现（PRIM）算法和多目标决策的帕累托优化算法，筛选出脆弱性较强的关键情景，改进适应措施方案。利用构建好的多维效益指标集，分析成本以及雨水资源直接利用经济价值，如雨水积蓄置换自来水用水的收益，补充城市地下水收益，缓解城市雨水排水设施运行压力收益和缓解污水厂污水处理压力收益等，结合研究区域降水及气候特征进行定量评估。分析多种未来情景下不同措施方案的表现情况，对比不同措施方案在各情景下的优劣程度，计算经济效益比，根据评估结果进行适应措施的权衡分析。

4.1.2 城市雨水资源综合利用效益评价方法

对于雨水利用新模式的效益及其货币化的研究，首先要科学、客观地分析城市雨水水量的资源化潜力，才能进一步识别雨水利用工程所产生的效益。通过运用 ArcGIS 作为辅助工具分析研究区域的水文气象特征、地形资料、土地利用资料等，并对城市雨水资源化潜力进行定量研究，计算出区域的雨水资源化潜力，从而指导城市的雨水资源化利用工程，使雨水利用工程规划更加合理。《建筑与小区雨水利用工程技术规范》（GB 50400—2006）中指出城市雨水资源化理论潜力、可实现潜力和现实潜力的计算方法如下。

（1）雨水资源化理论潜力（第 2 章研究成果）

大气降水是各种形式水资源总的补给来源，因此降雨总量指一个流域或封闭区域内水资源量的最大值，可用下式计算得出：

$$W_0 = H \times A \times 10^{-3} \tag{4-1}$$

式中，W_0为理论潜力，m^3；H 为多年平均降水量，mm；A 为汇水面积，m^2。

（2）可实现潜力（即可收集雨水量）

由于自然条件和技术经济水平的限制，一个封闭区域内的降雨总量不可能完全被收集利用，即可收集利用雨水量一定会小于降雨总量，区域内理论可收集雨水总量按下式估算：

$$W_1 = \Psi \times H \times A \times 10^{-3} \tag{4-2}$$

式中，W_1为理论可收集雨水量，m^3；Ψ 为径流系数。

（3）现实潜力（即实际可收集雨水量）

实际上降雨的季节分布很不均匀，在降雨量很少的季节雨水几乎不产生径流，可收集雨水量很少，且雨水水质较差，这部分雨水不进行收集。所以在计算可收集雨水量时需要考虑降雨的季节折减系数。另外，由于环境污染问题的存在，初期径流雨水污染较重，也不建议收集，需要将初期降雨弃流。所以实际可收集雨水量要考虑季节折减和初期弃流量，其中季节折减系数=降雨较集中季节的降雨量/多年平均降雨量，初期弃流系数=1-初期雨量×年平均降雨次数/年平均降雨量，初期雨量为降雨前 15min 的降雨量。则实际可收集雨水量按下式估算：

$$W_2 = \Psi \times H \times A \times \alpha \times \beta \times 10^{-3} \tag{4-3}$$

式中，W_2为实际可收集雨水量，m^3；β 为季节折减系数；α 为初期弃流系数。

分析城市雨水水量的资源化潜力后，雨水利用工程的效益识别是其效益定量化和货币化研究的基础，雨水利用综合效益评价可以分为经济效益、生态效益和社会效益。经济效益是可预见的经济收益，经济效益一般可以通过收集数据进行计算得到。社会效益和生态效益大多无法量化，特别是间接产生的效益，而且社会效益和生态效益产生的部分影响是长期的，短期得不到明显收益。所以全面的效益评价，就需要对可计算的部分进行合理的估价计算，对不能计算的则需要结合实际情况进行定性分析的指标则用具体的文字阐述（李美娟，2010）。

在雨水利用新模式建设效益识别和效益评价指标体系的基础上，基于效益评估的环境经济学方法，通过分析雨水利用工程建设各项效益的特点，综合运用市场价格法、替代市场法、影子工程法、恢复与防护费用法等环境经济学方法探究了雨水利用工程建设效益的货币化方法。对其中 10 项效益指标做了定量描述，给出了货币化测算方法。

4.2　城市雨水资源利用稳健决策方法

4.2.1　拉丁超立方抽样（LHS）

需要研究的案例数量或要评估的措施数量并不是一成不变的。一般来说，独立不确定因子的数量越多，应该评估的情景也越多，才能充分探索不确定空间。利用现代计算机、计算集群和云计算，计算时间不再是一个关键的限制因素，在稳健决策研究中评估数百至数千个情景是很常见的。在某些情况下，稳健决策分析可能使用以前开发的各种参数的预测值。在其他情况下，研究者需要制定一个抽样策略，以便尽可能有效地探索各类不确定的参数（McKay et al., 2000）。当不确定因子之间相互独立时，为了有效地捕捉整个不确定空间中的所有不确定因子组合，通常使用 LHS 方法。

稳健决策不使用样本来描述未来情景，而是将样本反复采用，来对各种可能的未来条件进行压力测试，并不对某种未来是否比其他的更有可能做出判断。因此，分析者在合理的数值范围内统一取样，以确保关于未来的所有观点都得到体现，但并不判断一个样本是否比另一个更有可能。在此情况下，LHS 方法比传统的蒙特卡罗概率抽样方法更为合适（Damblin et al., 2013）（图 4-3）。

基于目标样本集的空间维度 n（变量数目）和随机数种子，并确定针对每个变量维度的抽样数目 m，就可以进行简单的 LHS，产生数目为 $n\times m$ 的抽样样本集矩阵。LHS 在［0，1）区间中生成归一化的样本集，每个变量维度的边际分布都是分层的，即在［j/m,

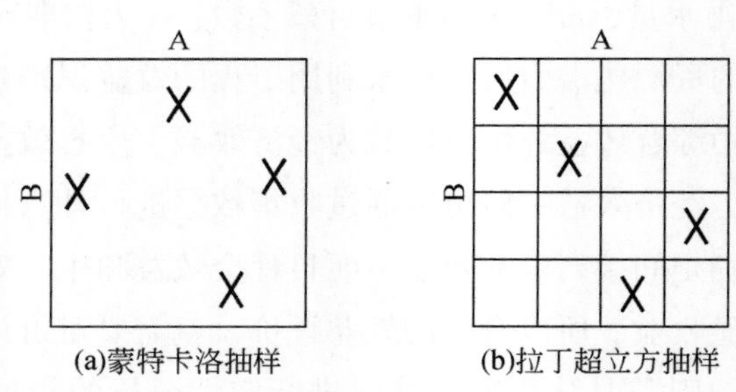

图 4-3 蒙特卡罗抽样和拉丁超立方抽样

$(j+1)/m$）中恰好抽出一个样本，其中 $j=0, 1, \cdots, m-1$。

4.2.2 多措施工程组合方案

将创新型国家雨水综合利用模式中适用于我国的雨水利用措施分为三个利用阶段，即源头收集、过程控制和末端处理。根据雨水资源利用城市区域的气候、地形、水情、经济社会发展目标等特点，分别从以上三个利用阶段中选取适合当地情况的雨水利用措施，组合形成城市雨水综合利用措施集，在后续的稳健定量评价框架中进一步筛选、权衡和优化。

本研究中各示范区选取的雨水利用措施主要包括人工雨水调蓄池、生物滞留设施、绿色屋顶和透水铺装，考虑的工程措施组合方案包括不同的人工雨水调蓄池尺寸和生物滞留设施、绿色屋顶、透水铺装三者面积的权衡组合。选取的各类雨水利用措施简介如下。

（1）人工雨水调蓄池

调蓄池是一种常用的集蓄雨水的储存设施，是控制径流总量、减少洪峰流量的一种方式。人工雨水调蓄池是指为了达到收集雨水的目的，有规划地进行合理的布置，使雨水得到一个存储空间，待雨后或干旱季节再安排使用的起到雨水调蓄作用的工程设施。雨水调蓄池的使用充分展示了可持续发展的理念，一方面，在暴雨时期，可以有效地减少地表径流，减轻洪涝灾害；另一方面，又可以控制在合适的时间调配利用蓄积的雨水，缓解市政用水的压力。在城市公园内，可以根据基地地形、汇水量等因素综合考虑人工雨水调蓄池设置的位置及容积，做到雨水调蓄最优化。

（2）生物滞留设施

生物滞留系统类似于植被覆盖的浅沟渠，种植在地势较低的地区，充分利用城市开放空间，通过植物滞留和土壤渗透改善雨水质量。一般由植被缓冲区、蓄水层、覆盖层、种植土壤层、砂层和砾石层组成，生物滞留系统具有灵活性强、场地限制性小、规模小、造价低、维护简单且效果明显等优点，可用于城市的不同区域，减轻热岛效应，改善区域内环境气候。

(3) 绿色屋顶

绿色屋顶的结构从上到下通常包括植被层、基质层、过滤层、排水层和防水层等。其建设和维护成本较高，且植被生长情况、径流调控功能和径流水质等易受外部环境（如气候、降雨和周边环境等）和配置因素（如植被类型和基质等）的影响和制约。绿色屋顶具有调控径流、减少噪音和减缓城市热岛效应等功能。

(4) 透水铺装

透水铺装是利用表层、路基和最低土基中使用渗透性好、孔隙率高的砾石和砂，使雨水顺利进入路面结构内部，并通过路面内部的排水管渗入土壤基层，达到减少地表径流和地面回灌的一种路面覆盖形式。其优点是能够净化水、恢复自然水文、减少径流、缓解城市热岛和减少道路噪音。

4.2.3 多目标优化下的情景发现

为了分析各种政策在海量情景下的表现，并基于分析结果进一步深入挖掘不同政策和情景之间的相互作用和关键联系，情景发现和脆弱性分析是实际工程问题在深度不确定下的稳健决策流程中的一个必要步骤，这可以分为情景发现与脆弱性分析两大步骤。当情景案例的数量非常多时，情景发现可以用于缩小情景的研究范围，便于决策者更好地进行脆弱性分析。脆弱性分析主要研究“在怎样的不确定条件下，所有决策都不能满足利益相关者的目标?”这一问题，构建情景集的目的是探索不确定性，而并非预测哪些情景更有可能发生，所以一般情况下应避免对情景集进行概率性解释。分析者更应该考虑的是在什么样的未来情景中，一个特定的政策会无法达到目标而失败，这也就是该特定政策的脆弱性。

当决策涉及多种措施、不确定因素和指标时，对情景集的模拟将产生成千上万的案例。此时，先进的数据分析技术可以提供帮助。情景发现即使用统计或数据挖掘算法，在海量的多因子仿真模拟模型结果的数据库中找到与决策政策相关的案例集，发现关键情景并转化为易于解释的不确定因子的组合，且这些因子组合对政策相关的情况有很强的预测能力（McPhail et al.，2018）。找出的案例集能够被方便地解释为不同的未来情景，有助于阐明和量化在深度不确定情况下各未来决策路径之间的比较与权衡。此外，情景发现还可以帮助分析者确定他们将要面临的最重要的情景。

目前较为常用的工程技术方法采用非支配排序遗传算法（NSGA）计算帕累托多目标最优集。

在多目标决策的权衡中，我们需要处理多个目标 $\{Y_1, Y_2, \cdots, Y_n\}$，即同时优化所有目标，以解决多目标问题。由于多目标优化问题通常存在多个帕累托最优解，解决这些问题的含义并不像传统的单目标优化问题那样简单明了，一种较为普适的用于多目标决策的方法是求得多个目标共同的帕累托最优集（Ngatchou et al.，2005）。对多个目标采用以下公式进行优化。

优化目标：

$$F(\vec{x}) = \{f_1(\vec{x}), f_2(\vec{x}), \cdots, f_o(\vec{x})\} \tag{4-4}$$

不等式约束：

$$g_i(\vec{x}) \geqslant 0, i = 1, 2, \cdots, m \tag{4-5}$$

等式约束：

$$h_i(\vec{x}) = 0, i = 1, 2, \cdots, p \tag{4-6}$$

$$ub_i \geqslant x_i \geqslant lb_i, i = 1, 2, \cdots, n \tag{4-7}$$

式中，o 为多维目标 $F(x) = \{Y_1, Y_2, \cdots, Y_n\}$ 的目标个数；m 为不等式约束 $g_i(x)$ 的个数，p 为等式约束 $h_i(x)$ 的个数，lb_i和 ub_i分别为第 i 个变量 x_i的下界和上界。如果一个解决方案在所有目标 $\{Y_1, Y_2, \cdots, Y_n\}$ 中具有相等且至少一个更好的结果，那么它就比另一个解决方案更好，我们称之为一个解支配了另一个解。如果这两个解互不支配，那么它们就都称为帕累托最优解。对于每个多目标问题，都存在一组帕累托最优解，它代表了多个目标之间的最佳权衡。在优化中，这个包含帕累托最优解的集合称之为帕累托最优集，帕累托最优解在目标空间中的投影称之为帕累托最优前沿，由帕累托最优集中解的目标值组成。

对于每一个多目标问题，在目标之间都有一组最佳的权衡，这就是帕累托最优前沿（图 4-4）。多目标优化技术在寻找帕累托最优前沿时面临三个主要挑战：局部前沿、收敛

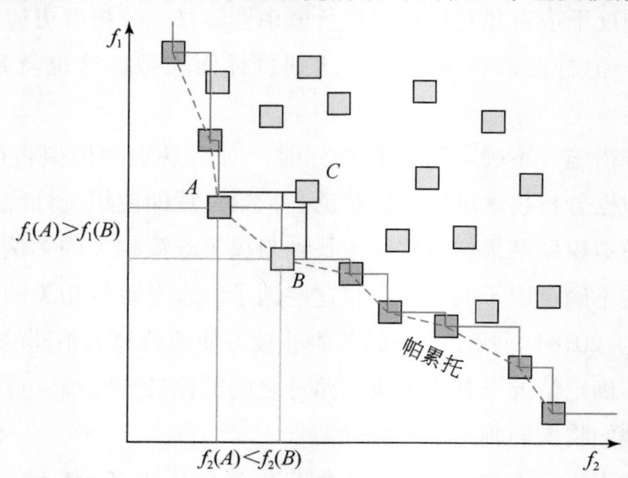

图 4-4　一个二维帕累托最优前沿示意图

A 和 *B* 都为最优解

和解决方案的分布（覆盖范围）。局部解和收敛速度慢是单目标优化和多目标优化领域的共同问题。由于帕累托最优前沿存在多个解，解的分布在多目标优化中也很重要。最终的目标是找到一个均匀分布的前沿，为决策者提供许多决策选择。多目标问题具有不同形状的前沿：凹、凸、线、分离等。在解决实际多目标问题时，还存在其他类型的困难：假前沿、孤立前沿、不确定性、有噪声的目标函数、动态目标函数可靠前沿等。

在实际决策中，解决多目标优化问题的目标是指决策者根据其主观偏好从帕累托最优前沿中找到其最喜欢的帕累托最优解。也就是说，使用不同的理念可能会找到不同的决策结果。一般来说，从帕累托最优集中找到实际决策最优解的方法可分为四类。

1）无偏好方法。假设没有决策者，在没有信息偏好的情况下确定了一个中立的折中方案。

2）先验方法。首先要求决策者提供偏好，然后从帕累托最优前沿中找到一个最能满足这些偏好的解决方案。

3）后验方法。首先找到一组有代表性的帕累托最优解，然后根据决策者的偏好选择其中的一个。

4）交互式方法。允许决策者迭代地搜索最偏好的解决方案。在每次迭代中，决策者都会看到帕累托最优解，并描述如何改进该解。决策者提供的信息在生成新的帕累托最优方案时被纳入考虑范围，并在下一次迭代中被研究。决策者可以在其想要的时候停止迭代搜索。

为求帕累托最优集，通常采用遗传算法。采用的 NSGA2 算法遵循一般的遗传算法的交配和生存选择的步骤（图 4-5）。

1）随机产生初始化种群，采用非支配排序通过遗传算法的选择、交叉、变异三个基本操作得到第一代子代种群。

2）将父代种群与子代种群合并，进行快速非支配排序，同时对每个非支配层中的个体按目标空间中的曼哈顿距离迭代进行拥挤度计算（图 4-6）：

$$I_{\text{distance}}=I_{\text{distance}}+(I+1)_{\text{distance}}-(I-1)_{\text{distance}} \tag{4-8}$$

式中，I_{distance} 为个体在目标空间中的曼哈顿距离。

3）对局部的支配关系排序为

$$i \geqslant j \quad 若(i_{\text{rank}}<j_{\text{rank}})或(i_{\text{rank}}=j_{\text{rank}}),且(i_{\text{distance}}>j_{\text{distance}}) \tag{4-9}$$

式中，i_{rank} 为局部空间中个体的排序；i_{distance} 为曼哈顿距离代表的个体拥挤度。

4）为了增加选择压力，使用二元锦标赛选择方法来维持种群的多样性（图 4-7）。

5）根据非支配关系以及个体的拥挤度选取合适的个体组成新的父代种群；对于两个样本点，优先选择帕累托前沿排序更小的；如果两个样本点在同一个帕累托前沿上，则选择拥挤度更大的样本点。

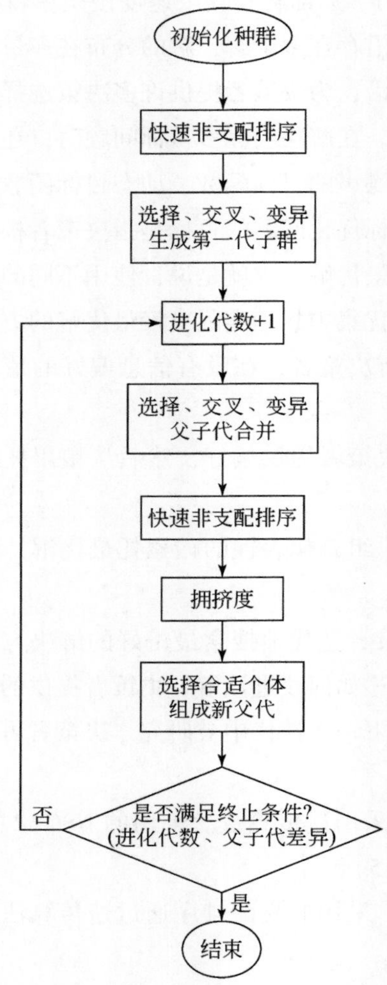

图 4-5 NSGA2 算法流程图

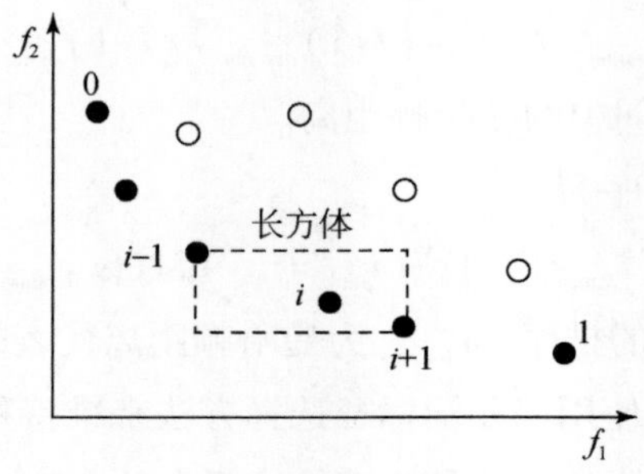

图 4-6 拥挤度计算示意图

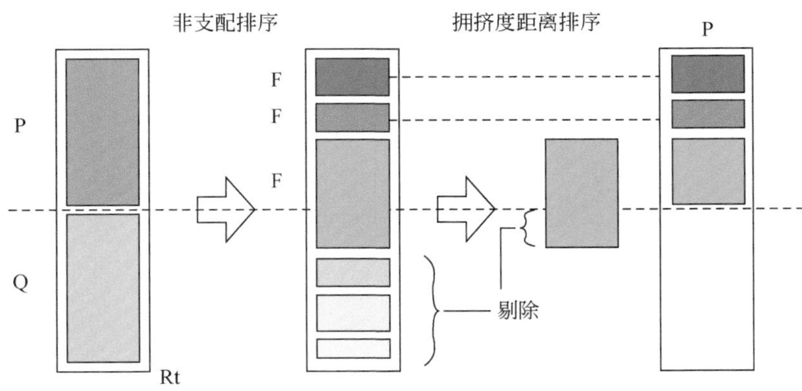

图 4-7 NSGA2 二元锦标赛选择方法示意图

6）判断是否满足预设的结束条件，是则结束，否则调整至将父代种群与子代种群合并，进行快速非支配排序，同时对每个非支配层中的个体按目标空间中的曼哈顿距离进行拥挤度计算步骤。

在传统的设计行业中，遗传算法主要用来求解多个目标函数，即 $\{Y_1, Y_2, \cdots, Y_n\} = f(\{X_1, X_2, \cdots, X_n\})$，和若干个限制函数所组成的多目标优化问题的帕累托最优集。而在水相关领域中，这些关系模型非常复杂且难以直接通过函数进行描述，需要由复杂的水文-水动力-水质模型进行模拟，再从模拟结果中由分析者选取出一些指标 Y_i 作为优化目标。此时需要解决的问题变为从模型模拟结果数据库的离散数据点中求出离散从 $\{X_1, X_2, \cdots, X_n\}$ 映射至 $\{Y_1, Y_2, \cdots, Y_n\}$ 的帕累托最优集（图 4-8）。改变 NSGA2 使其能够以数组形式直接读入水文水资源关系模型模拟得到的 $\{Y_1, Y_2, \cdots, Y_n\}$ 指标结果数据集，再将非支配排序的遗传算法应用于指标数据集进行帕累托最优集的求解。与传统算法求出的帕累托解不同，基于实际数据的帕累托解在目标空间中的分布是不均匀的（受到实际数据点的分布影响）。

采用 NSGA2 算法求得数据库中所有案例的帕累托最优集中包括案例编号 ID 和案例各目标 $\{Y_1, Y_2, \cdots, Y_n\}$ 结果值两种信息。最优集内的每一个案例都代表一种独特的未来情景和政策措施结合。分析者可以通过案例的编号 ID 溯源查询对应的情景和政策措施设置，以及因子变量 $\{X_1, X_2, \cdots, X_n\}$ 的取值，并将这些关键案例与利益相关方讨论，从中便可确定一个或多个最佳的政策路径。更进一步地，分析者可以利用具体情景的政策组合，来尝试分析解释各不确定性因子 $\{X_1, X_2, \cdots, X_n\}$ 和不同政策措施的脆弱性之间的关联，以及在这些最优集的案例中是否存在某一个或多个由特定的 $\{Y_1, Y_2, \cdots, Y_n\}$ 目标值所决定的关键情景。

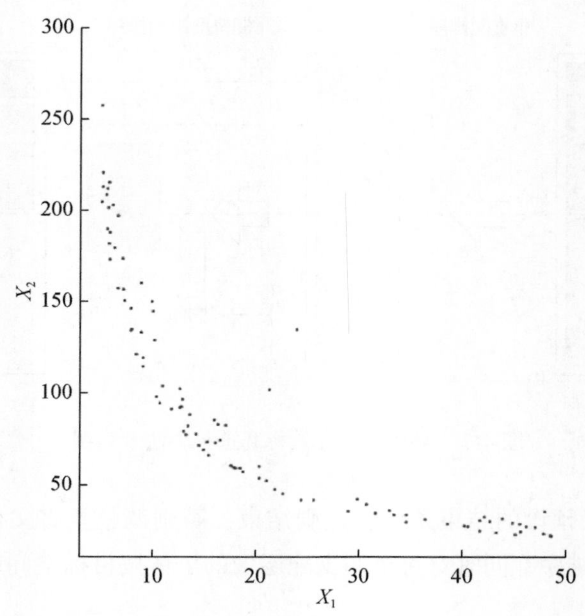

图 4-8　一个多维帕累托优化集在 X_1-X_2平面上的投影示例

4.2.4 评估权衡

(1) 雨水利用措施方案的效益评估

基于城市雨水资源时空动态调配模拟结果，综合考虑雨水资源利用的供给侧约束和需求侧约束两个方面，从经济效益、生态效益和社会效益三方面实现典型缺水型城市（深圳和兰州）雨水资源利用的多维度效益评估。

基于各示范区的示范技术、评价体系和决策目标，确定不同示范区的评估方法：针对雨水资源利用模式的生态效益，利用年径流量控制率、年径流峰值控制量和区域最大积涝深度等量化指标进行防洪除涝生态效益评估；针对雨水资源利用模式的城市热岛减缓生态功能，利用城市热岛强度指数、热岛面积指数和人体舒适度指数等量化指标进行雨水资源利用气候生态效益评估；针对城市雨水资源的社会效益评估，利用增加就业机会进行定量评估；针对城市雨水资源利用改善城市景观的社会效益评估，利用城市下沉绿地率、屋顶绿化率、区域湿地面积变化率等指标进行定量评估。

在深圳茅洲河流域，通过城市水文-水动力-水质的动态模拟技术，指导雨水“收集—调蓄—处理—利用”设施的规划设计，形成技术应用示范和效益评估：随着工业化、城市化快速发展，流域内工业企业、居住人口爆发式增长，使入河污染物大大超过水环境容量，茅洲河流域面源污染问题十分严重；通过兴建蓄水池的方法，可以截留水质较差的初雨径流，减少入河污染物。蓄水池在提升水质的同时，亦具备简单过滤、净化雨水的功能，可被再次利用，用于林草灌溉、道路清洁或作为消防储备用水；为控制茅洲河流域面源污染，调节雨水资源时空不均，提高雨水资源利用量，在成本控制的前提下，通过建设蓄水池实现水质—雨水资源的多维调控。

在南方科技大学校园，形成集人工湖—雨水花园—绿色屋顶等措施于一体的雨水利用方案，以削减径流和降低温度为核心进行多维效益识别及稳健定量评价，形成南方科技大学海绵校园雨水资源利用技术示范：南方科技大学依山而建，地形较普通住宅区域起伏，在地势低洼处，时常发生积水现象，对师生的日常生活产生了不利影响；深圳市位于中国南部，属于亚热带季风气候，校园建设伴随的高楼林立阻碍了气流运动，加之校园人口密度较大，产生了明显的热岛效应。

在兰州，创建特色花卉养殖“集雨面优化—集雨设施建设—水质净化—雨水利用”全过程雨水资源配置技术，建立城市特色产业区雨水高效利用示范区和技术示范：兰州花卉用水大部分取自于黄河水，极少部分来源于自然降雨，雨水资源被忽略，随着西部大开发的政策实施，兰州特色花卉产业也随之发展，规模不断扩大，花卉所需水量也在不断增加，雨水资源的收集与利用可以充分发挥其作用，在源头上减少黄河取水量，并满足花卉生长发育的需要；在传统雨水资源规划利用中，收集设施的确定主要依靠相关领域专家的主观经验判断，无法兼顾减少花卉缺水天数、控制建设成本与单位花卉的黄河取水量等客观因素，现在根据区域内实际的花卉规模与需水量、经济成本、气象条件等因素，确定蓄水池的尺寸、可养殖花卉的规模与新增集水面积的大小，筛选出最适合该区域的雨水资源利用方案集。

（2）全生命周期成本分析

全生命周期成本（LCC）是一种评估资产在其生命周期内的总成本的方法，包括初始资本成本、维护成本、运营成本和资产在其生命周期结束时的残值。LCC 适用于产品使用周期长、材料损耗量大、维护费用高的产品领域。本书针对雨水资源利用系统，从追求全生命周期成本最低的角度出发，对雨水资源利用系统的全生命周期各个阶段成本、各要素成本之间的相互关系进行分析。

建设雨水资源利用相关工程时，所需要付出的成本除了采购和建设的投资成本外，还包括运营成本（人力成本、能源和水的使用、维护和维修）、处置成本（报废处理）或残值（将剩余产品出售）。LCC 即是考虑在产品、工作或服务的生命周期内发生的以上所有成本。此外，LCC 还可能包括法律中所规定的特定条件下的外部成本（比如温室气体排放）。

$$\mathrm{LCC}=\mathrm{CI}+(\mathrm{CO}+\mathrm{CM}+\mathrm{CF})+\mathrm{CD} \tag{4-10}$$

式中，CI 为投资成本，即购买材料和建设工程的成本；CO、CM 和 CF 分别为运营成本、维护成本和维修成本；CD 为报废处置成本。以南方科技大学校园内的雨水调蓄池为例，具体的计算方法如下式：

$$\begin{aligned}\mathrm{WLCC} = &(V \times P_{c2}) + C_d + (V + V/N) \times (P_X + P_M + P_T) \\ &+ \sum_{t=0}^{t} (W_e \times P_e + Qq \times P_m + P_w) \frac{(1+r)^t - 1}{r \times (1+r)^t} \\ &+ \sum_{i=1}^{i} (n \times P_v) \frac{(1+r)^{T_K} - 1}{r \times (1+r)^{T_K}} - [C_d + (V + V/4) \\ &\times (P_X + P_M + P_T) + n \times P_v) \times i] \frac{r \times (1+r)^T}{(1+r)^T - 1}\end{aligned} \tag{4-11}$$

式中，C_d为固定费用设备（包括泵站、过滤、管道及消毒设备等装置）；V 为调蓄池容积，m^3；N 为调蓄池容积和清水池容积之比；P_{c2}为建设阶段的单位规模管理费用，元/m^3；P_X为调蓄池模块单位造价，元/m^3；P_M为防渗膜单位造价，元/m^3；P_T为土工布单位造价，元/m^3；W_e为雨水利用系统的日总耗电量，kW·h/d；P_e为当地电价，元/kW·h；n 为设备在使用寿命内的更换次数；P_v为设备更换一次需要的费用；i 为设备残值率；t 为年份；T_K为更换的时间间隔；T 为项目全生命周期；r 为折现率。

无论雨水资源利用工程的环境目标如何，我们在决策中都需要考虑 LCC，这样便可以考虑到未反映在购买和建设价格中的人力成本、资源使用成本、维护成本和处置报废成本。这通常会导致“双赢”的决策，即更环保的工程和服务，在总体上费用也更低。在雨水资源利用工程和服务的整个生命周期中节省成本的主要潜力包括节省能源和水的使用，节省运营、维护和维修费用，节省处置成本。

（3）雨水利用措施方案的权衡与选择

在完成对各类措施方案及其组合的表现评估后，稳健决策的下一步是审视评估的结果。一般来说，没有一种决策会在所有的措施评估中都是最优的。在某些情况下，利益相关者可能愿意用成本换取稳健性，反之亦然。如果利益相关者发现一种决策在足够大的未来范围内对不同目标的效益评估的权衡结果是可接受的，那么他们可能会选择该方案作为足够稳健的策略，并结束稳健决策的流程。这种足够稳健的策略的概念取决于利益相关者认为什么样的未来是可信的，以及必须避免多少未来损失的主观看法。

本书根据已构建的“经济—生态—社会”多维效益评估模型，收集雨水潜力和城市用水结构，采用城市下沉绿地率、屋顶绿化率、区域湿地面积、城市热岛强度指数、热岛面积指数和人体舒适度指数等量化指标，筛选并构建因地制宜的城市水资源利用经济效益子指标集，量化评估雨水资源利用的生态和社会效益。以深圳和兰州两个典型城市各项决策目标下各子指标实现的期望阈值和全生命周期成本为约束，考虑城市雨水利用模式中措施参数及效益量化存在的多种不确定性因素，针对不同不确定情景下的城市雨水时空调配的稳健优化方案组合开展研究，权衡相应效益和成本目标，并优选城市雨水利用新模式。

4.3 茅洲河示范区雨水利用多目标效益评价

4.3.1 XLRM 矩阵构建

随着城市人口的不断增加、工业的发展和城市建设面积的扩大，土壤和地下水受到了严重污染，其中面源污染尤为严重。面源污染主要来源于城市生活污水、工业废水、农田污染、交通噪声、工业废气、固体废物和生活垃圾等。部分地区缺乏严格的环保法规和执行机制，加上城市发展速度快、环境保护意识淡薄，更加重了面源污染的危害。

茅洲河流域地跨深圳、东莞两市。两市随着改革开放进程深入，工业得到了长足的发展，但由于先期粗犷的发展模式，生态保护意识薄弱，茅洲河流域生态缓冲保护能力大大下降。同时，由于生产与生活垃圾的肆意堆放，茅洲河流域的河道空间受到较大程度的破坏，河流难以进行有效的自身生态修复，茅洲河成为珠江三角洲水体污染最严重的河流之一。降雨径流污染导致的面源污染是茅洲河流域水环境恶化的重要原因。由于河道天然径流小、部分区域水动力条件较差，径流污染带来的灾害进一步加剧。茅洲河示范区技术应用的主要目的是控制流域面源污染、调节雨水资源时空不均、提高雨水资源利用量。

通过与领域内专家及利益相关者讨论，提出一个综合决策框架，能够根据区域内实际的面源污染控制要求、经济成本、蓄水量等因素，筛选出最适合茅洲河流域的雨水资源利用方案集，并对研究区域雨水资源利用规划方案进行优化。在考虑改善水质、控制面源污染目标的基础上，在茅洲河流域通过兴建雨水调蓄池的方法，以最小的成本提升雨水资源利用量。XLRM 矩阵及其构建如图 4-9 所示。

X(不确定性因子)	L(政策措施与决策)
下垫面变化	蓄水池尺寸(m^3) 建造成本(万元) 增加集水面积(m^2)
R(关系模型)	**M(效益指标)**
城市水量平衡模型	水质评分 蓄水池尺寸(m×m×m) 建造成本(万元)

图 4-9　茅洲河流域的 XLRM 矩阵

4.3.2 情景生成

基于 WAYS 模型茅洲河流域模拟结果，将高产流和人类活动剧烈的交叉地区确定为流域面源污染普查的重点地区，选定流域内 14 个地区作为雨水调蓄池实验点，雨水调蓄池位置如图 4-10 所示。

图 4-10　茅洲河流域雨水调蓄池空间分布

所选雨水调蓄池集中分布在茅洲河流域中部地区。该地区有全流域最高的降雨径流，人类活动剧烈，不透水面较多。研究区内面源污染重点存在于农贸市场、工业园区、汽修厂等人口稠密地区，该类地区亦是水资源短缺地区，通过兴建雨水调蓄池的方法可在一定程度上保障水安全，提升雨水资源利用量。依据研究区管道、地形数据绘制各雨水调蓄池汇水边界并在边界内识别屋顶、开放水域、透水区、不透水区和自然地面 5 种地类，各汇水区内地类面积占比如图 4-11 所示。

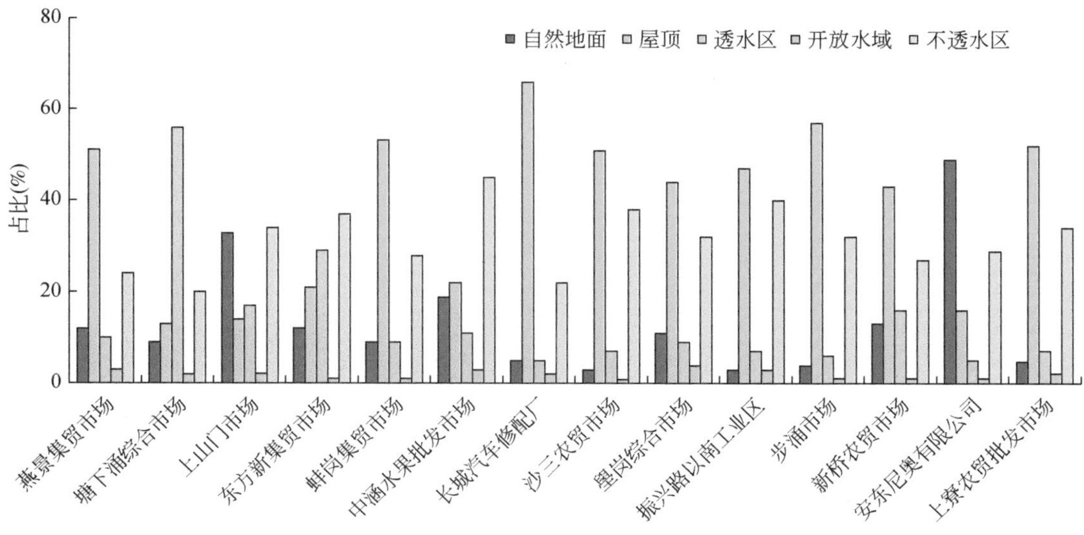

图 4-11　茅洲河流域雨水调蓄池汇水区地类占比

4.3.3　效益目标函数

雨水调蓄池的最大和最小容积分别设置为 $50m^3$ 和 $500m^3$，递增量为 $1m^3$。雨水调蓄池的经济成本指其全生命周期成本，包含了征地、建造和维护费用。

世界自然保护联盟（International Union for Conservation of Nature，IUCN）和中国的自然资源部于 2020 年联合发布《IUCN 基于自然的解决方案全球标准使用指南》中文版，依据其提出的生态环境治理理念，某地区在未受人类活动影响或消除人类活动影响的状态后将处于环境平衡的最优状态。在茅洲河流域进行水质评价时，我们给予研究区不同比例的未受人类活动影响的用地面积，计算各种假设条件下研究区的水文要素结果，并以完全不受人类活动时的结果为水质最优状态，归一化不同不透水面积下的水质评分。假定初雨污染被全部拦截在雨水调蓄池内时，调蓄池汇水区内的污染物不会对下游水质产生影响。

4.3.4　稳健决策方案生成

采用 NSGA-Ⅱ遗传算法计算研究区雨水资源利用措施组合方案的帕累托最优集。以蓄水池尺寸、建造成本、水质评分为优化目标，设定初始种群个数为 50、最大的迭代次数为 400，迭代计算生成帕累托最优集，最后利用熵权法对最优集中方案的目标函数值进行综合评分，以便于决策者根据综合评分与未来规划政策进行权衡决策。茅洲河流域 14 个雨水调蓄池的帕累托最优集及熵权法评分结果如图 4-12 所示。

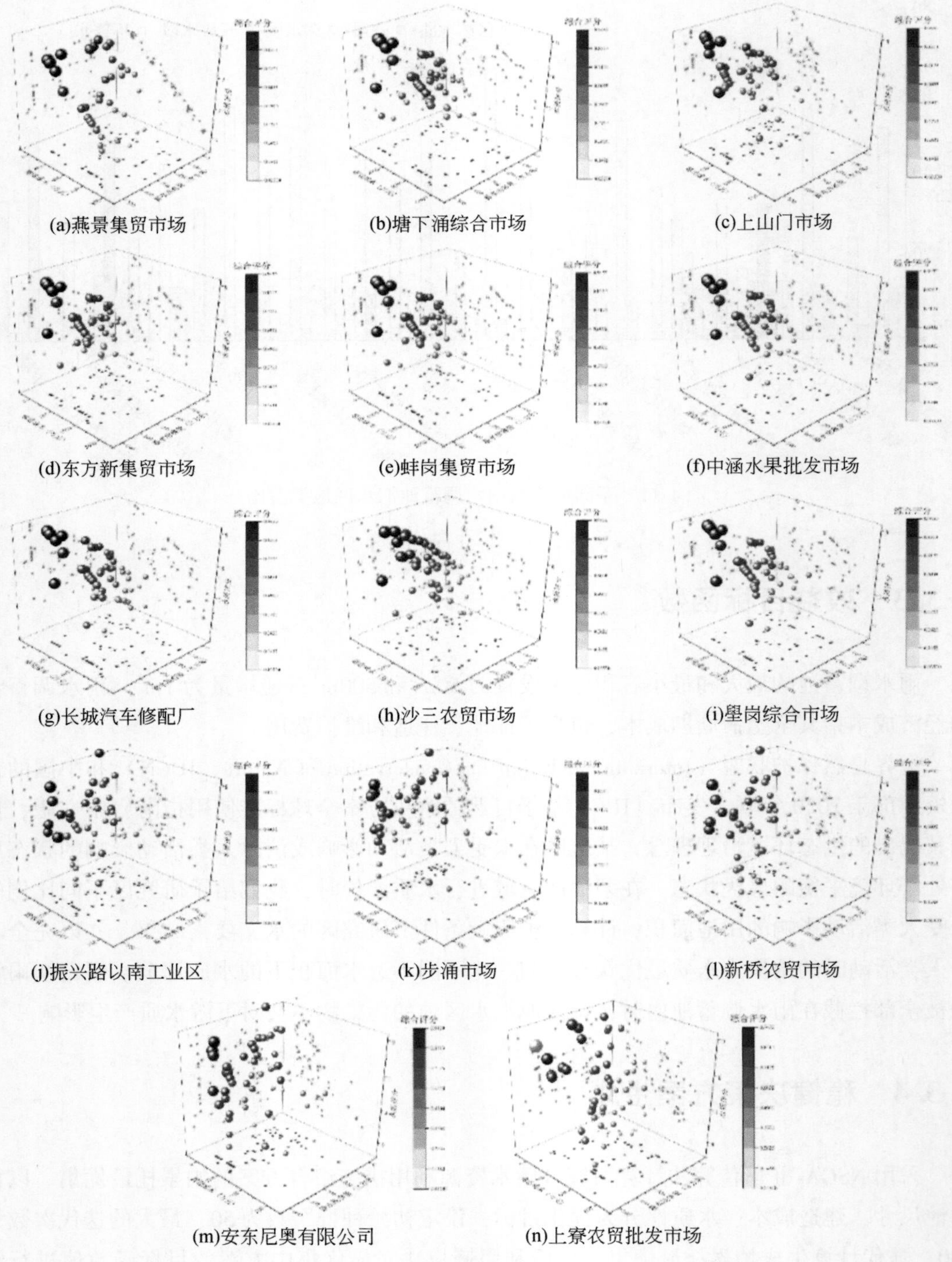

(a)燕景集贸市场　(b)塘下涌综合市场　(c)上山门市场

(d)东方新集贸市场　(e)蚌岗集贸市场　(f)中涵水果批发市场

(g)长城汽车修配厂　(h)沙三农贸市场　(i)墨岗综合市场

(j)振兴路以南工业区　(k)步涌市场　(l)新桥农贸市场

(m)安东尼奥有限公司　(n)上寮农贸批发市场

图 4-12　茅洲河流域雨水调蓄池建设的帕累托最优集

稳健决策方案给出了海量待分析结果，虽然熵权法给出每种方案的综合评分，但选用的方案仍然需要依据研究区的实际需求确定。在最终决策时，邀请政府相关人员、专家学者、当地居民及施工方在综合考虑社会效益、经济成本和生态价值的基础上针对不同研究区设置蓄水池建设方案。经过利益相关方的综合论证，优选结果如表 4-1 所示。

表 4-1　茅洲河流域雨水调蓄池建设方案优选结果

街道	片区	排水小区名称	汇水面积（hm^2）	调蓄池尺寸（m×m×m）
燕罗街道	燕川村片区	燕景集贸市场	0.8	12.0×6.7×4.1
	塘下涌村片区	塘下涌综合市场	1.5	13.0×6.7×4.1
	洪桥头片区	上山门市场	1.3	12.0×6.7×4.1
松岗街道	松岗东片区	东方新集贸市场	1.0	12.0×6.7×4.1
	楼岗潭头片区	蚌岗集贸市场	1.5	13.0×6.7×4.1
	洪桥头片区	中涵水果批发市场	1.2	12.0×6.7×4.1
	红星东方片区	长城汽车修配厂	3.1	17.0×6.7×4.1
沙井街道	老城片区	沙三农贸市场	0.9	12.0×6.7×4.1
		壆岗综合市场	0.5	12.0×6.7×4.1
	步涌片区	振兴路以南工业区	0.4	12.0×6.7×4.1
		步涌市场	0.5	12.0×6.7×4.1
新桥街道	新桥片区	新桥农贸市场	1.0	12.0×6.7×4.1
	沙井中心片区	安东尼奥有限公司	1.1	13.0×6.7×4.1
		上寮农贸批发市场	1.0	12.0×6.7×4.1

4.4　南方科技大学校园示范区技术应用

4.4.1　XLRM 矩阵构建

（1）不确定性因子

目前，研究区尚处于校园建设的初级阶段。结合所选水文模型的模拟特点，本书主要从气候变化、土地利用变化、基础设施老化等方面对未来不确定性进行识别和量化，考虑的不确定性因子包括降雨强度、排水能力和灰色面积：在未来气候变化的情景下，研究区降雨量将会出现不同程度的增加，将直接影响雨水资源利用潜力并导致校园发生内涝；随着使用年限的增加，地下排水管道在未来将出现一定程度的老化和破损，这在 UWBM 模型中可以通过改变与“SWDS”相关的参数来模拟；灰色面积代表校园内的不透水地表面积，随着校园建设的进行，其数值将按不同比例增加。

(2) 政策措施与决策

本书在三个层次上实现雨水资源利用措施的组合，分别是：雨水资源利用措施的种类、雨水资源利用措施的面积和雨水资源利用措施的布局。在对研究区进行实地踏勘和调研后，决定采用的雨水资源利用措施种类包括透水铺装、绿色屋顶和生物滞留措施。各类措施的布局变换可以通过改变子汇水区的连接方式实现。

(3) 关系模型

基于研究目标及研究区数据可用性，参考已有的研究和文献，确定雨水产汇流径流量的计算由 UWBM 模型完成。

(4) 效益指标

收集汇总现有的研究和文献综述，整理出雨水资源利用措施的可产生的效益共 77 个，其中包括 28 个环境效益、27 个社会效益、6 个经济效益和 16 个技术效益。进一步分析后，选择出可量化评价上述各效益的指标，再根据适应性、可行性和可重复性的原则，筛选出可用于评价南方科技大学校园研究区已有雨水资源利用措施效益的指标共 3 个用于多目标优化函数的构建：径流削减、降低温度和全生命周期成本（图 4-13）。

X(不确定性因子)	L(政策措施与决策)
降雨强度 排水能力 灰色面积	种类 面积 布局方式
R(关系模型)	**M(效益指标)**
UWBM	径流削减 降低温度 全生命周期成本

图 4-13　南方科技大学校园的 XLRM 矩阵

4.4.2　拉丁超立方抽样

设定上述 3 个不确定性因子的变化范围，通过拉丁超立方抽样构建研究区的未来不确定性情景集。基于概率先均匀分布进行独立采样，再从三角形分布中进行独立采样，并分别对两者进行组合。最终选出 10 组情景，如图 4-14 所示。

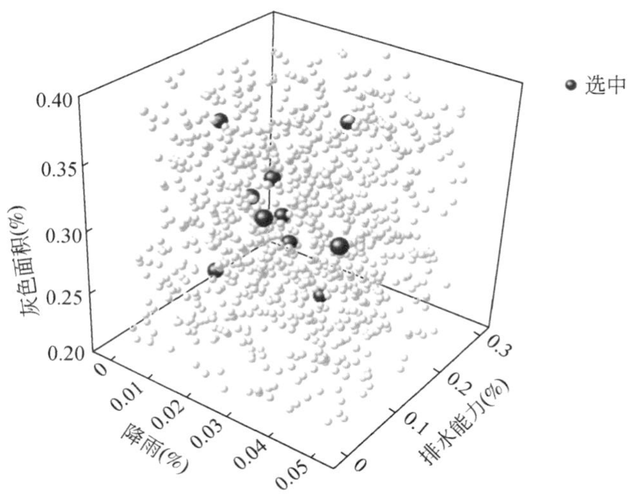

图 4-14　拉丁超立方情景抽样

4.4.3　效益目标函数

(1) 径流削减函数

模拟计算研究区的雨水产汇流总径流量如表 4-2 所示。

表 4-2　不同重现期降雨下校园不同措施建设情况的总径流量（m^3/hm^2）

措施选择	$P=0.5$	$P=1$	$P=2$	$P=3$	$P=5$	$P=10$
无措施	2.429	3.427	4.631	5.409	6.446	7.936
生物滞留	1.832	2.812	3.910	4.764	5.709	7.211
透水铺装	2.213	3.219	4.308	5.013	6.065	7.490
绿色屋顶	2.034	3.007	4.202	4.950	5.891	7.413

削减径流效果最强的是生物滞留措施，其次是绿色屋顶，效果最弱的是透水铺装。生物滞留和绿色屋顶具有管道排水和植物蒸散发，因此可以削减径流总量；而透水铺装仅具有渗透能力，主要作用是延缓峰现时间。

(2) 降温效果函数

通过计算研究区内 3 种雨水资源利用基础设施（1 处透水铺装，3 处绿色屋顶，1 处生物滞留措施）温度与灰色基础设施温度的差异。如图 4-15 所示，3 种绿色基础设施的降温值平均分别为 0.62℃、1.52℃和 0.38℃。

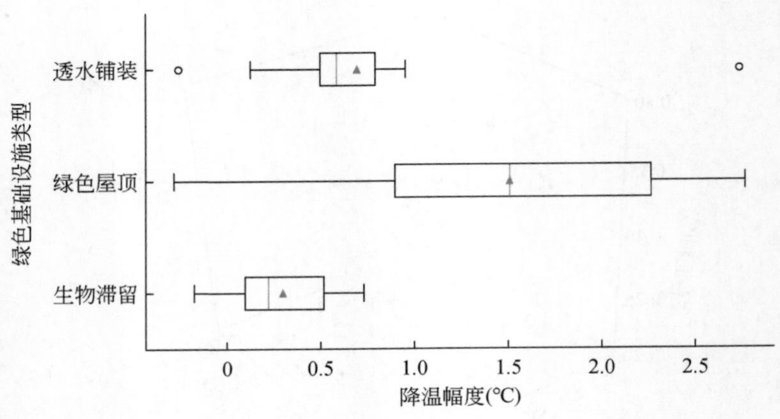

图 4-15　3 种绿色基础设施降温效果

绿色屋顶具有明显的降温效果，但 3 处屋顶降温效果差异较大；透水铺装的降温效果优于生物滞留措施。3 种效益之间相互制约，此消彼长，需要后续权衡。

(3) 全生命周期成本函数

通过查阅《旧城区海绵城市改造技术规程》《海绵城市建设技术指南——低影响开发雨水系统构建（试行)》等标准及研究文献，确定研究涉及的雨水资源利用基础措施的成本如表 4-3 所示。

表 4-3　采用的雨水资源利用措施最终成本

项目	透水铺装	绿色屋顶	生物滞留
措施残值（元）	10.8	35	49.1
全生命周期成本现值（元/m²）	222.2	557.8	756.5

研究区内的全生命周期成本函数：

$$F_1 = 222.2 \times A_{pp} + 557.8 \times A_{gr} + 756.5 \times A_{br} \tag{4-12}$$

与透水铺装的单一材质相比，绿色屋顶和生物滞留措施的建设成本更加昂贵，同时后期还需要进行大量的维护运营工作，以确保植物的正常生长和排水管道系统的正常运作。

4.4.4　稳健决策方案生成

采用 NSGA-Ⅱ遗传算法计算研究区雨水资源利用措施组合方案的帕累托最优集。以地表径流、降温效果、全生命周期成本为 3 个优化目标，设定初始种群个数为 100、迭代次数为 400，迭代计算生成帕累托最优集，如图 4-16 所示。

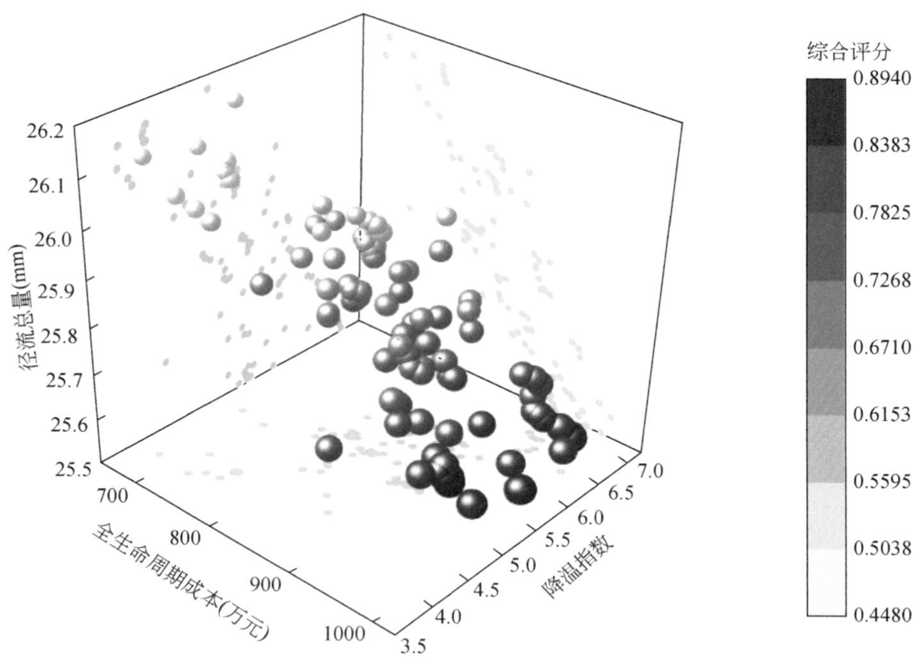

图 4-16　南方科技大学校园雨水利用措施的帕累托最优集

4.5　兰州示范园区雨水利用多目标效益评价

4.5.1　XLRM 矩阵构建

全球温度升高气候变化的背景下，干旱缺水成为西北部地区亟待解决的问题，雨水资源的收集与利用引起相关领域专家的关注。在过去，兰州花卉用水大部分取自于黄河水，极少部分来自于自然降雨，雨水资源被忽略。随着西部大开发的政策实施，兰州特色花卉产业也随之发展，规模不断扩大，花卉所需水量也不断增加。因此，雨水资源的收集与利用可以充分发挥雨水资源的作用，在源头上减少黄河取水量，并满足花卉生长发育的需要。但在传统雨水资源规划利用中，收集设施的确定主要依靠相关领域专家的主观经验判断，无法兼顾减少花卉缺水天数、控制建设成本与单位花卉的黄河取水量等客观因素。在此背景下，通过与领域专家及利益相关者讨论提出一个综合决策框架，能够根据区域内实际的花卉规模与需水量、经济成本、气象条件等因素，筛选出最适合该区域的雨水资源利用方案集，并对研究区域雨水资源利用规划方案进行优化，从而确定蓄水池的尺寸、可养殖花卉的规模与新增集水面积的大小（图 4-17）。

X(不确定性因子)	L(政策措施与决策)
气候变化 1954~2020年榆中站历时观测情景 2041~2070年综合预测情景 2041~2070年SSP126预测情景 2041~2070年SSP245预测情景 2041~2070年SSP585预测情景	蓄水池尺寸(m³) 花卉需水量(m³/d) 增加集水面积(m²)
R(关系模型)	**M(效益指标)**
城市水量平衡模型	花卉的缺水天数(d) 经济成本(万元) 单位花卉的黄河取水量(m³/棚)

图 4-17　兰州产业园的 XLRM 矩阵

4.5.2　情景生成

根据榆中气象站点提供的 1954 ~ 2020 年逐日历史观测数据，对最高气温、最低气温、风速、相对湿度、日照时数和降水量数据进行预处理，并基于联合国粮食及农业组织推荐的彭曼公式（Penman-Monteith）估算研究区域潜在蒸发量和参考作物的蒸发蒸腾量。采用第六次国际耦合模式比较计划（CMIP6）提供的降水、温度和辐射等变量数据来生成未来情景。为提升对气候变化的认知与推动多模式气候模型的发展，世界气候研究计划（World Climate Research Programme，WCRP）提出了国际耦合模式比较计划，规范了气候数据格式与共享机制，且于 2014 年 10 月正式启动了 CMIP6。相较于第五次国际耦合模式比较计划（CMIP5），CMIP6 增加了社会经济发展方面的考虑，使用共享社会经济路径（SSPs）来刻画未来情景下气候的变化，是参与模式最多、模拟数据最庞大的国际耦合模式比较计划（Coupled Model Intercomparison Project，CMIP）计划。研究采用 CMIP6 的全球气候模式（GCM）提供的气象要素模拟数据集，它包含了 1981 ~ 2050 年逐月平均最高气温、最低气温，风速、相对湿度、短波辐射、长波辐射和降水量数据。

采用“虚拟气候变暖”（PGW）方法，利用叠加气候变暖信息来研究未来气候变化背景下天气事件强度与结构变化，将未来的逐日平均预测结果与历史气候逐日平均资料相减或相比，得到未来气候变化的信号，再将现有气象站的观测数据作为气候背景场来生成未来气候情景的逐日数据。该方法可以保留原有的天气信息和极端天气事件发生的频率，模拟结果比较靠近观测。通过 PGW 方法与 GCM 模型，我们生成了 2041 ~ 2070 年 SSP126、

SSP245 和 SSP585 情景下榆中站逐日的降水量、潜在蒸发量等数据（图 4-18）。

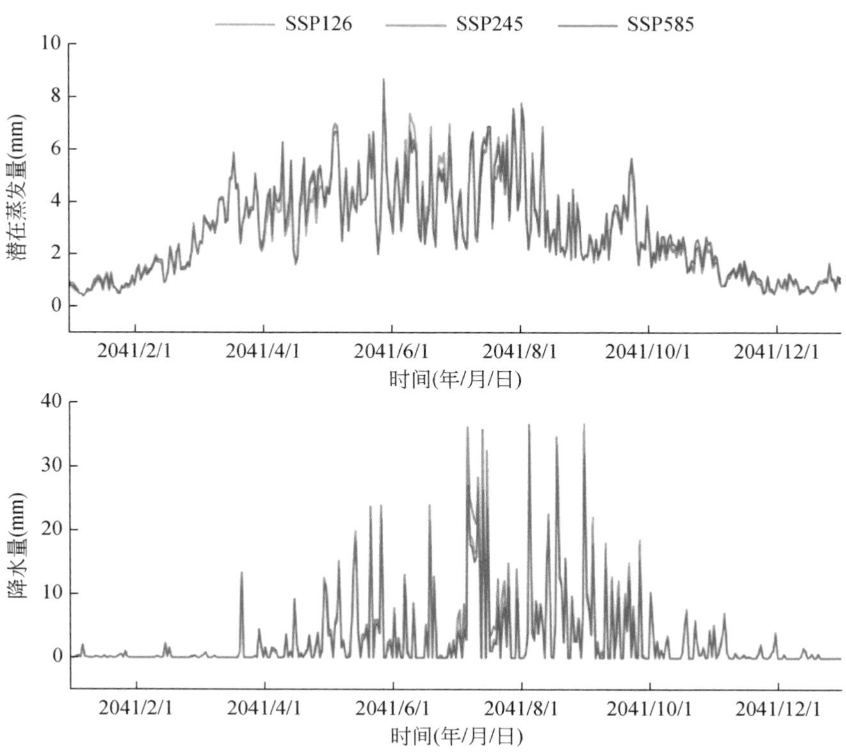

图 4-18　未来情景下的潜在蒸发量与降水量

4.5.3　效益目标函数

兰州示范区的雨水资源利用措施方案的优化目标函数包括花卉的缺水天数、经济成本和单位花卉的黄河取水量。

(1) 花卉的缺水天数

缺水天数主要通过研究区域内雨水资源化潜力、蓄水池尺寸和花卉需水量三个方面进行计算。研究区域的雨水资源化潜力由城市水量平衡模型（UWBM）计算而得，通过 UWBM 模型可以计算每日的雨水资源化潜力，对于每日的雨水资源化潜力首先与蓄水池尺寸进行比较，若小于蓄水池尺寸则存放至蓄水池，若大于蓄水池尺寸则以蓄水池的容量作为当日的雨水资源化潜力，也就是可利用的雨水资源。然后将当日可利用的雨水资源与花卉的需水量进行比较，若小于花卉需水量则增加一天缺水天数，若大于花卉需水量则将可利用的雨水资源量减去花卉的需水量，剩余可利用的雨水资源可存储至蓄水池以供给后续使用。

(2) 经济成本

雨水资源利用规划的经济成本主要指其全生命周期成本，包括初始建设成本、后续维护费用等，计算公式如下：

$$F_{\text{cost}} = C_i X_i + C_j X_j \tag{4-13}$$

式中，C_i 为蓄水池单位面积全生命周期成本，元/m^3；X_i 为蓄水池建造尺寸，m^3；C_j 为集水面单位面积全生命周期成本，元/m^2；X_j 为集水面建造面积，m^2。

(3) 单位花卉的黄河取水量

雨水资源利用方案是通过将雨水资源代替黄河水来实现生态保护的目的，但并不是所有方案收集的雨水资源都能够满足花卉生长发育的需要，在保证花卉需要的前提下仍需要黄河取水，因此将单位花卉的黄河取水量作为目标函数之一，其目的是尽可能减少黄河用水，因此该函数值越小越好。

$$F_{\text{demand}} = \frac{Y_i}{Y_j} \tag{4-14}$$

式中，Y_i 为花卉的缺水天数，d；Y_j 为养殖的花卉数量，棚。

4.5.4 稳健决策方案生成

采用 NSGA-Ⅱ遗传算法计算研究区雨水资源利用措施组合方案的帕累托最优集，筛选优化雨水资源利用方案。设定初始种群个数为 50 个、最大的迭代次数为 400 次，迭代计算生成帕累托最优集，再利用熵权法计算各目标函数的权重与帕累托最优集中每个方案的综合评分，便于决策者根据综合评分与未来规划政策进行权衡决策。其中，目标函数的权重分配如表 4-4 所示。不同情景的帕累托最优集如图 4-19 ~ 图 4-23 所示。

表 4-4 不同情景下目标函数评价指标权重表

情景	花卉的缺水天数	单位花卉的黄河取水量	经济成本
1954 ~ 2020 年历史观测情景	0.513	0.244	0.243
2041 ~ 2070 年 SSP126 预测情景	0.347	0.358	0.295
2041 ~ 2070 年 SSP245 预测情景	0.405	0.315	0.280
2041 ~ 2070 年 SSP585 预测情景	0.307	0.355	0.338
2041 ~ 2070 年综合预测情景	0.365	0.259	0.376

基于 1954 ~ 2020 年历史观测数据生成帕累托最优集，计算不同雨水资源利用规划方案在过去 67 年花卉的缺水天数、经济成本和单位花卉的黄河取水量。其中，每年的 4 ~ 11

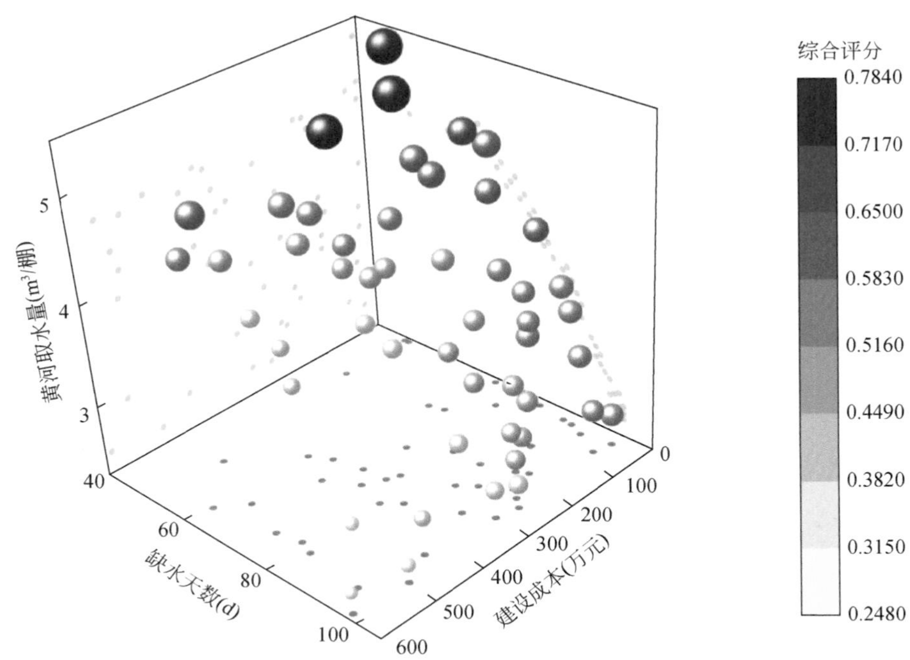

图 4-19　1954 ~ 2020 年历史观测情景帕累托最优集

月为兰州特色花卉的养殖时间，考虑每日可利用的雨水资源是否满足花卉的需水量，若不满足则计入一天花卉的缺水天数。蓄水池体积和集水面积乘以对应单位的全生命周期成本即为经济成本，总缺水天数乘以花卉需水量再除以总养殖花卉的棚数即为单位花卉的黄河取水量。基于 1954 ~ 2020 年历史观测数据生成的帕累托最优集进行分析，综合评分最高的三个方案如表 4-5 所示。从经济成本角度来讲，三个方案的经济成本在 10 万 ~ 154 万元，其中方案一和方案二的经济成本最低为 10 万元；从生态效益的角度来讲，三个方案的缺水天数在 48 ~ 49d，其中方案二和方案三的缺水天数最少为 48d。单位花卉的黄河取水量在 4. 8 ~ 5. 3m^3/棚，其中方案三单位花卉的取水量最少，为 4. 8m^3/棚。在过去的 67 年三个方案可节约的黄河用水量分别约为 16. 299 万 m^3、14. 670 万 m^3 和 16. 300 万 m^3，其中方案三节约的黄河用水量最多，三个方案都满足削减 20% 黄河用水并用雨水代替的目标。从社会效益角度来讲，花卉养殖到投放市场过程中的人力资源可以反映不同雨水资源利用规划方案的社会效益，随着养殖花卉温室大棚的数量增加所需人力资源也会随之增加，假设每新增一个温室大棚可增加一个人员就业，那么三个方案新增就业人数在 9 ~ 10 人，其中方案一和方案三的新增就业人数最多为 10 人。

表 4-5　1954 ~ 2020 年历史观测情景优化方案

方案	蓄水池尺寸 (m^3)	花卉规模 (棚)	集水面积 (m^2)	缺水天数 (d)	经济成本 (万元)	黄河取水量 (m^3/棚)	综合评分
方案一	50	10	0	49	10	4.9	0.784
方案二	50	9	0	48	10	5.3	0.757
方案三	50	10	720	48	154	4.8	0.743

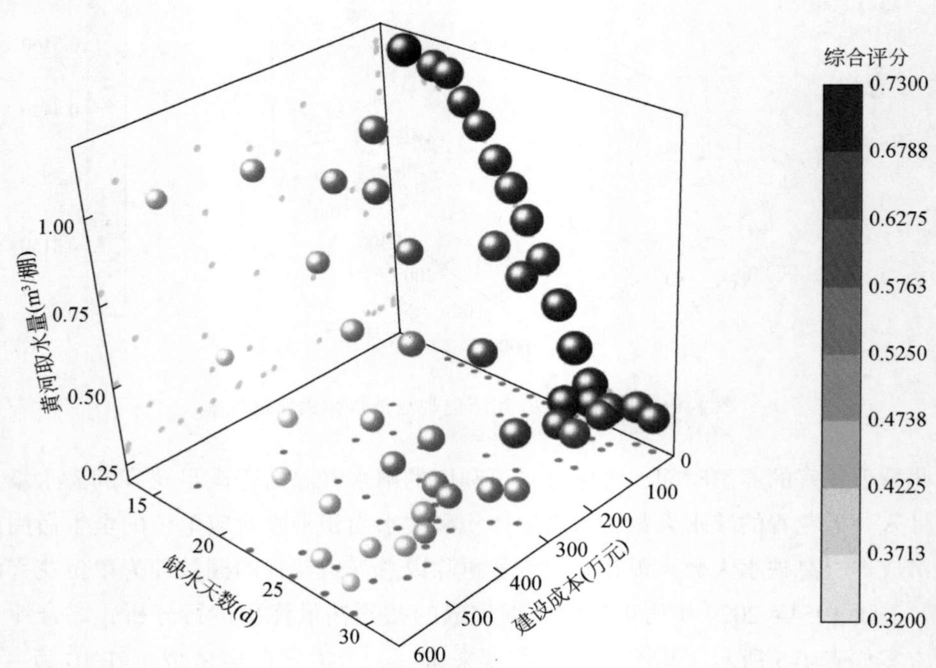

图 4-20　2041 ~ 2070 年 SSP126 预测情景帕累托最优集

基于 2041 ~ 2070 年 SSP126 预测情景数据生成的帕累托最优集进行分析，综合评分最高的三个方案如表 4-6 所示。同样，假设每年的 4 ~ 11 月为兰州特色花卉的养殖时间，考虑每日可利用的雨水资源是否满足花卉的需水量，若不满足则计入一天花卉的缺水天数。其余计算方式同上。从经济成本角度来讲，三个方案的经济成本都为 10 万元；从生态效益的角度来讲，三个方案的缺水天数在 15 ~ 27d，其中方案三的缺水天数最少为 15d。单位花卉的黄河取水量在 0.33 ~ 1.15m^3/棚，其中方案一单位花卉的取水量最少，约为 0.33m^3/棚。在未来 30 年三个方案可节约的黄河用水量分别约为 58.819 万 m^3、43.761 万 m^3 和 9.341 万 m^3，其中方案一节约的黄河用水量最多，三个方案都满足削减 20% 黄河用水并用雨水代替的目标；从社会效益角度来讲，假设每新增一个温室大棚可增加一个人员就业，那么三个方案新增就业人数在 13 ~ 82 人，其中方案一新增就业人数最多，为 82 人。

表 4-6　2041 ~ 2070 年 SSP126 预测情景优化方案

方案	蓄水池尺寸 (m^3)	花卉规模 (棚)	集水面积 (m^2)	缺水天数 (d)	经济成本 (万元)	黄河取水量 (m^3/棚)	综合评分
方案一	50	82	0	27	10	0.3293	0.728
方案二	50	61	0	26	10	0.4262	0.717
方案三	50	13	0	15	10	1.1538	0.705

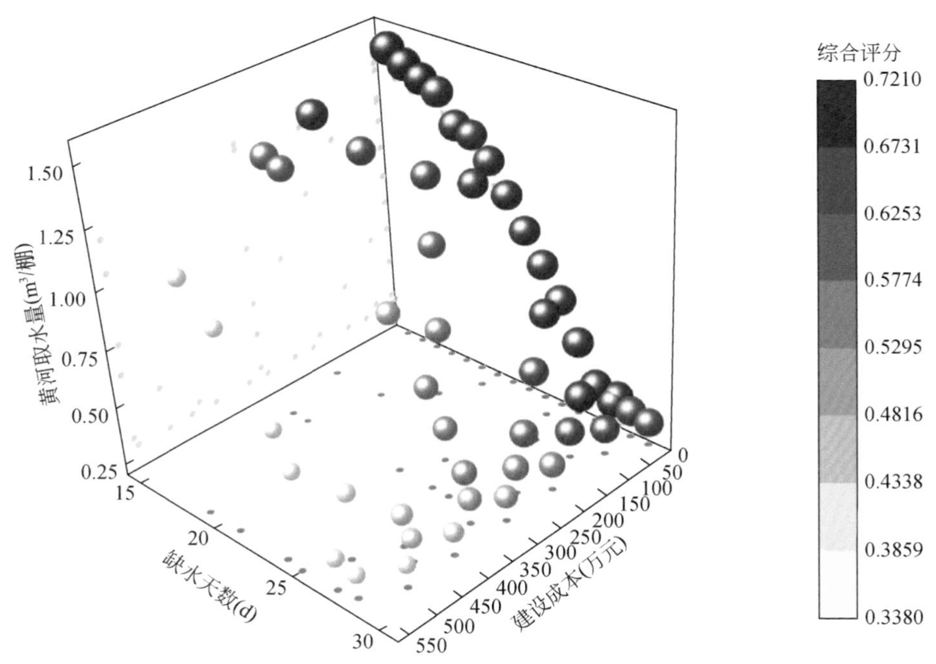

图 4-21　2041 ~ 2070 年 SSP245 预测情景帕累托最优集

基于 2041 ~ 2070 年 SSP245 预测情景数据生成的帕累托最优集进行分析，综合评分最高的三个方案如表 4-7 所示。从经济成本角度来讲，三个方案的经济成本都为 10 万元；从生态效益的角度来讲，三个方案的缺水天数在 15 ~ 17d，其中方案一的缺水天数最少，为 15d。单位花卉的黄河取水量在 1.42 ~ 1.50m^3/棚，其中方案三单位花卉的取水量最少，约为 1.42m^3/棚。在未来 30 年三个方案可节约的黄河用水量分别为 7.185 万 m^3、7.902 万 m^3 和 8.620 万 m^3，其中方案三节约的黄河用水量最多，三个方案都满足削减 20% 黄河用水并用雨水代替的目标；从社会效益角度来讲，假设每新增一个温室大棚可增加一个人员就业，那么三个方案新增就业人数在 10 ~ 12 人，其中方案三新增就业人数最多，为 12 人。

表 4-7　2041 ~ 2070 年 SSP245 预测情景优化方案

方案	蓄水池尺寸（m^3）	花卉规模（棚）	集水面积（m^2）	缺水天数（d）	经济成本（万元）	黄河取水量（m^3/棚）	综合评分
方案一	50	10	0	15	10	1.5000	0.720
方案二	50	11	0	16	10	1.4545	0.704
方案三	50	12	0	17	10	1.4167	0.686

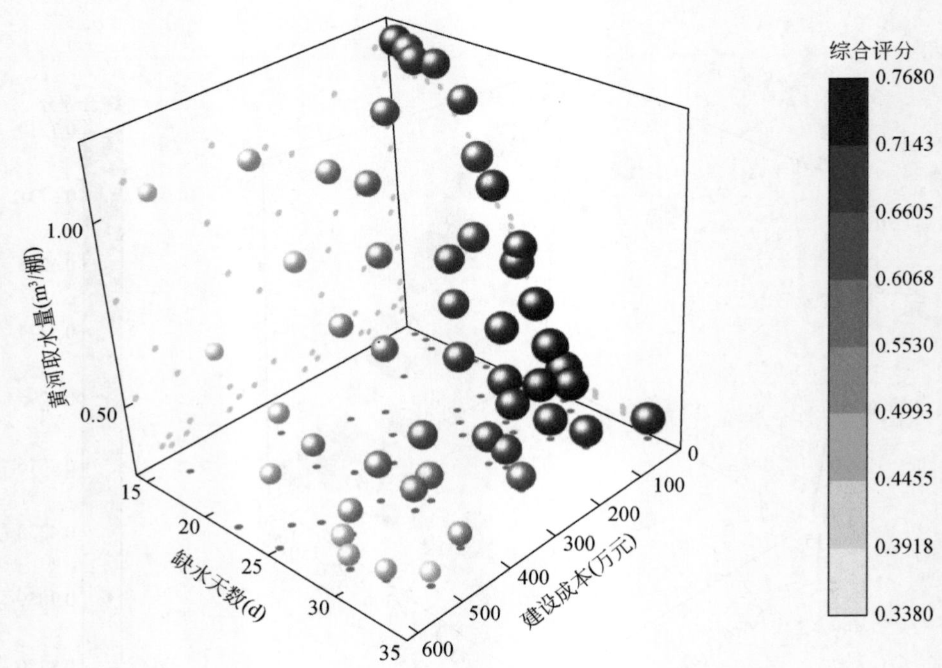

图 4-22　2041 ~ 2070 年 SSP585 预测情景帕累托最优集

基于 2041 ~ 2070 年 SSP585 预测情景数据生成的帕累托最优集进行分析，综合评分最高的三个方案如表 4-8 所示。从经济成本角度来讲，三个方案的经济成本在 10 万 ~ 28 万元，其中方案一和方案二的经济成本最低为 10 万元；从生态效益的角度来讲，三个方案的缺水天数在 26 ~ 28 天，其中方案二的缺水天数最少，为 26d。单位花卉的黄河取水量在 0.38 ~ 0.45m^3/棚，其中方案三单位花卉的取水量最少，约为 0.38m^3/棚。在未来 30 年三个方案可节约的黄河用水量分别约为 48.776 万 m^3、41.609 万 m^3 和 52.356 万 m^3，其中方案三节约的黄河用水量最多，三个方案都满足削减 20% 黄河用水并用雨水代替的目标；从社会效益角度来讲，假设每新增一个温室大棚可增加一个人员就业，那么三个方案新增就业人数在 58 ~ 73 人，其中方案三新增就业人数最多，为 73 人。

表 4-8　2041 ~ 2070 年 SSP585 预测情景帕累托最优集

方案	蓄水池尺寸 (m^3)	花卉规模 (棚)	集水面积 (m^2)	缺水天数 (d)	经济成本 (万元)	黄河取水量 (m^3/棚)	综合评分
方案一	50	68	0	27	10	0. 3971	0. 767
方案二	50	58	0	26	10	0. 4483	0. 764
方案三	140	73	0	28	28	0. 3836	0. 745

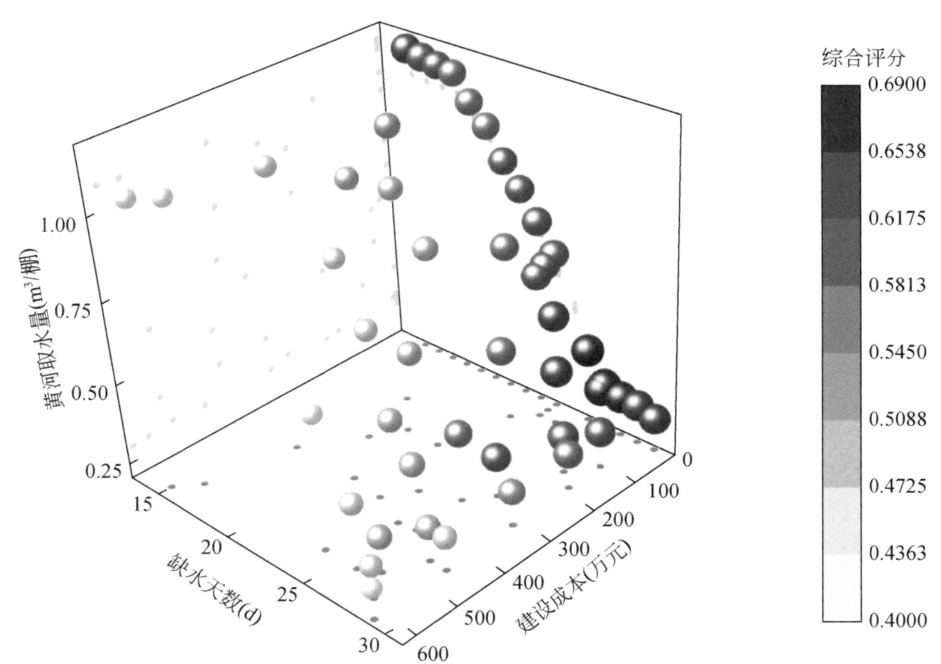

图 4-23　2041 ~ 2070 年综合预测情景帕累托最优集

基于 2041 ~ 2070 年综合预测情景数据生成的帕累托最优集进行分析，综合评分最高的三个方案如表 4-9 所示。从经济成本角度来讲，三个方案的经济成本在 10 万 ~ 18 万元，其中方案二和方案三的经济成本最低为 10 万元；从生态效益的角度来讲，三个方案的缺水天数在 26 ~ 27d，其中方案三的缺水天数最少，为 26d。单位花卉的黄河取水量在 0. 33 ~ 0. 43m^3/棚，其中方案一单位花卉的取水量最少，约为 0. 33m^3/棚。在未来 30 年三个方案可节约的黄河用水量分别约为 58. 819 万 m^3、57. 384 万 m^3 和 43. 761 万 m^3，其中方案一节约的黄河用水量最多，三个方案都满足削减 20% 黄河用水并用雨水代替的目标；从社会效益角度来讲，假设每新增一个温室大棚可增加一个人员就业，那么三个方案新增就业人数在 61 ~ 82 人，其中方案一新增就业人数最多，为 82 人。

表 4-9　2041 ~ 2070 年综合预测情景帕累托最优集

方案	蓄水池尺寸 (m^3)	花卉规模 (棚)	集水面积 (m^2)	缺水天数 (d)	经济成本 (万元)	黄河取水量 (m^3/棚)	综合评分
方案一	90	82	0	27	18	0. 3293	0. 690
方案二	50	80	0	27	10	0. 3375	0. 690
方案三	50	61	0	26	10	0. 4262	0. 675

综上所述，基于历史观测情景与未来预测情景中综合评分最高的方案进行讨论，可以发现：①蓄水池容量为 50m^3 时表现效果较好，可以保证较少的缺水天数与黄河取水量的同时，使经济成本更为低廉；②在未来情景中往往不需要新增集流面就可以保证花卉用水的需要；③SSP245 预测情景所能养殖的花卉规模相较于其他未来情景更小。

4.6　小　　结

4.6.1　城市雨水资源利用多维效益识别

城市雨水资源利用系统的多维效益识别主要包括两大部分：雨水利用措施方案的全生命周期成本分析和经济、生态、社会效益测算识别研究。纵向评估按时间先后顺序进行，包括从工程项目规划建设到废弃全生命周期的成本分析；横向设计包括雨水的收集、处理、储存、利用全过程涉及的资金投入和产出（非资金投入产出以货币形式呈现）。在评估基础上，进行了雨水资源利用系统的成本费用识别，并建立了成本效益模型。

4.6.2　城市雨水资源利用稳健定量评价

基于稳健决策的基础框架和多维效益识别体系，采用 XLRM 矩阵、拉丁超立方抽样、PRIM 情景发现、帕累托最优集、全生命周期成本分析等定量分析方法，实施问题制定、备选方案生成、不确定性分析、情景发现和权衡分析等步骤，将城市雨水资源利用的稳健定量评价框架应用于茅洲河流域的雨水面源污染治理、南方科技大学校园的新建绿色基础设施、兰州特色花卉产业园的节水潜力三个案例，并尝试基于稳健决策方法选出最优的措施方案集，以供利益相关者和决策者进行进一步讨论。

茅洲河示范区以蓄水池尺寸、建造成本、水质评分为优化目标，通过稳健决策框架，将成本控制在建设投资方可接受的范围内，修建适当尺寸的蓄水池达到最优的面源污染控制效果，采用帕累托多目标优化方法结合熵权法，得到优化目标评分最高的蓄水池设计方案。

南方科技大学示范区基于校园内已建成的海绵工程，考虑包括生物滞留措施、绿色屋顶、透水铺装的新建绿色基础设施在径流削减效益、气温降低效益、经济成本效益三个维度上综合的最优建设方案。通过校园范围的水文水动力模型模拟，确定径流削减效益的排序依次为：生物滞留>绿色屋顶>透水铺装。其中透水铺装仅通过下渗延缓峰现时间，对径流总量影响不大；生物滞留和绿色屋顶同时具有蓄水层和排水管网，能够消纳雨水，有效削减径流。通过不同绿色设施处地表温度的监测分析，发现气温降低效益的排序依次为：绿色屋顶>透水铺装>生物滞留。其中绿色屋顶面积相对较大，边际效应较小；生物滞留措施主要通过增加蒸散发降低显热；透水铺装通过增加反照率减少能量吸收，起到降温效果。计算各类绿色基础设施的全生命周期成本，得到在经济成本效益方面的排序依次为：透水铺装>绿色屋顶>生物滞留。

兰州特色产业园示范区利用城市水量平衡模型概化了产业园区，并通过人工降雨试验分析下垫面径流系数与降雨强度的关系，二者结合分析当地降水的时间分布和空间上不同下垫面的产汇流特点；选取 1981 ~ 2010 年榆中站历史观测数据模拟测试，计算产业园区的雨水资源化潜力，厘清了产业园区在雨水高效利用中存在的问题与需求；选取国际耦合模式比较计划第六阶段（CMIP6）中共享经济路径（SSPs）情境下的气候预估结果，结合园区特色花卉养殖产业未来的系统布局和相关需水目标，评估预测不同的特色花卉养殖浇灌方案与雨水资源配置组合下的雨水资源利用效果；在稳健决策框架内对不同的雨水资源利用方案进行分析，选出雨水利用最优方案集，达到优化特色花卉养殖工程布局与雨水资源利用策略的目标。

第 5 章　茅洲河流域雨水净化与利用技术示范

以茅洲河典型流域作为示范区，通过开展城市水文-水动力-水质的动态模拟技术示范，指导雨水“收集—调蓄—处理—利用”设施的规划设计，提出城市雨水净化与利用新策略，为城市水资源短缺与城市黑臭水体治理提出新的解决思路。

5.1　示范背景与总体思路

5.1.1　示范背景

深圳市作为水质型缺水的代表性城市，开展雨水的资源化利用，对深圳市社会经济可持续发展具有重要意义，也可以使其成为全国类似缺水型城市学习的样板。2015 年开始，深圳市的管网建设工作逐步经历了织网成片、正本清源两个重要阶段，并始终秉承“流域治理、厂网河统筹”的原则，目前已形成完整的源头收集、毛细发达、主干通畅、终端接驳的污水收集完善系统，基本实现彻底的雨污分流，工作的重心逐渐转移至对城市雨水系统的梳理中。深圳市在城市化进程中，建成区规模巨幅增长，人口规模激增，城市中道路、建筑物等不可渗透表面不断增长，降雨径流渗透减少。在降雨条件下，雨水和径流冲刷城市地面，径流面源污染通过排水系统的传输汇入受纳水体，引起水体污染，甚至导致河道黑臭。因此，对径流面源污染的整治关系着城市雨水系统梳理的成败。

茅洲河是深圳第一大河，茅洲河流域雨源性特征突出，旱季生态基流匮乏，雨季内涝频现，是珠三角乃至全国污染最严重的河流之一。自 2015 年起，本研究团队与所在单位及中国电建集团华东勘测设计研究院有限公司相继开始最早、规模最大的水环境综合治理项目——茅洲河流域宝安片区、光明新区与东莞片区水环境综合整治工程。以“一河两岸三地”同步拉开国务院“水十条”序幕，打响水污染防治攻坚战。经过多年治理，茅洲河流域水环境健康得到显著提高，国考断面顺利通过国家三部委考核。然而，茅洲河流域内河道水质依然无法持续稳定在Ⅴ类水标准。雨后河道“返黑返臭”现象依然明显，强降雨冲刷地表污染物所引发的面源污染持续威胁城市水体生态健康，为该区域雨水资源利用及城市水环境质量持续改善带来挑战。

5.1.2 示范区域

本书选择深圳市茅洲河流域宝安片区作为雨水净化与利用技术示范区域。茅洲河流域宝安片区共 110km^2，其中建成区面积 90km^2、集中绿地面积 20km^2，涵盖松岗、沙井、新桥和燕罗街道 4 个行政区域 22 个分片区。河涌 19 条，宝安区境内河长 19.71km，感潮河段长约 13km，下游河口段 11.68km 为深圳市与东莞市界河。

5.1.3 总体思路

针对茅洲河流域宝安片区短历时强降雨多发、河流雨源性特征显著、人口工业企业众多造成的城市雨水面源污染严重、城市可利用雨水资源低等突出问题，研究团队联合中国电建集团华东勘测设计研究院有限公司，依托宝安区 2019 年全面消除黑臭水体工程（茅洲河片区），开展茅洲河流域宝安片区雨水净化与利用技术示范区建设。

在充分考虑示范区生态退化程度和区域社会经济技术约束条件的基础上，遵循渐进式生态修复理念（图 5-1），统筹考虑城市河流—河岸—区域—流域不同空间尺度特征，分阶段、分步骤地采取“环境治理—生态修复—自然恢复”的生态修复模式，因地制宜地确定最适合的修复模式和目标，按照“源头收集—过程控制—末端处理”三阶段处理步骤，开展重点区域初雨面源污染治理与雨水调蓄净化关键技术示范；根据收集到的基础地理、河流水系、闸泵工程信息以及研究范围的现场调查情况，依托城市雨水资源利用时空动态调配模型，构建茅洲河流域水文—水动力—水质数值模型，依据原型观测期间实测的水位和流量数据，开展模型模拟研究；基于城市雨水资源利用稳健决策方法，开展制定稳健决策方案，基于情景发现和权衡分析提供各适应措施在未来情景下的表现情况，为该示范工

图 5-1 渐进式生态修复理念

程的设计计算与方案效果的评估提供可靠的支撑。

本示范工程依据“问题分析—前期基础—示范内容实施—示范效果考核”的技术路线开展，如图 5-2 所示。

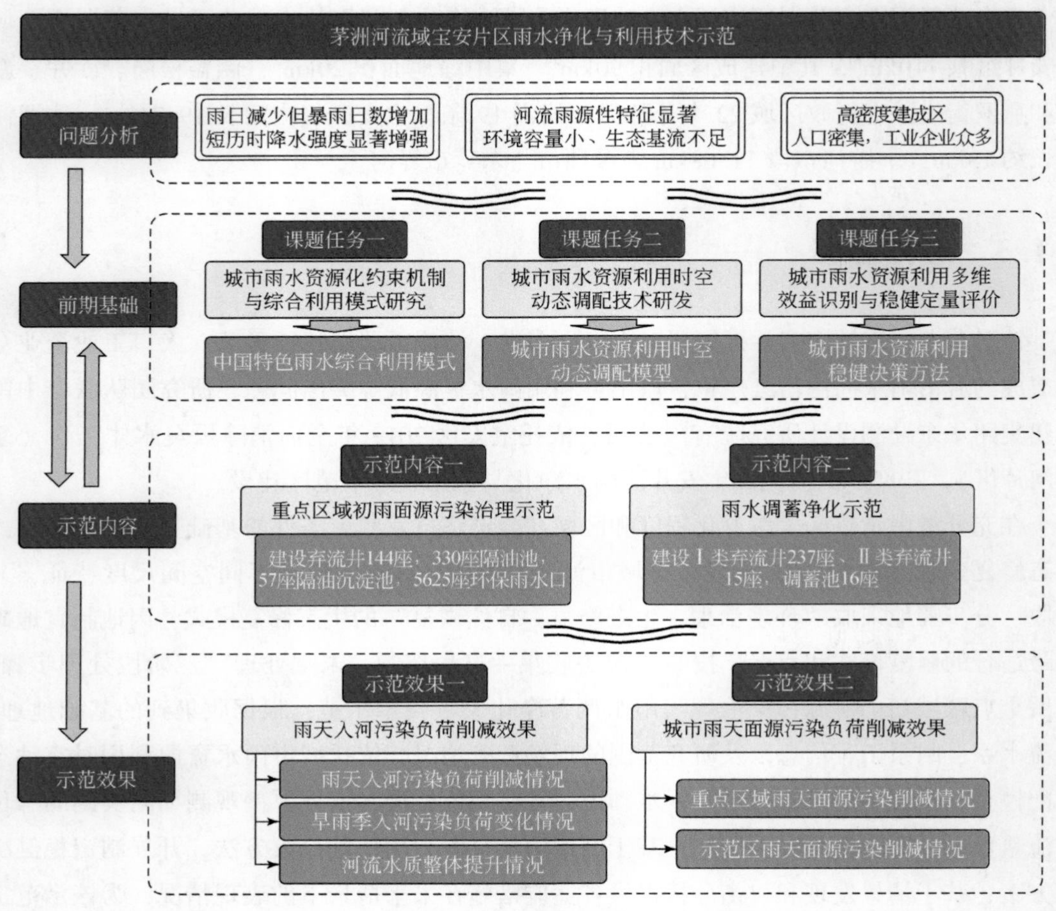

图 5-2　雨水净化与利用技术示范总体思路

5.2　流域雨水净化与利用示范内容

5.2.1　重点区域初雨面源污染治理示范

1. 现状污染源调查

经过多年的流域水环境综合治理工作，茅洲河流域大部分排水小区均已进行雨污分流和正本清源工程改造，但部分排水小区内包含一些面源污染较严重区域，如农贸市场类、垃圾中转站类、餐饮一条街类、汽修厂/洗车店类等，这些区域地面非常脏乱，下雨时雨水裹挟垃圾、灰土等进入雨水系统，将造成大量面源污染。因此，需在这些重点区域设置初雨面源控制措施。

本节借助卫星遥感数据及现场走访调研等多种手段，对农贸市场类、垃圾中转站类、汽修厂/洗车店类、餐饮一条街类等4类重点面源污染区域分布情况开展调查研究，其分布情况如图5-3所示。

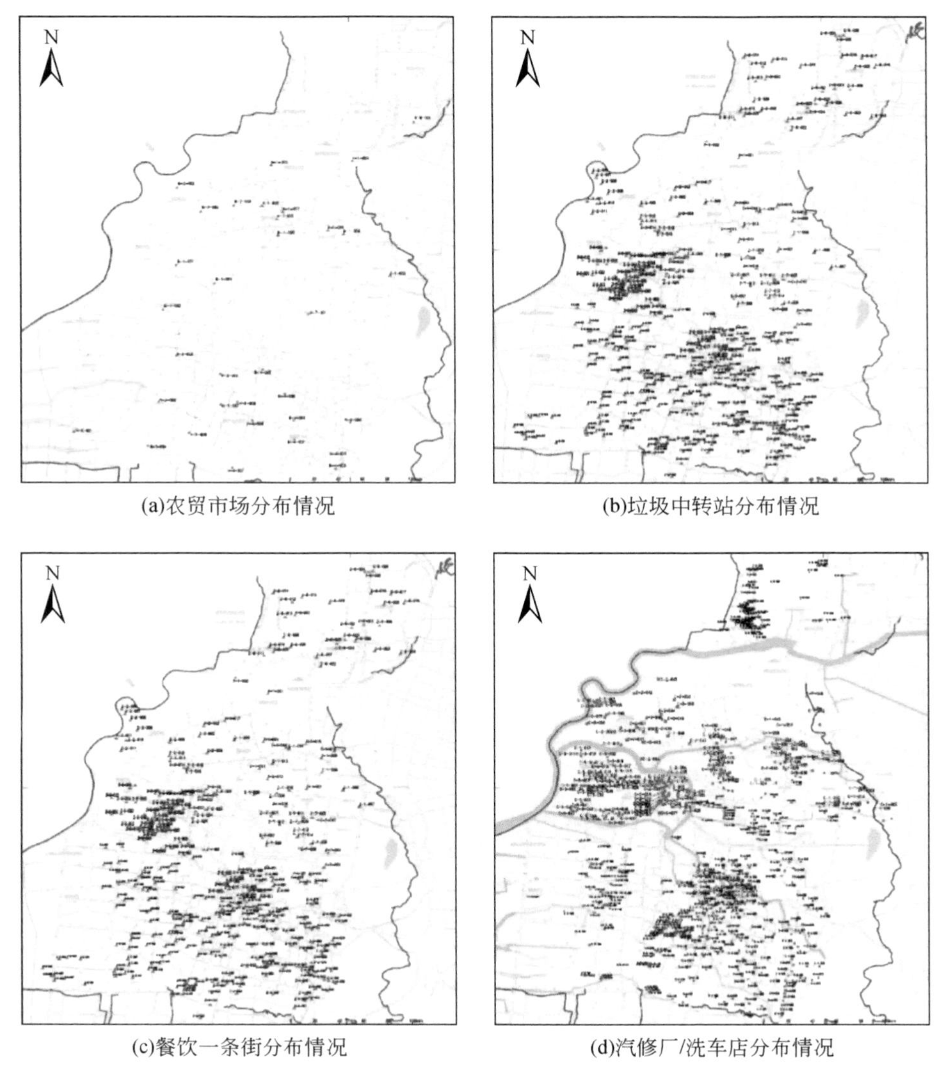

(a)农贸市场分布情况　(b)垃圾中转站分布情况

(c)餐饮一条街分布情况　(d)汽修厂/洗车店分布情况

图5-3　重点面源污染区域分布情况

（1）农贸市场类污染源现状

根据现场实际情况，农贸市场类污染源一般仅有一套合流系统，且因市场内人员众多，较多售卖日常生活用品的商贩，人为倾倒垃圾等现象较为严重，下雨时流水裹挟各类垃圾、倾倒物等进入雨水系统，将造成大量面源污染。本示范工程范围内共有 30 个农贸市场，面积为 145 894m^2（图 5-4）。

图 5-4 农贸市场现场

（2）垃圾中转站类污染源现状

此类区域因为垃圾收集、转运时在地面残留大量垃圾及附着物。冲洗车辆及下雨时，地面流水裹挟各类垃圾、灰土等进入雨水系统，将造成大量面源污染。本工程范围内共有 375 座垃圾中转站，各类社区以及工业区的城市垃圾在此集中、暂存，然后转运，面积约为 53 150m^2（图 5-5）。

图 5-5 垃圾中转站面源污染现场

（3）餐饮一条街类污染源现状

深圳市的餐饮一条街遍布大街小巷，这些露天餐饮店多位于街道或者马路两旁临街一层，还有部分属于流动式的摊贩。在晚上时分夜宵摊遍地营业，由此带来大的环境问题。

其所产生的污水大多随意排放至路面，同时在地面留下大量的油污和垃圾，成为蚊蝇、老鼠的孳生地。下雨时此类油污和垃圾顺着雨水直接排至雨水管道，造成严重的面源污染。经调查，本示范工程范围内共有 572 处餐饮一条街类污染源，面积为 433 269m² （图 5-6）。

图 5-6　餐饮一条街厨房出水处及附近井现场

（4）汽修厂/洗车店类污染源现状

汽修厂的主要业务是对汽车进行焊接、喷漆、装配以及机油更换等，在此过程排出的废水中含有大量油污和油漆；洗车店在洗车过程中排出的废水中含有大量洗洁剂等清洗用品成分。此类企业点多面广，数量众多，相关运营者环保意识不强，通常将废水直接自行接入雨水口或者雨水检查井，因此应将此类企业纳入重点面源污染源。经调查，本示范工程范围内共有 354 个汽修厂/洗车店，面积为 169 048m² （图 5-7）。

图 5-7　汽修厂/洗车店面源污染现场

2. 重点区域面源污染治理思路

针对重点区域的污染源，根据其污染情况制定专门的解决方案。具体治理思路如图 5-8所示。

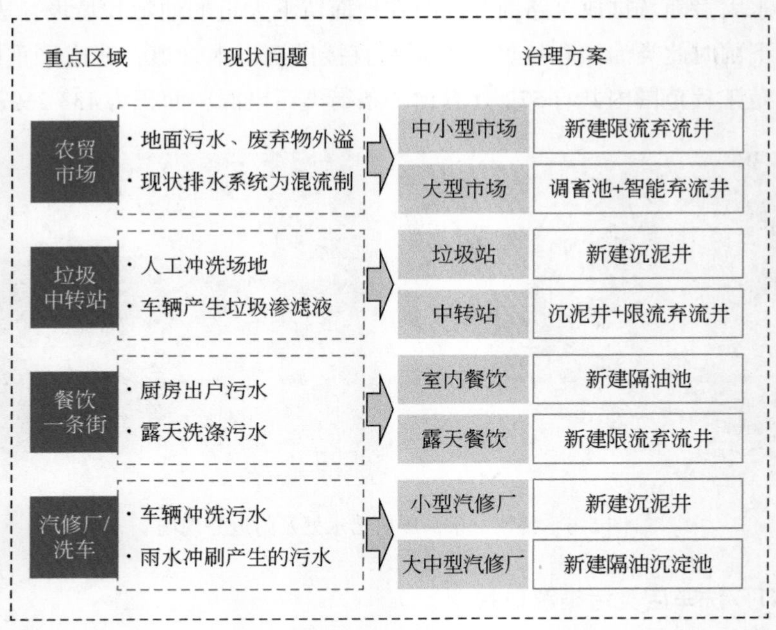

图 5-8　重点区域面源污染控制实施思路

（1）设置初雨弃流设施

针对面源污染严重，且现场有可利用空间做初雨弃流设施的地方，设置弃流井等设施，收集初雨面源污染。对于上述面源污染相对严重区域，若区域面积较小，在相应雨水支管与市政雨水干管的相接处设置初雨弃流井，同时新建接出管道与污水管道相接。污染较为严重的初期雨水经弃流井流入污水系统，最终进入污水处理厂；中雨及大雨后期干净雨水经弃流井进入雨水系统排入河道。

（2）环保雨水口改造

根据茅洲河流域宝安片区实际管网、地质情况等，原有普通雨水口不能截流大颗粒污染物，下雨时各类垃圾等进入雨水口，会造成管道堵塞。因此本工程考虑对原有雨水口进行改造，改造为截污式环保雨水口，遵循“源头控制、中途蓄滞、末端排放”的原则，采用“渗、滞、蓄、净、用、排”等多种措施相结合，针对性地去除雨水径流中的漂浮物、颗粒物等固体垃圾，以防合流管道中异味溢出，让雨水在排水体系源头区域最大程度地消纳净化，减缓城市管网压力，保障雨污水进行有效收集，提高污水收集率。

初期雨水流经地面进入雨水箅子，再进入市政雨水管网系统。在此过程中，初期雨水带走大部分路面污染物，可在雨水径流过程中设置截流式雨水口，从过程中消减初期面源污染，一般使用的设施为滤水桶（图 5-9）。

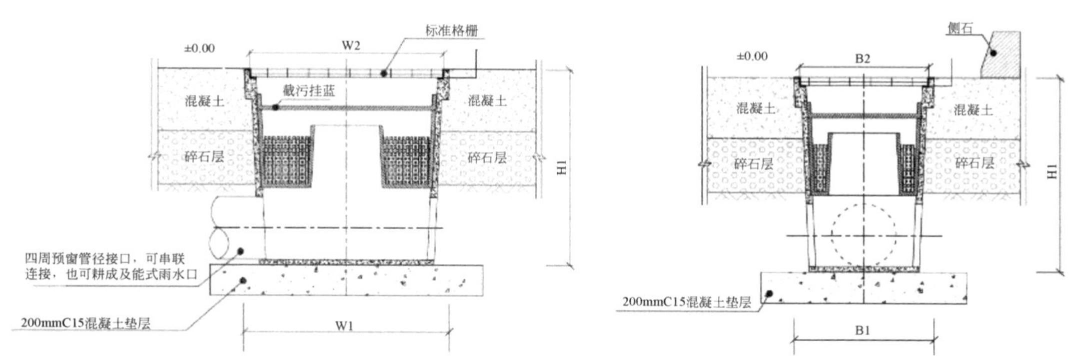

图 5-9　环保雨水口大样图

（3）新建隔油池

本工程范围内存在大量无证经营的餐饮店，这些店铺通常无隔油池或者原隔油池已基本丧失功能，造成大量浮油和垃圾直接进入检查井，造成检查井堵塞，严重影响市政管道的运行维护，本次新建部分隔油池，对此种情况进行改造。此外，新建部分管道，连接新建隔油池与原有检查井。

（4）新建洗车隔油沉淀池

针对汽修厂/洗车店，超过 4 个洗车位的排水出口位置，设置洗车隔油沉淀池，具体分为两种型号：3≤车内座位数≤6 选用Ⅰ型沉淀池、车内座位数≥7 选用Ⅱ型沉淀池。

3. 重点区域面源污染治理实施方案及建成情况

（1）农贸市场类治理

针对农贸市场类污染源，分露天市场、封闭市场两类展开治理。

A. 露天市场

露天市场主要由若干小建筑物组成，商家众多，露天设置，现状排水系统多为混流制。露天市场产生的面源污染多通过现状雨水沟或雨水箅子进入市政雨水系统，影响河道水质。若市场较小、无开施工面制约而无法新建排水系统，可在现状区域混流排水系统末端设置弃流井收集降雨初期面源污染，降雨中后期雨水可溢流进入市政雨水系统。

若汇水范围较大，且现场有条件新建调蓄池，可在弃流井后设置调蓄池，弃流的初雨污染进入调蓄池。污水来量较大时将暂时储存在调蓄池中，在污水厂污水处理高峰期后分时段排入市政污水系统。

B. 封闭市场

封闭市场处于大型建筑物中或大型顶棚之下，现状排水系统多为混流制。封闭市场内部一般有独立小沟渠系统收集市场冲洗摊位、洗菜品等产生的废水，可直接接入市政污水系统；市场外可新建雨水管道系统收集面源污染，通过弃流井分别进入市政管网系统。封闭市场类污染源整治示意图见图 5-10。

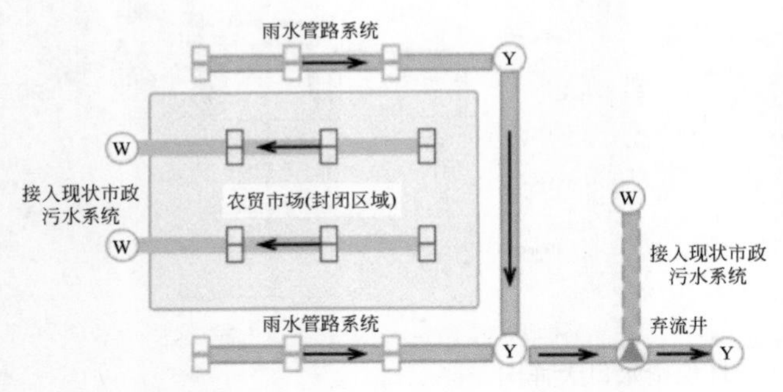

图 5-10　封闭市场类污染源整治示意图

（2）餐饮一条街类治理

针对餐饮一条街类污染源，分室内餐饮、露天餐饮两类进行治理。

A. 室内餐饮

采用 DN160mmUPVC 污水管直接收集厨房出户管污水，通过新建 DN200 或 DN300mm 污水管接入隔油池内，经隔油池处理后排入市政污水系统。针对较多餐饮店分布的一条街等区域，可根据用餐人数、餐位有效面积等参数在数家经营户的市政管网系统末端设置较大型的餐饮隔油池，参照国家建筑标准设计图集《小型排水构筑物》（04S519），确保餐饮废水等全部进入污水系统。同时可在隔油池旁设置餐厨油污倾倒池，倾倒池污水进入隔油池处理后排入市政污水管网。隔油池、油水分离器、餐厨油污倾倒池等需做好定时排油、清渣及清洗的工作，确保使用效果。室内餐饮街类污染源整治示意图见图 5-11（a）。

B. 露天餐饮

此类餐饮店有较多室外摊位，多为烧烤铺、大排档等，收集厨房出户管、露天洗涤污水外，需重点解决露天餐饮面源污染的问题。可设置环保雨水口收集室外摊位区域内冲洗废水，接入弃流井，弃流的初期雨水进入市政污水系统，中后期雨水可溢流进市政雨水系统。小型露天餐饮街类污染源治理示意图见图 5-11（b）。

（3）垃圾中转站类治理

因垃圾站类污染源收集、转运垃圾时在地面残留大量垃圾及附着物，降雨时会直接进入雨水系统；垃圾车冲洗废水也会经雨水箅子进入雨水系统，对河道水质造成冲击。设置半环绕式钢格栅盖板沟用以收集人工冲洗场地、车辆产生的冲洗废水（汇水范围内）。采用钢格栅盖板可承载车辆重量，方便车辆通行。钢格栅盖板沟收集的冲洗废水，裹挟较多污泥等杂质，可通过设置沉泥井的方式收集通过排水沟的废水。沉泥井带沉泥槽，可以把污水中泥土等杂质聚集起来，泥土可以在该井内沉淀，减少进入管道中的泥质等。若因场

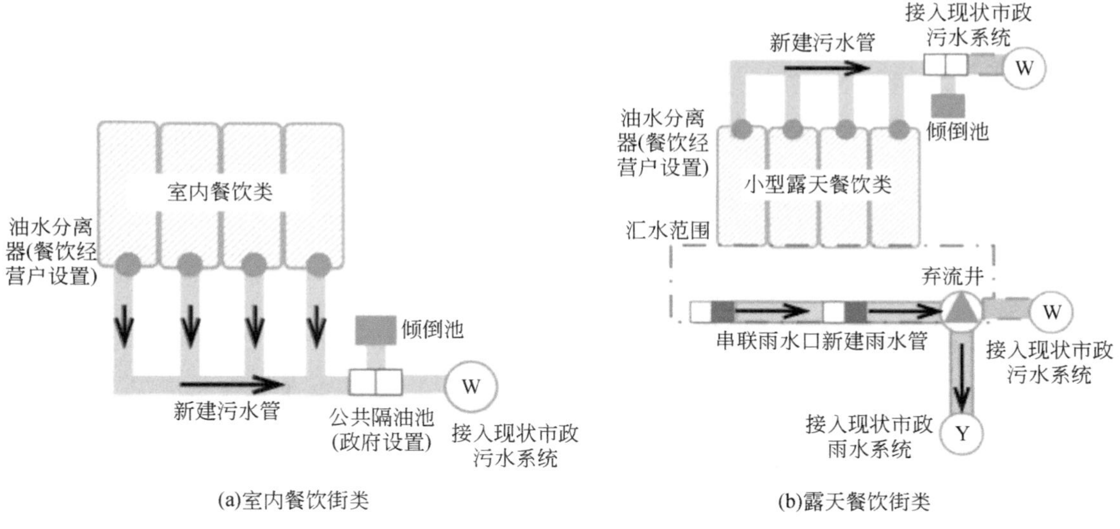

(a)室内餐饮街类　　(b)露天餐饮街类

图 5-11　餐饮一条街类污染源治理示意图

地坡度问题，存在雨季大量雨水进入新建排水沟的风险，可在垃圾站的汇水范围外侧单独设置钢格栅盖板沟用以收集雨水，减少因雨季水量增大对污水厂造成的冲击负荷（图 5-12）。

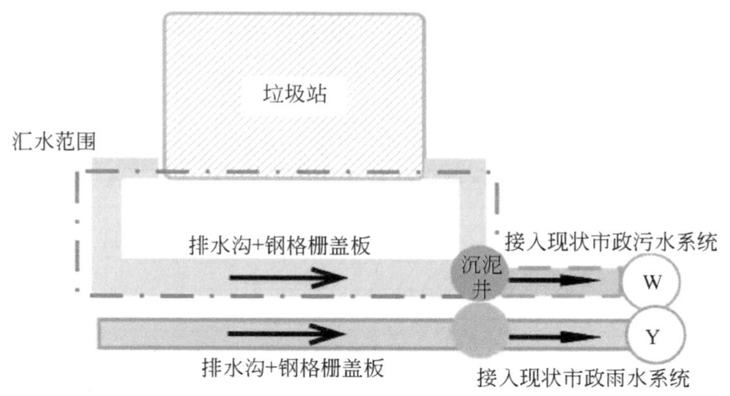

图 5-12　垃圾中转站类污染源治理示意图

（4）汽修厂/洗车店类

含喷漆作业的洗车店、洗车场内需设置盖板沟收集清洗废水，经隔油沉淀池预处理后接入市政污水管网。隔油沉砂池可参照国家建筑标准设计图集《给水排水构筑物设计选用图（水池、水塔、化粪池、小型排水构筑物）》（07S906）。不含喷漆作业的洗车店，应按照环保部门要求，水质达标后方可排入市政污水管网。水质标准参照国标《汽车维修业水污染物排放标准》（GB 26877—2011）。并按图集要求做好定时排油、清渣及清洗的工作，确保隔油沉淀池使用效果。针对较多洗车店分布的汽配城等区域，可根据洗车车位、冲洗水量等参数在数家经营户的市政管网系统末端设置较大型的隔油沉淀池，参照国家建筑标准设计图集《小型排水构筑物》（04S519），确保洗车油污、泥沙等全部进入污水系统。汽修厂/洗车店类污染源整治示意图见图 5-13。

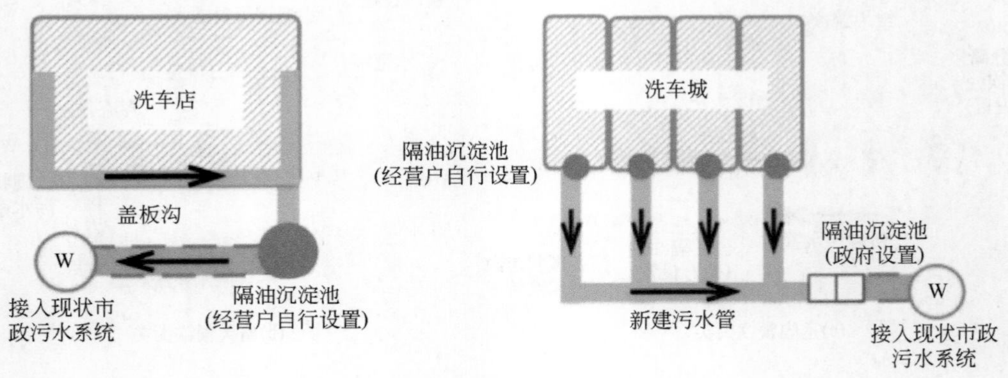

图 5-13　汽修厂/洗车店类污染源治理示意图

4. 主要工程量

通过各类面源污染治理措施，针对重点区域面源污染进行有效控制。本示范工程共设置 144 座弃流井，330 座隔油池，57 座隔油沉淀池，5625 座环保雨水口。相关工程量如表 5-1 所示。

表 5-1　重点区域初雨面源污染治理示范工程量表　（单位：座）

重点区域	弃流井	环保雨水口	隔油池	隔油沉淀池
农贸市场类	30	127	—	—
垃圾中转站类	46	1585	—	—
餐饮一条街类	68	1496	330	—
汽修厂/洗车店类	—	2417	—	57
合计	144	5625	330	57

5.2.2　雨水调蓄净化示范

1. 雨水调蓄净化思路

由于部分小区末端设施接入渠涵及河道排水口路径较长，且部分流经污染较严重区域，沿线收集大量初期面源污染，因此，需要在迁移过程及渠涵末端对污染严重区域设置雨水调蓄与净化设施。

（1）设置弃流井

流经面源污染相对严重区域，且最终进入渠涵的排口，原则上管径≥DN600，需考虑在入渠涵处设弃流井。弃流井优先选择浮球式弃流井，该类弃流井由井体、浮箱、密封球、滑轮组件、手动闸门、浮动挡板等主要部件组成，采用水力自动控制启闭，通过浮筒的浮力带动密封球升降，从而启闭弃流口，无需人力或电力，且可对雨落管内初雨的弃流比例进行精确调控（图 5-14）。

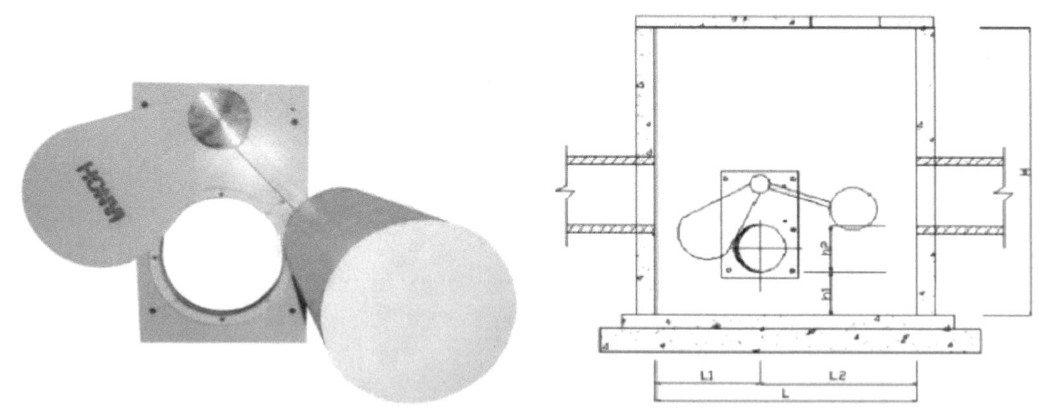

图 5-14　浮球式弃流井示意图

晴天时，弃流井里的浮球未落下，管道内混进的部分污水通过弃流井内弃流管流向污水管道，实现晴天时污水零直排。降雨时，初期的地面雨水比较脏，如果进入河道对河道水质造成污染，通过浮球停靠位置判断降雨量的大小，让脏的初期雨水进入污水管；降雨中后期的雨水相对比较干净，浮球降落关闭弃流口闸门雨水进入河道内。由于浮球堵住弃流通道，此时雨水会在浮球室内聚集，当浮球室内水位升高至出水管处时，雨水从出水管排出，此时雨水已变得较为干净，达到了预处理的效果。降雨结束后，浮箱室的水通过旱流出水口，经弃流管排出，浮箱下降到最低位置，浮球悬起，弃流井复位。

弃流井设置根据功能可分为以下两类：①Ⅰ类弃流井中，弃流管收集初雨最终排入雨污分流系统，直接进入污水处理厂；②Ⅱ类弃流井中，弃流管收集初雨最终排入沿河截污系统（后期将作为初雨调蓄系统），通过调蓄系统分时段进入污水处理厂。

（2）设置调蓄池

流经面源污染相对严重区域，最终进入渠涵的排口、不满足排查条件的暗渠等，雨水水量较大，需在迁移过程或末端设置调蓄池。

晴天时，河道汇水区域内排入量较少（主要为沿岸路面冲洗水、城中村内部分生活用水等），此时关闭雨水泵房进水闸门，关闭调蓄池进水闸门，开启潜污泵，进水经泵室内的截流污水泵提升后排入相应的污水管道系统（图5-15）。

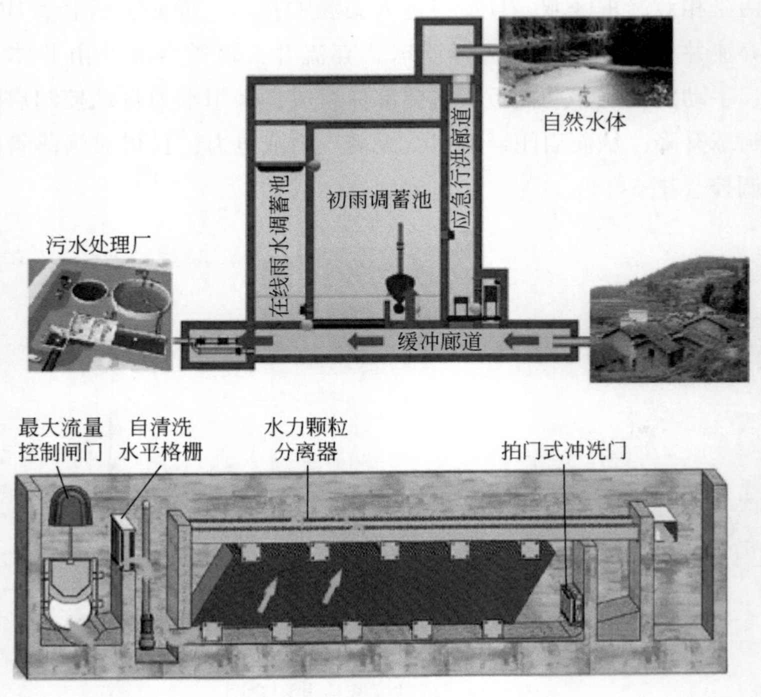

图5-15　调蓄池示意图

调蓄池进水工况如图5-16（a）所示。降雨初期降雨来临时，在保证污水处理厂最大处理量的情况下，一部分混合污水进入污水处理厂进行处理，缓冲廊道进口处堰门打开，末端限流阀门关闭，初雨调蓄池旋转堰打开，初期雨水经过自清洗格栅进入初雨调蓄池；降雨继续进行，初雨调蓄池蓄满，缓冲廊道的水位会继续上升，当缓冲池的水位上升到在线雨水调蓄池的溢流水位时，雨水通过溢流的方式进入到在线雨水处理调蓄池，污染物在池内沉积，上清液溢流到雨水管，最后排入自然水体，实现边处理边排放；降雨后期，当在线雨水处理调蓄池的处理能力达到饱和，降雨继续进行，缓冲廊道的水位会继续上升，后期雨水通过应急行洪廊道直接排放到自然水体，调蓄池排水工况如图5-16（b）所示；降雨结束晴天时，避开早、中、晚高峰用水时段水泵将调蓄池雨水提升至初雨通道进行错峰排水，调蓄池内的沉积物可以通过相应的冲洗设备进行冲洗（智能喷射器、拍门式冲洗门等），冲洗后的污水通过潜污泵排放到污水处理厂处理。

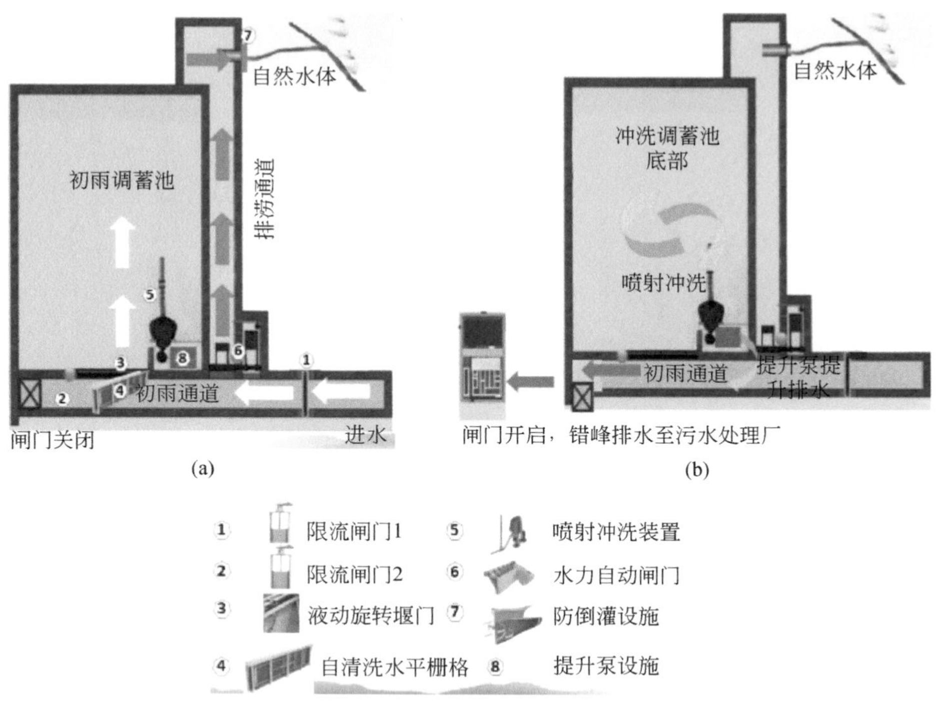

图 5-16　雨水调蓄池运行示意图

2. 雨水调蓄净化实施方案

(1) 弃流井设置方案

A. Ⅰ类弃流井

根据污染迁移过程中各流经小区下垫面性质划分，流经面源污染严重区域，且最终进入渠涵的排口（含归并雨水口、保留雨水口），原则上管径不小于 DN600，需要考虑在入渠涵处设弃流井，弃流管收集管道初期雨水进入沿河截污系统或雨污分流系统内。管径小于 DN600 的因管道水量较小，考虑经济性及效益性情况下，可不设置弃流井。

以松岗河 SG-02 暗渠进行示例说明。该暗渠尺寸为 9m×3.5m，沙浦 Y-5-W 为暗渠上 DN900 排口［图 5-17（a）］，位于沙浦工业大道旁，探摸时有污水排出。此排口沿岸周围为沙浦围社区和垃圾转运站，面源污染较严重，需考虑在此处设置弃流井，设置方案如图 5-17（b）所示。沙浦 Y-5-W 排口末端设置弃流井后，初雨弃流至现状 DN1000 市政污水管，直接进入污水处理厂处理，收集的雨水可通过现状雨水管排至暗渠内。

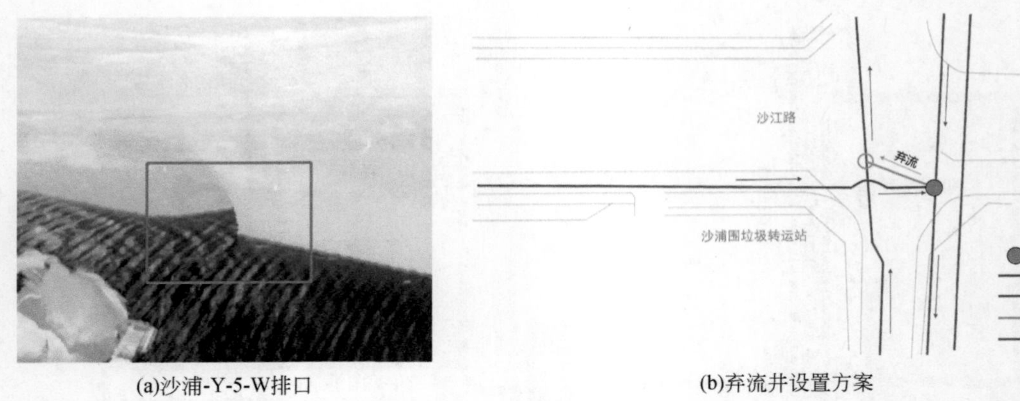

(a)沙浦-Y-5-W排口　　(b)弃流井设置方案

图 5-17　Ⅰ类弃流井设置示例

B. Ⅱ类弃流井

Ⅱ类弃流井设置条件同Ⅰ类弃流井，但末端进入后期作为初雨调蓄系统的沿河截污管内或调蓄池内。沿河截污管或调蓄池等调蓄系统通过收集区域内初雨面源污染，分时段错峰排入污水处理厂。

下面以磨圆涌-01 暗渠进行示例说明（图 5-18）。该暗渠尺寸为 7. 0m×1. 8m ~ 8. 0m×1. 3m，MY-01-L-02 为 DN12000mm 的排口，位于新桥陂口一区城中村旁，探摸时有污水排出，面源污染较严重，需要考虑在此处设置弃流井。MY-01-L-02 排口末端设置弃流井后，初雨弃流至现状 DN400 市政污水管，但因此段磨圆涌-01 暗渠末端设置了调蓄池，此段全部初期雨水均进入调蓄池，分时段排入污水厂，因此设置的弃流井为Ⅱ类弃流井。

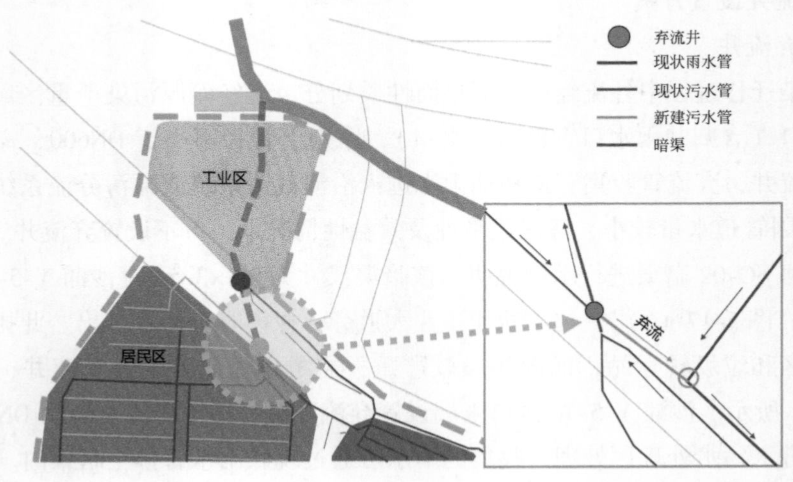

图 5-18　Ⅱ类弃流井设置示例

(2) 调蓄池设置方案

根据调蓄池设置位置的不同主要分为两类，一类在流经区域污染比较严重，且无法排查的小尺寸渠涵进入小微水体前；一类在沿河截污管下游，截污管道进入市政污水管前。

A. 雨水调蓄池

本工程对于面源污染较重的区域进行重点控制，如城中村，村办工业区等，需在最终进入河道的现有渠涵旁增设调蓄池，通过溢流、限流等措施来控制进入河道的面源污染水量，从而减少河道的污染。

以磨圆涌-01 雨水调蓄池为示例说明。磨圆涌-01 为潭头河磨圆涌支流的暗渠，尺寸为 6.0m×3.0m，主要收集周边 DN1600 和 1.4m×2.1m 箱涵流经区域的雨水，流经区域多为城中村（新桥陂口一区、洋下四区、洋下三区）、餐饮一条街（城中村内餐饮店数量较多）等面源污染严重的区域（面源分级为 D 类），需在磨圆涌-01 进入磨圆涌末端处设调蓄池，对此区域面源污染进行管控（图 5-19）。

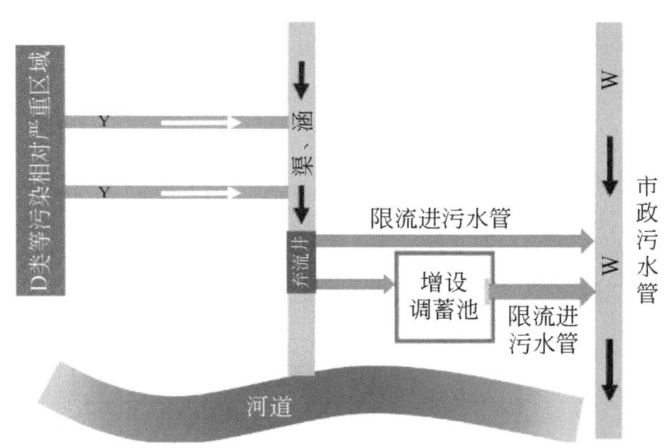

图 5-19　雨水调蓄池设置方案及示例

B. 沿河截污管下游调蓄池

沿河截污管在旱季时收集漏排污水进入市政管道，降雨时会有大量雨水进入市政污水管道，对污水管网和下游污水厂造成较大冲击。当沿河截污管本身无调蓄空间且现场有调蓄条件的，可在沿河截污管下游增设调蓄池、溢流、限流等设施来对漏排污水和初雨水进行调蓄。

以新桥河中心路为例，新桥河中心路的污水管道主要收集新桥村内及周边污水以及不满足排查条件的暗渠的弃流废水，需要在接入中心路 DN1400 污水管道前设调蓄池（图 5-20），减少下雨时雨水进入污水管道对污水管网及污水处理厂造成的影响。

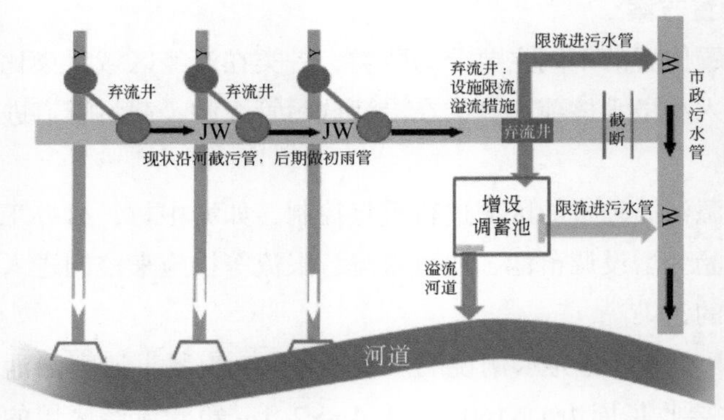

图 5-20　沿河截污管旁增设调蓄池设置方案及示例

3. 主要工程量

为进一步控制南方高密度建成区雨水面源污染，削减雨天入河污染负荷，通过在茅洲河流域宝安片区开展雨水调蓄净化示范，设置弃流井与调蓄池，具体工程量表如表 5-2 所示。

表 5-2　雨水调蓄净化示范工程量表　　（单位：座）

项目	Ⅰ类弃流井	Ⅱ类弃流井	调蓄池
潭头河	19	1	2
沙井河	21	0	3
松岗、楼岗河	42	1	4
上寮河	27	0	3
排涝河	5	2	0
石岩渠	21	0	1
新桥河	20	4	2
沙浦西	14	0	0
七支渠	12	0	0
潭头渠	14	0	0
塘下涌	9	0	0
万丰河	9	0	0
共和涌	5	0	0
衙边涌	6	0	0
道生围	4	0	1

续表

项目	Ⅰ类弃流井	Ⅱ类弃流井	调蓄池
老虎坑	0	0	0
龟岭东	0	2	0
罗田水	0	5	0
界河	9	0	0
合计	237	15	16

5.3 示范效果

本示范通过重点区域面源污染治理及雨水调蓄净化，对雨天入河污染负荷总量进行削减，以期为南方城市“水质型缺水”难题提供可行的解决方案。

本节分别通过观测试验设置及数据分析，对雨天入河污染负荷变化情况及城市雨天面源污染削减情况进行定量评价，从而分析该示范工程实施效果，如图 5-21 所示。

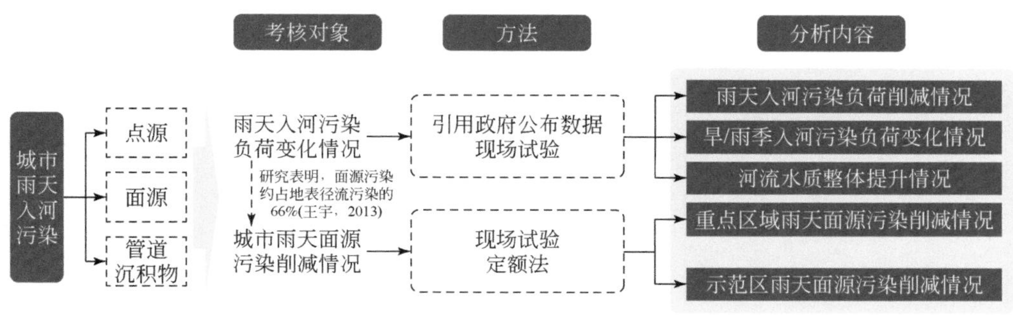

图 5-21　示范效果分析总体思路

5.3.1　示范效果观测试验方案

1. 示范区各河道水质观测试验

现有河道水质数据对雨季入河污染分析缺乏针对性，且采样频率较小。以现有数据为基础，2019 ~ 2022 年，分别于示范区内 15 条河流开展样品采集与测试（图 5-22）。旱季（1 ~ 3 月、10 ~ 12 月）采样频率为 1 ~ 2 次，雨季（4 ~ 10 月）采样频率为 3 ~ 4 次，于降雨后采集河道水样。以纳氏试剂分光光度法测定水样氨氮浓度。

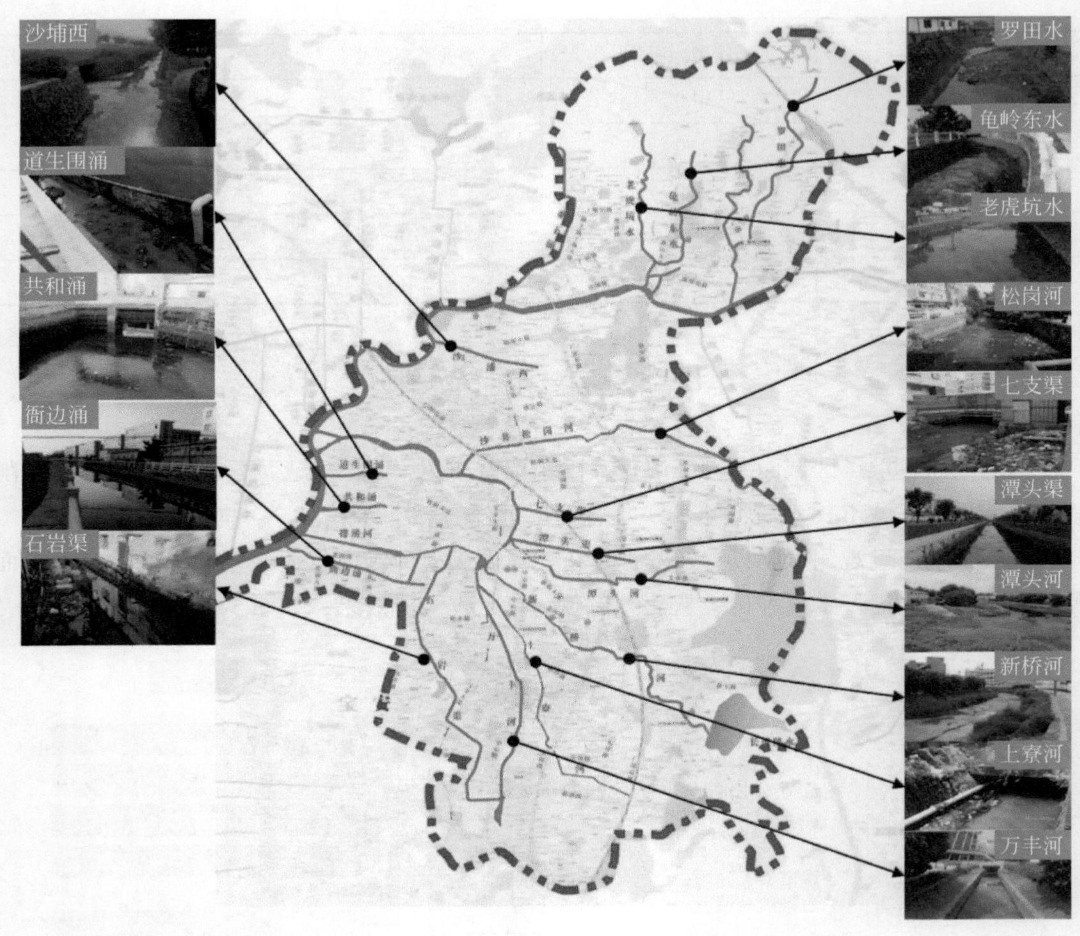

图 5-22　河道水质采样分布情况

2. 重点区域雨天面源污染削减观测试验

源头污染物的收集对雨天入河污染物的削减至关重要。本节通过现场观测试验，对重点面源污染区域雨天面源污染削减情况进行进一步探究。试验区域选择松岗街道溪头垃圾中转站与松瑞路餐饮一条街，为典型的重点面源污染区域。选择小雨、中雨、大雨及暴雨 4 次典型降雨事件开展观测试验，各降雨事件特征如表 5-3 所示。分别在上游进水口与下游雨水井采集雨水径流样品，在前 20min 内每隔 5min 采集一个样品，之后每隔 20min 采集一次样品。一场降雨过程采集 12 个水样，分别测试 COD 及氨氮浓度。

表 5-3 典型降雨事件特征

序号	降雨历时（min）	平均雨强（mm/h）	降雨类型	降雨日期（年-月-日）
1	80	8.8	中雨	2022-8-10
2	125	3.4	小雨	2022-8-11
3	60	20.3	大雨	2022-9-19
4	45	38.8	暴雨	2022-9-29

3. 示范区雨天面源污染负荷削减计算

依据现场观测试验，仅考虑重点区域面源污染控制措施实施下，示范区雨天面源污染负荷削减情况，计算过程如图 5-23 所示。

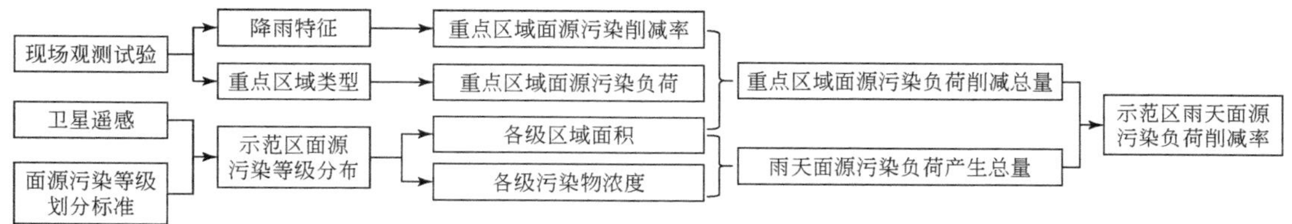

图 5-23 示范区雨天面源污染负荷削减率计算思路

(1) 示范区面源污染等级评估

本工程重点区域污染源治理分级主要依据《低影响开发雨水综合利用技术规范》（SZDB/Z 145—2015）、《深圳市面源污染整治管控技术路线及技术指南（试行）》，根据不同下垫面类别划分流域内各地块面源污染等级，依据卫星遥感数据，参照下垫面分类，划分面源污染等级分布情况（表 5-4）。

表 5-4 面源污染等级划分标准 （单位：mg/L）

等级	下垫面类型	平均 COD	平均 TSS	平均 TP
A	非城市建设用地、公园绿地等	<100	<100	<0.2
B	高档居住小区、公共建筑、科技园区等	100～300	100～400	0.2～0.5
C	普通商业区、普通居住小区、管理较好的工厂、市政道路等	300～800	400～1000	0.5～1.0
D	农贸市场、家禽畜养殖屠宰场、垃圾转运站、垃圾处理场、餐饮食街、汽车修理厂、城中村、村办工业区等	>800	>1000	>1.0

(2) 重点区域及全示范区面源污染负荷削减总量计算

区域年面源污染负荷总量 M 的计算如式（5-1）所示。

$$M = \sum_{i=1}^{4} S_i P pl_i \tag{5-1}$$

式中，$i=1\sim4$，分别依次对应 A、B、C、D 区域；S_i为第 i 个等级区域面积；pl_i为第 i 个等级区域的污染物计算特征值；P 为年降水量。

本示范对重点区域（D 类）年面源污染负荷的削减总量 M'如式（5-2）所示。

$$M' = S_4 pl_4 \sum_{j=1}^{4} p\alpha_j\beta_j \tag{5-2}$$

式中，$j=1\sim4$，分别依次对应小雨、中雨、大雨及暴雨；α_j为第 j 类降雨占全年降雨量的比值（依据 2019～2021 年降雨实测数据）；β_j为第 j 类降雨下面源污染削减率（依据现场实测数据）。本次计算选择了 COD 作为特征值计算，各等级选择范围内平均值作为计算值，其中 D 类 COD 计算值选取 950mg/L。

本示范工程通过针对示范区内重点区域面源污染进行有效控制。在仅考虑重点区域面源污染控制措施实施下，示范区雨天面源污染负荷削减率 η 如式（5-3）所示。

$$\eta = \frac{M - M'}{M} \times 100\% \tag{5-3}$$

5.3.2 示范效果观测数据分析

1. 雨天入河污染负荷变化情况

（1）示范工程实施后雨季河道水质改善情况

2019～2022 年茅洲河流域（宝安片区）各河道旱、雨季氨氮情况分别如图 5-24 所示。示范工程实施后，雨季河道水质改善情况如表 5-5 所示。依据各支流水质监测结果，雨水净化与利用示范工程建设后，2022 年雨季入河污染负荷较 2019 年平均削减达 66.9%。

表 5-5 示范工程实施后雨季河道水质改善情况

项目	河流														
	龟岭东水	老虎坑水	塘下涌	沙埔西排	共和涌	道生围涌	衙边涌	松岗河	七支渠	潭头渠	潭头河	新桥河	上寮河	万丰河	石岩渠
较 2019 年污染负核变化率	-36%	-46%	-62%	-77%	-86%	-83%	-78%	-70%	-53%	-69%	-77%	-41%	-76%	-79%	-70%

（2）旱/雨季入河污染负荷变化情况

为进一步探究本工程示范对雨水净化的效果，本节对同年旱季和雨季水质相关性进行了对比分析。图 5-25 分别对 2019～2022 年旱/雨季水质情况进行对比，其中横纵坐标分别为

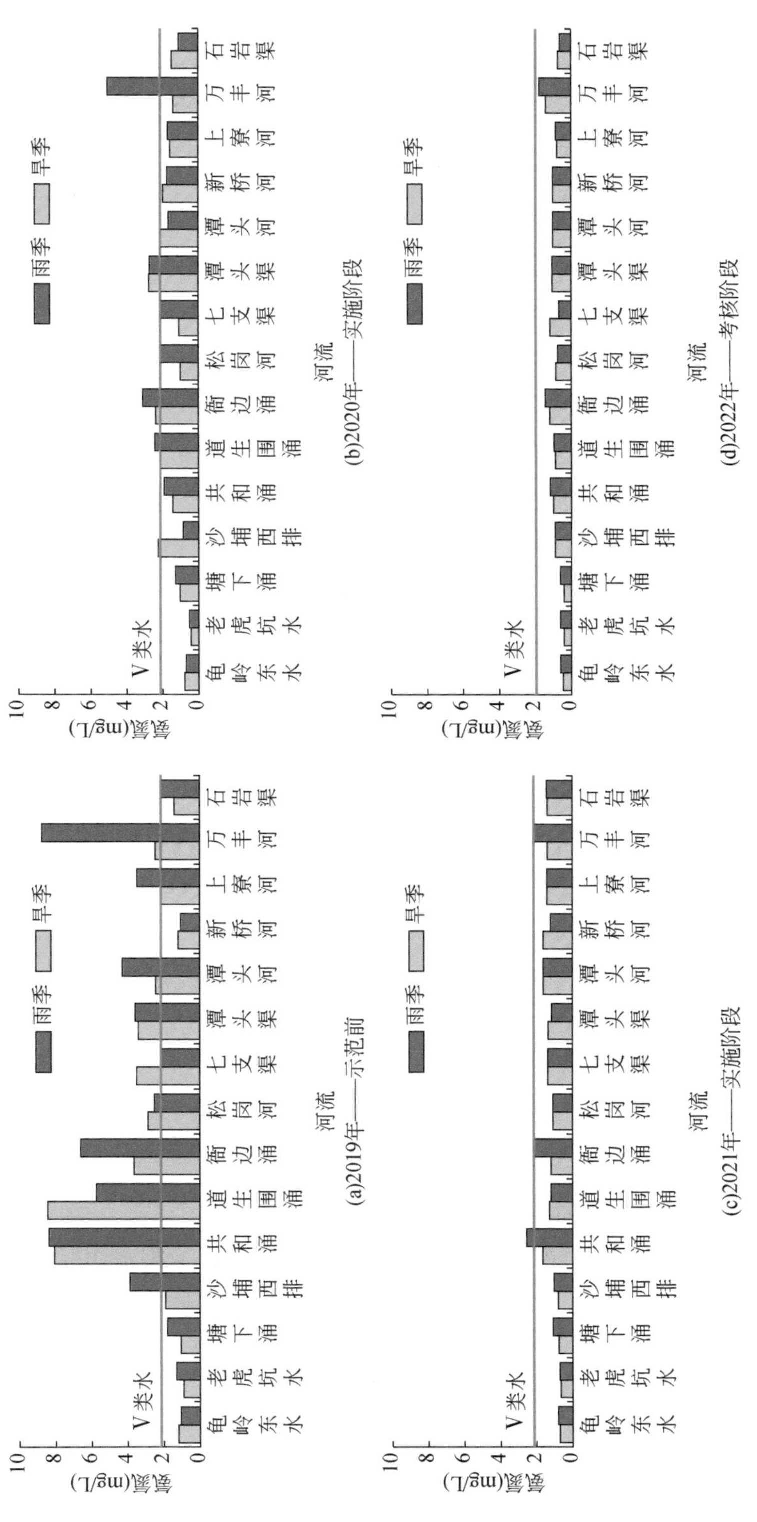

图5-24　2019~2022年茅洲河宝安片区各支流雨季(4~9月)、旱季(1~3月、10~12月)氨氮平均值对比

同一河流旱季与雨季氨氮数据。雨季高于旱季说明河道受雨水面源污染影响较大，旱/雨季差异越大说明雨水面源污染影响越明显。可以发现，随着示范工程的开展，散点越来越集中分布在对角线两侧（图 5-25）。较示范工程实施前相比，2022 年旱/雨季氨氮线性拟合的皮尔森相关系数和 R^2 分别提升 2.6 倍和 7 倍，表明雨水面源污染问题明显改善，本示范工程对雨水径流污染的净化效果显著。

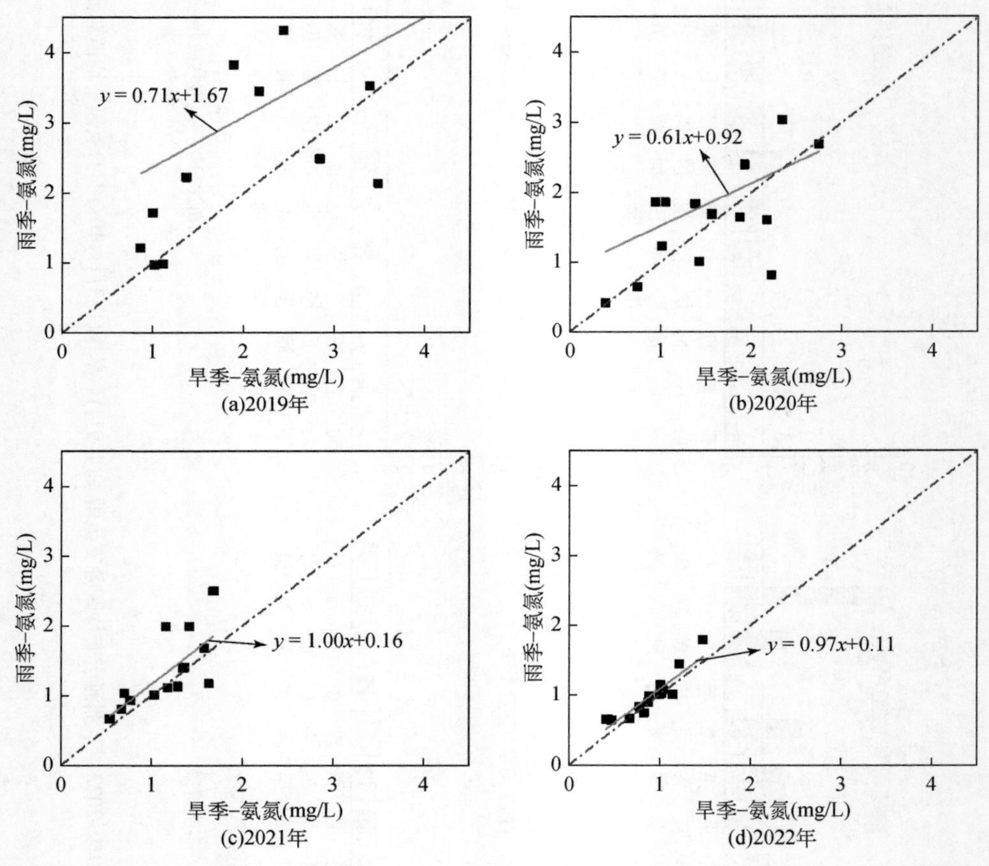

图 5-25 流域内各河道旱/雨季氨氮线性拟合情况

(3) 示范工程实施后河流水质整体提升情况

流域各河道水质达标年变化情况如表 5-6 所示。可以发现，Ⅴ类水达标率由 50.5% 增加至 97.0%，Ⅳ类水达标率由 40.5% 增加至 91.1%。2019 年整体水质较差，且各支流间差异较大；2022 年，除少数支流雨季略超Ⅴ类水标准外，其余支流全年均在Ⅴ类水标准甚至Ⅳ类标准内，且各支流间水质情况趋于一致。

表 5-6　流域内各河道水质达标情况

年份	Ⅴ类水达标率（%）	Ⅳ类水达标率（%）	标准差
2019	50.5	40.5	2.39
2020	73.2	56.4	0.86
2021	93.2	74.1	0.44
2022	97.0	91.1	0.37

2. 城市雨天面源污染削减情况

（1）典型重点区域面源污染削减

上游进水口、下游雨水口雨水径流样品 COD 和氨氮随时间变化情况如图 5-28 所示。该示范工程对重点区域雨水面源污染的削减情况如图 5-26 和表 5-7 所示。可以发现，小雨和中雨事件下本示范工程对 COD 及氨氮污染负荷削减率达到 100%，这主要是由于污染雨水通过弃流井进入污水系统，从而达到对污染径流的剥离；大雨和暴雨事件本示范工程对 COD 污染负荷削减率分别为 76.8% 和 65.9%、对氨氮削减率分别为 71.4% 和 62.0%，这主要是短时强降雨条件下弃流井水位迅速上升，少量污染雨水进入雨水系统。

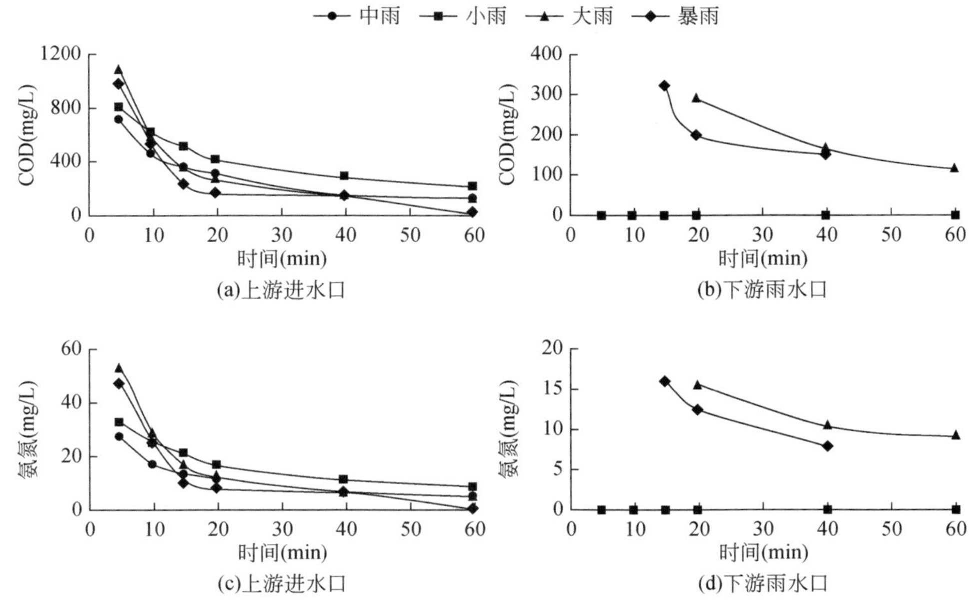

图 5-26　上游进水口、下游雨水口雨水径流样品 COD 和氨氮随时间变化情况

表 5-7 典型示范工程对重点区域雨天面源污染削减率 （单位：%）

项目	小雨	中雨	大雨	暴雨
COD	100	100	76.8	65.9
氨氮	100	100	71.4	62.0

（2）示范区雨天面源污染削减情况

依据《低影响开发雨水综合利用技术规范》（SZDB/Z 145—2015）、《深圳市面源污染整治管控技术路线及技术指南》，茅洲河流域宝安片区雨水净化与利用示范区面源污染等级分布如图 5-27 所示。基于现场观测试验结果，采用定额法对示范区雨天面源污染削减

图 5-27 茅洲河（宝安片区）雨水净化与利用示范区雨水面源污染等级评价图

情况进行分析，仅考虑示范区重点区域面源污染负荷控制的情况，雨天面源污染总量削减达到 13.2%（表 5-8）。

表 5-8　示范区雨天面源污染削减情况

面源污染分级	分布面积（km^2）	平均 COD 计算值（mg/L）	年雨天面源污染负荷总量（t）	面源污染负荷削减量（t）
A	25.78	50	2 490.83	—
B	33.08	200	12 783.70	—
C	45.68	550	48 535.87	—
D	5.80	950	10 642.72	9 791.30
合计	110.34	—	74 453.11	—

5.3.3　小结

本示范任务为建成要求雨水利用技术示范区 1 个，茅洲河流域宝安片区雨水净化与利用示范区面积不低于 100km^2；示范区内雨天入河污染负荷总量削减不少于 10%。依据示范依托工程合同及示范应用证明，建成茅洲河流域宝安片区雨水净化与利用示范区，面积达到 110km^2；经第三方监测数据分析，示范工程实施后，雨季入河污染负荷总量较示范前平均削减达 66.9%；城市雨天面源污染总量削减不少于 13.2%。可促进城市黑臭水体的全面消除，对于城市雨水净化与利用具有良好的技术推广和应用示范意义。

第 6 章　海绵校园雨水利用设施识别与雨水资源利用技术示范

以深圳南方科技大学校园作为示范区，进行雨水利用措施全过程调控的技术示范，以雨水蓄存、提高水质、削减径流、就地利用为核心指标进行多维效益识别及稳健定量评价，提出海绵校园雨水资源利用策略。

6.1　示范背景与总体思路

6.1.1　研究背景

我国第七次人口普查公报显示，人口城镇化率已达到 63.89%，并且仍处于持续增长的阶段。与之相对应的城市化进程，使得很多城区原有的水体、植被面积不断减少，产生了诸多城市环境问题，如雨水调蓄能力降低、城市内涝易发、水体污染、城市热岛效应等，同时雨水径流系数的增加加重了城市生态缺水问题（Li et al., 2018；Zhang et al., 2018）。针对以上问题，我国实施了海绵城市建设计划，基于绿色基础设施和低影响开发理念，通过措施改善城市雨水的渗透、滞留、储存、净化、利用和排放功能，以恢复城市的水调节能力和水循环过程（Nguyen et al., 2019；Mei et al., 2018；Liu et al., 2022）。

绿色基础设施是一系列具有自然生态系统和开放空间功能的区域（Palmer et al., 2018），它可以维持和改善空气与水的质量，并为人类和野生动物提供多种益处（Palmer et al., 2018；Hashad et al., 2021；栾博等，2017）。绿色基础设施相关概念初步形成于 20 世纪 60 年代，发展至今已经将人居环境、生态保护和绿色技术三大方面融合在了一起，是具有重要生态系统服务功能的一类基础设施（Benton-Short et al., 2019）。作为城市生态系统的重要组成部分（Venkataramanan et al., 2019），绿色基础设施为城市提供绿色空间，并有利于居民的身心健康（Zhang J et al., 2021；Dai X et al., 2021）。此外，绿色基础设施可以减轻城市洪水威胁和城市热岛效应（Zhang Z et al., 2021；Ouyang et al., 2021；Bartesaghi-Koc et al., 2020；Wu et al., 2019），并促进城市的可持续发展。此外，蓝色基础设施是指地表的各类水体，对于水生生态和区域气温调节至关重要（张炜和刘晓明，2019；翟俊，2012）；而灰色基础设施是指与市政基础设施相关的各类钢筋混凝土构筑物，在城市交通、市政排水等方面发挥重要作用（Tavakol-Davani et al.，2016）。

自 2015 年首批海绵城市建设试点名单公布以来，城市中的众多小流域已经分布各类蓝-绿-灰基础设施。但目前的研究尚未对各类基础设施进行详细的分类识别和制图，尚未对各类基础设施的渗透、滞留、储存、净化、利用和排放能力进行详细的量化分析。那么如何快速识别这些蓝-绿-灰基础设施并进行制图？各类基础设施在雨水的渗、滞、蓄、用和排等方面的特性如何？进而如何在小流域上进行雨水利用各方面的模拟并对基础设施进行优化改进？这些成为亟须回答的问题。

对蓝-绿-灰基础设施分类识别的研究，是从基础设施的角度对城市地表实现完全的分类，可以识别出绿色屋顶等重要的基础设施类型，并进行快速制图。此识别结果是海绵城市各类设施合理规划和管理的基础，有助于城市区域的可持续发展。而弄清楚雨水在不同蓝-绿-灰基础设施中的渗、滞、蓄、用和排等方面的量与降雨量之间的关系，尤其是蓄、用和排等方面的特性，将有助于实现雨水资源在流域尺度上的配置模拟。将蓝-绿-灰基础设施的识别分布图与其雨水利用特性相结合，可以精准模拟城市流域的雨水管理效果和综合利用效率，找到雨水资源在时间和空间上的供需矛盾，进一步优化基础设施的规划和建设，提高对雨水资源的利用能力，为海绵城市建设的决策和管理提供参考。

因此，本书利用多光谱无人机影像尝试进行蓝-绿-灰基础设施的识别和制图，并针对不同绿色基础设施设计水文水资源监测方案，最终构建以南方科技大学为案例的城市小流域蓝-绿-灰基础设施识别及雨水利用特性分析体系，进一步对小流域雨水利用情况进行模拟，针对部分基础设施提出改进建议。

6.1.2 研究目标与思路

随着城市化进程的加快，城市下垫面的硬化导致城市内涝问题越来越严重，其本质上是雨水资源的时空错置。近些年来，各类新型城市基础设施（如透水路面、绿色屋顶等）被用来减少雨水径流，但多年的建设过后，仍有一些问题不甚清晰：如何快速识别这些蓝-绿-灰基础设施并进行制图；各类基础设施在雨水的渗、滞、蓄、用和排等方面的特性如何；如何在小流域上进行雨水利用各方面的模拟并对基础设施进行优化改进等。

为了解答以上问题，确定了以下三个研究目标。

1）利用多光谱无人机进行城市蓝-绿-灰基础设施分类识别，并制作基础设施分布图。

2）通过不同基础设施的实地监测数据，对各类基础设施的雨水渗、滞、蓄、用和排等方面的特性进行量化分析。

3）基于蓝–绿–灰基础设施分类图和雨水利用特性量化关系，在城市小流域内进行各基础设施的雨水利用模拟和评价，并对基础设施提出优化建议。

为了实现以上目标，需要通过实地调查获取研究区内的基础设施类型信息，进而基于无人机飞行实验获取地面的遥感数据，进行蓝–绿–灰基础设施的识别和分类。同时，对各类基础设施设计水文气象监测方案，获取实测的降雨、土壤入渗、产流等相关的数据，并通过文献调研对不能通过监测获取的参数进行补充，以此定量分析各基础设施在雨水利用各方面与降雨量之间的关系。最后，利用模拟分析法，进行小流域雨水利用各部分的模拟演算，并基于供需关系给出优化建议。研究思路见图 6-1。

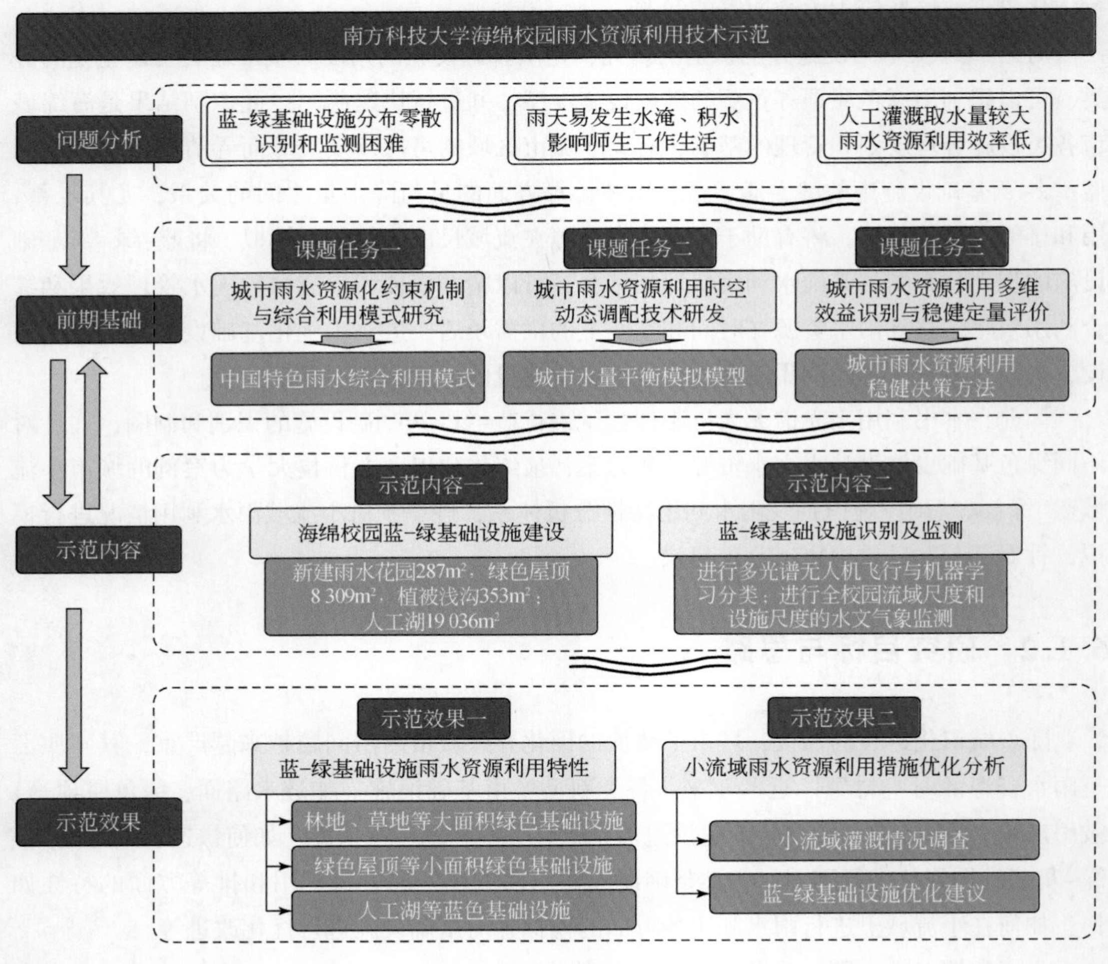

图 6-1 研究思路

6.2 海绵校园示范内容

6.2.1 蓝-绿基础设施建设情况

南方科技大学开展了校园二期和三期工程建设工作，新建海绵校园绿色基础设施有 4 处，其中，雨水花园 1 处，位于二期学生宿舍，面积约为 287m^2；绿色屋顶 2 处，面积共约 8309m^2；植被浅沟 1 处，面积约 353m^2。新建人工雨水蓄积湖 2 处，面积共约 19 036m^2，如图 6-2 所示。

图 6-2 示范区新建蓝-绿基础设施

此外，南方科技大学校园分布有大面积的其他绿色基础设施，如林木、草地和裸地；蓝色基础设施，如水体；灰色基础设施，如建筑和道路。蓝-绿-灰基础设施建造时间均在 10 年之内（大多数为 2017 年后建设），相辅相成，共同构成南方科技大学海绵校园，相关基础设施如图 6-3 所示。

6.2.2 蓝-绿-灰基础设施识别

为方便对示范区蓝-绿-灰基础设施进行精准识别，研究其雨水资源控制和利用性能，使用大疆精灵 4 多光谱版（DJI P4M）无人机获取地表影像。该无人机在三轴云台上内置

图 6-3　示范区蓝-绿-灰基础设施

了稳定成像系统，集成了带有全局快门的 1 个 RGB 相机和 5 个波段的多光谱相机，覆盖蓝色（B，450nm±16nm）、绿色（G，560nm±16nm）、红色（R，650nm±16nm）、红边（RE，730nm±16nm）、近红外（NIR，840nm±26nm）等波段，单个相机拍摄的照片均为 200 万像素。该无人机可利用卫星及地面基站进行定位，能记录精确的位置信息，可用于后处理运动学（PPK）合成影像。

飞行任务在天气状况良好（一般是晴天）和风速低于 4 级（风速<6m/s）时执行。视天气状况，每隔 2～4 周进行一次全校园影像获取。由于无人机的电池容量有限，飞行方案将研究区域划分为 9 个子区域来执行飞行任务。每个子区域任务参数设置为航向重叠率 70%，旁向重叠率 65%，拍照间隔 2s，在 DJI GS PRO 软件中通过调整主航线角度值，生成航线数最少的飞行路线。每次任务都是在相邻两天的 11：00 至 13：30 进行的，每天净飞行时间约 90min，可以从 4100 个拍摄点获得全校园约 24 600 张照片。任务完成后使用 DJI Terra（3.0 版）和正射影像校正算法合成图像，生成 RGB 正射影像、5 个波段的光谱影像、数字地表模型（digital surface model，DSM）和归一化植被指数（normalized difference vegetation index，NDVI）图等（图 6-4）。在获取的影像图中，DSM 的分辨率为 0.114m，其他影像的分辨率为 0.057m。

研究比较了 6 种广泛使用的机器学习算法：模糊分类（fuzzy classifier，FC）、*k* 最近邻（*k*-nearest neighbor，KNN）、贝叶斯（Bayes）、分类和回归树（classification and regression tree，CART）、支持向量机（support vector machine，SVM）和随机森林（random forest，

RF)，各算法的描述及优缺点如表 6-1 所示。

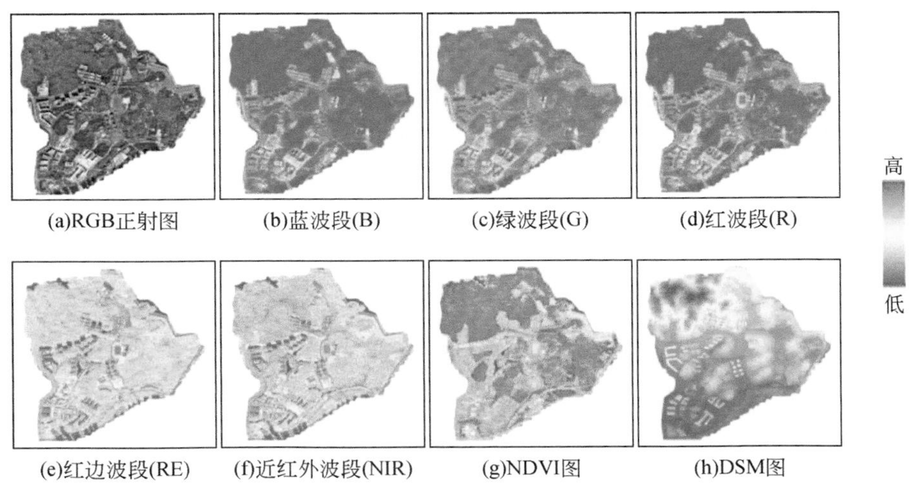

(a)RGB正射图 (b)蓝波段(B) (c)绿波段(G) (d)红波段(R)

(e)红边波段(RE) (f)近红外波段(NIR) (g)NDVI图 (h)DSM图

图 6-4 无人机获取的影像图

表 6-1 六种机器学习算法

算法	理论	优点	缺点
模糊分类（FC）	基于特征空间建立类的隶属度函数，并通过其隶属度值预测对象的类	广泛性，较准确；准确度稳定	难以解释；计算量大
k 最近邻（KNN）	根据目标对象在特征空间中的 k 个最邻近训练样本的类别来分类	训练速度快；训练集较大时的效果好；对异常值不敏感	计算机内存需求高；预测阶段缓慢
贝叶斯（Bayes）	运用贝叶斯定理和强独立性假设来预测一个对象的类别	稳定的分类效率；需要训练数据量少	假设分布独立；需要计算先验概率
分类和回归树（CART）	通过一系列决策树将数据分成不同的子组	白盒；容易解释；可以处理更多的特征	容易过拟合；不稳定
支持向量机（SVM）	将样本映射为特征空间中的点，利用决策平面对空间进行分割，然后根据空间属性对新对象进行分类	能解决小样本问题；能解决高维复杂问题	很难训练大量样本；难解决多分类问题
随机森林（RF）	用随机选择的训练样本子集或特征空间生成的二叉树来构建决策树	能处理有噪声、高维和不平衡的数据集；高并行处理能力	不适用于少量数据或低维数据；容易过拟合

南方科技大学基础设施的多样性很高，参考欧盟对绿色基础设施的分类，将校园的蓝-绿-灰基础设施分为水体、林木、草地、绿色屋顶、裸地、建筑（无植被）和道路。制作这 7 类基础设施的样本进行机器学习算法的模型训练和验证分析。使用 ArcMap 10.6 对输入的影像进行预处理，并通过目视解译制作样本文件用于训练和验证。为了保证样本的随机性和可重复性，本书采用了等距抽样方法——棋盘网格格点采样方法［图 6-5（a）］，使样本在研究区内均匀分布。为了避免两类样本的重叠，验证网格通过移动训练网格得到［图 6-5（b）］。

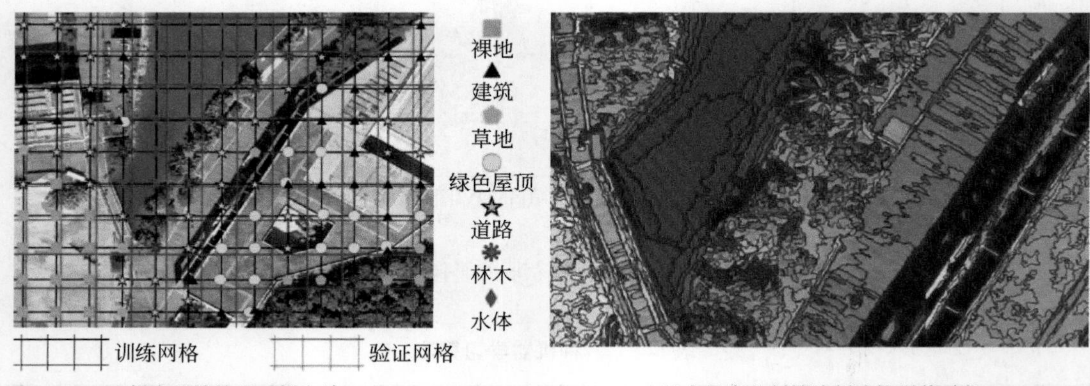

(a)棋盘网格格点采样方法　　(b)多尺度分割算法创建的形状对象

图 6-5　样本制作与形状对象分割示意图

为了达到分类识别准确度和效率之间的平衡，本书在校园的中心部分（称为核心区域，图 6-6 中的 10 号区），将基于不同采样间隔的样本［例如，2.9m（对应 50 个像素）、5.8m、8.7m、11.6m、14.5m 和 17.4m］产生的分类识别结果进行比较，并对其分类识别准确度进行评估，确定最佳采样间隔。

使用 5 个常用的指标来评估分类识别准确度，即生产者精度、用户精度、不同类别的平均精度、卡帕系数（kappa）和总体精度（overall accuracy，OA）。生产者精度是一个类中正确分类的形状对象的数量与验证样本中此类形状对象的数量之比，而用户精度是一个类中正确分类的形状对象的数量与分类结果中此类形状对象的数量之比。平均精度是生产者精度和用户精度的平均值。卡帕系数（kappa）则使用整个误差矩阵的信息来评估分类准确度，计算公式如下：

$$\text{kappa} = \frac{N \times \sum_{i=1}^{k} n_{ii} - \sum_{i=1}^{k} (n_{i+} \times n_{+i})}{N^2 - \sum_{i=1}^{k} (n_{i+} \times n_{+i})} \tag{6-1}$$

图 6-6 子区域划分示意图

红色子区域是用随机数生成器随机选择的测试区

式中，N 为形状对象总数；k 为该分类的类数；n_{ii}为第 i 类中正确分类的形状对象数；n_{i+}为结果中第 i 类的形状对象数；n_{+i}为验证样本中第 i 类的形状对象数。

总体精度（OA）是所有样本形状对象中正确分类的比，OA 值越大，分类效果越好。OA 计算公式如下：

$$\mathrm{OA} = \frac{\sum_{i=1}^{k} n_{ii}}{N} \tag{6-2}$$

通过比较 kappa 和 OA 的值，可以得到最优的机器学习算法。为了检验最优算法的稳定性，本书使用随机数生成器从研究区域的 17 个子区域中选取 5 个子区域及核心区域（图 6-6）进行准确度比较。

图 6-7 为 6 种算法在核心区域的分类识别结果，训练样本和验证样本的采样间隔均为 11.6m。kappa 与 OA 具有相同的排序结果，因此本书以 kappa 作为代表性指标进行分析。

总体来看，随机森林算法在核心区域表现最好，kappa 值为 0.807，说明了该算法在处理高维数据方面的优势。另外两种较好的分类识别算法分别为模糊分类和贝叶斯分类，

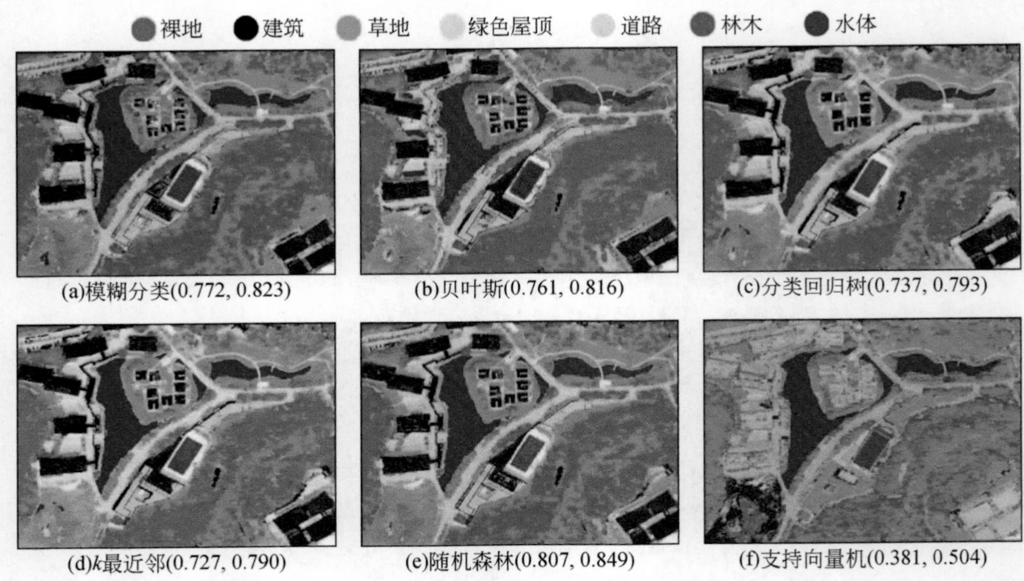

(a)模糊分类(0.772, 0.823)　(b)贝叶斯(0.761, 0.816)　(c)分类回归树(0.737, 0.793)

(d)k最近邻(0.727, 0.790)　(e)随机森林(0.807, 0.849)　(f)支持向量机(0.381, 0.504)

图 6-7　不同机器学习算法的基础设施分类识别结果及其 kappa 和 OA 值

它们的 kappa 值相近，分别为 0.772 和 0.761。分类回归树和 k 最近邻算法的分类识别结果略差。而支持向量机算法的分类识别结果最差，kappa 值仅为 0.381。支持向量机算法表现差的主要原因是其在处理大样本和多类问题时存在困难。

本书采用效果最优的随机森林算法进行稳定性验证，选择的子区域分别为 3 号区、5 号区、13 号区、14 号区、17 号区和 10 号区（核心区域）。各类基础设施分类识别结果图、kappa 和 OA 值如表 6-2 所示。其中 5 个子区域的 kappa 值和 6 个子区域的 OA 值都大于 0.8，反映了十分优秀的分类识别表现。

表 6-2　不同子区域的基础设施分类识别准确度评估

子区域	面积（m^2）	平均精度							kappa 值	OA 值
		绿色屋顶	草地	林木	裸地	建筑	道路	水体		
3 号区	117 258	—	0.633	0.928	0.487	0.875	0.458	—	0.592	0.867
5 号区	127 549	—	0.770	0.919	0.680	0.862	0.935	—	0.827	0.884
10 号区	126 857	0.617	0.714	0.883	0.897	0.921	0.894	0.974	0.807	0.849
13 号区	126 330	0.690	0.811	0.897	0.438	0.895	0.911	0.742	0.821	0.867
14 号区	111 530	—	0.871	0.886	0.000	0.891	0.914	0.668	0.835	0.881
17 号区	118 552	0.833	0.924	0.944	0.000	0.964	0.954	0.732	0.919	0.940

经统计分析，整个校园红线内面积为 1 964 384m²，其中建筑为 199 683. 9m²，道路为 374 264. 4m²，林木为 784 539. 7m²，草地为 513 374. 5m²，绿色屋顶为 22 472. 9m²，裸地为 34 289. 2m²，水体为 35 759. 4m²。绿色基础设施（林木、草地、绿色屋顶和裸地）占比约 69. 0%，灰色基础设施（建筑和道路）占比约为 29. 2%，蓝色基础设施（水体）占比约为 1. 8%，如图 6-8 所示。

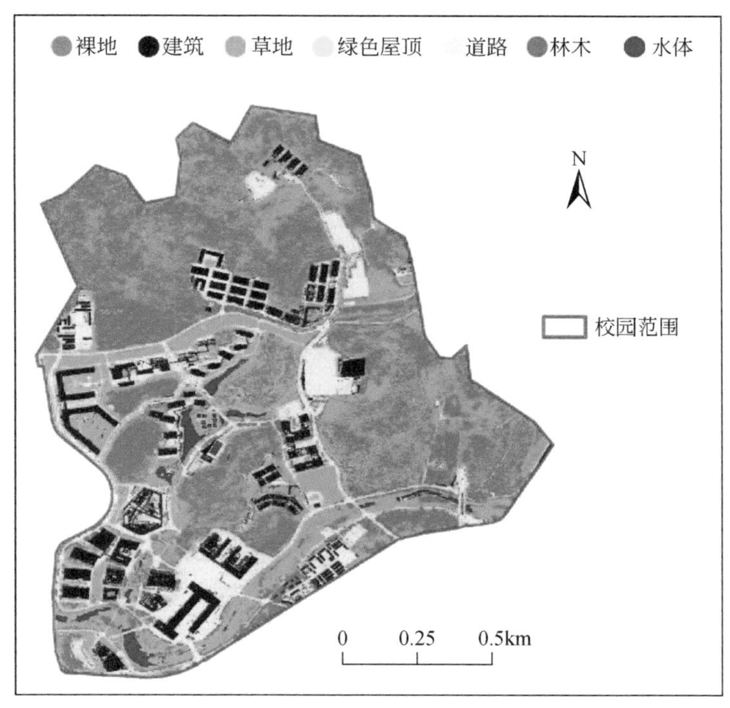

图 6-8　示范区蓝-绿-灰基础设施分类结果

6. 2. 3　海绵校园气象水文监测

1. 小流域尺度监测

研究水文相关的特性时，一般要进行设施及流域尺度的监测。为此，利用无人机获取的 DSM 数据，基于水动力学原理使用 ArcGIS 软件进行地表汇流模拟，划分出微小的子流域及水流走向，进而结合校园地下管网分布图，从主要出水口溯流而上，确定小流域的范围及面积（图 6-9），最终测定小流域的面积为 293 336m²。

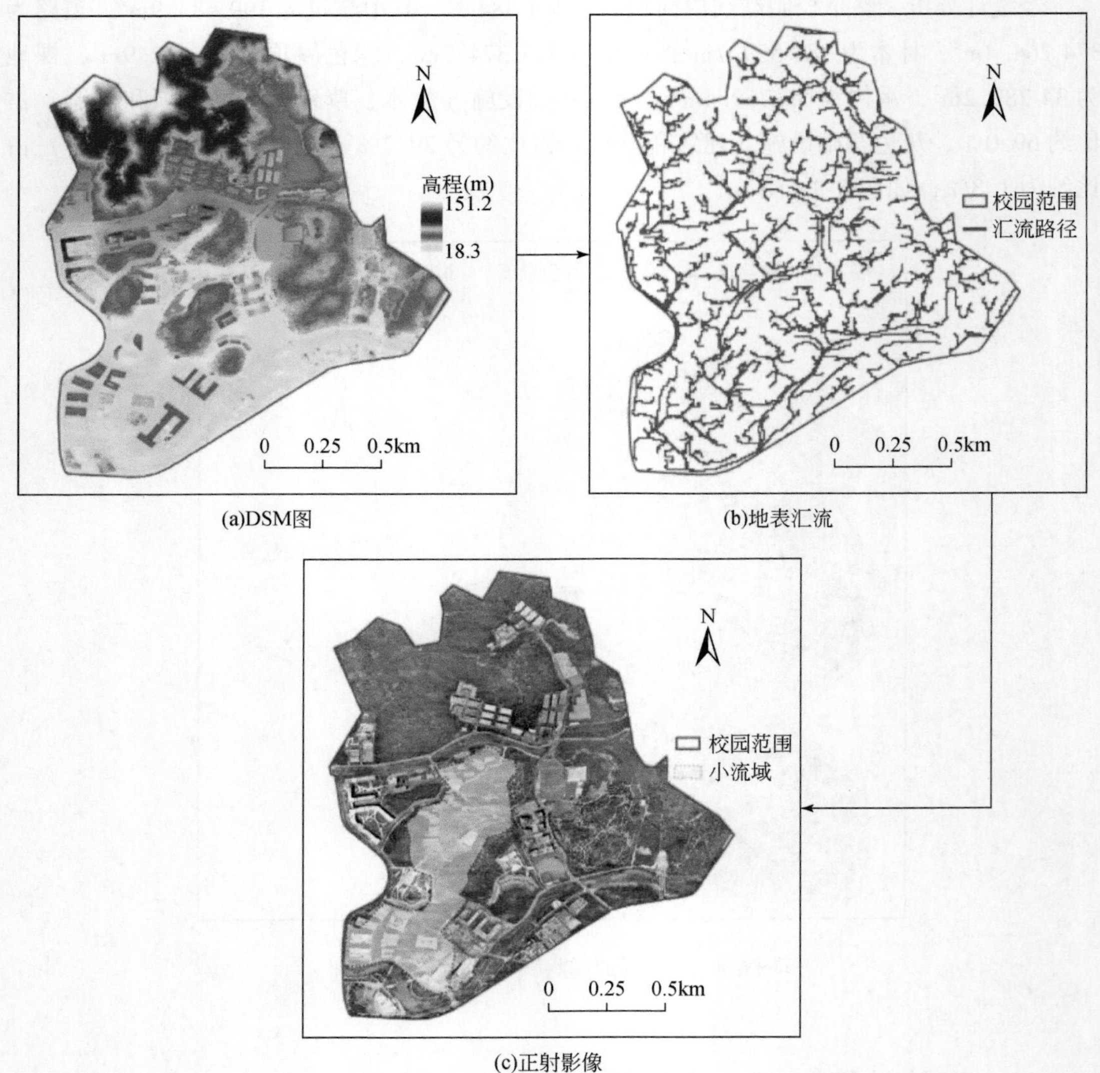

(a)DSM图

(b)地表汇流

(c)正射影像

图 6-9 小流域范围确定过程及所需材料

为识别各种基础设施的雨水资源利用效果，本书进行了设施及流域尺度的监测，其中流域尺度包括降雨、气温、风速、太阳总辐射、土壤湿度、林木穿透雨、树干汇流雨、湖体水位、设施及流域排水量在内的一整套监测方案。按照示范区设施改造及建设的相关规章制度，经过与管理工作人员的沟通，最终方案确定的点位布置图及监测数据见图 6-10 和表 6-3。

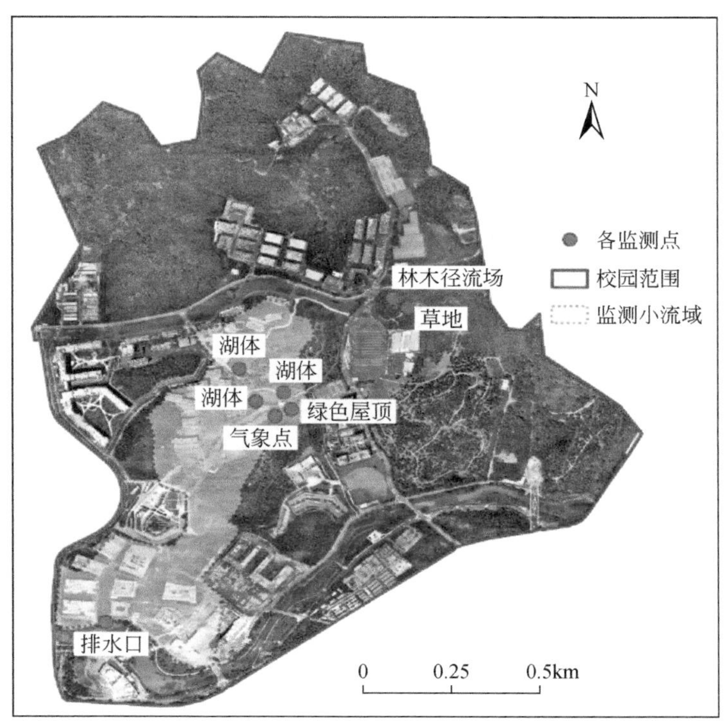

图 6-10　校园水文和气象监测点布置图

表 6-3　示范区监测点位及监测数据汇总表

监测点位	水文数据	气象数据
林木径流场	树干汇流雨量 5 处	—
	林木穿透雨量 8 处	
	10cm、20cm、40cm 土壤湿度、温度、电导率 3 处	
	出水口水位、流量、水箱滞留水量	
草地	蒸渗桶的重量	降雨量
	下渗水量	
	10cm、20cm、40cm 土壤湿度、温度、电导率	
绿色屋顶	20cm 土壤湿度、温度、电导率 3 处	—
	排水量	
气象点	—	降雨量
		2m 处气温、风速、风向、空气相对湿度
		太阳总辐射、紫外指数
湖体	水温、水压 3 处	气压
排水口	水位、水量	—

在校园小流域的下游，有一个主排水口将校园小流域的地表水排入大沙河（图6-11）。在有降雨时，排水口的出水量较大，无法使用流量计直接测量。为了获取排水口流量数据，本书参考水利部发布的《水工建筑物与堰槽测流规范》（SL 537—2011），构建一个规则的矩形测流堰，利用此规范中矩形薄壁堰流量计算公式获取流量数据。

图 6-11　排水口监测布置图

在获取以上监测数据后，需要找到各个设施对应海绵设施功能中的渗、滞、蓄、用和排五部分的表征指标及计算方法。其中渗（土壤入渗）和排（产汇流）是分布式水文模型中常涉及的两个物理量，与之相关的介质导水系数、饱和含水率、持水率等物理参数及超渗产流、蓄满产流等物理过程是模拟中要考虑的内容。但本书不涉及场次降雨过程模拟等分析，目标是研究各设施的渗、滞、蓄、用和排各部分的能力与降雨量之间的关系，并构建概念性模型，因此使用实测水文数据来率定各项数学参数即可，不需要对繁多的物理参数进行一一测定。基于文献调研，产流量与降雨量之间存在幂指数关系；入渗量与降雨量之间存在对数关系。与此相似的函数形式将成为本书在拟合关系时重点考虑的形式。

2. 设施尺度监测

（1）绿色屋顶

绿色屋顶的雨水利用特性与其土层厚度、植被类型、土壤类型等因素有关。经过实地调查，研究区的绿色屋顶植被通常为单一草种，土层厚度约为 30cm，仅有少数为低矮灌木和观赏花卉，且分布较为零星，面积占比很小。因此本书选择了一块位于建筑边缘的绿色屋顶，面积为 $85m^2$。与其他的绿色屋顶进行隔离施工，避免其他地块汇水流入监测区，形成一个独立的水文区域。监测方案在土壤 20cm 深度处安装了土壤水分、温度和导电率三参数传感器，并在下排水口处设置双翻斗流量计（图 6-12）。绿色屋顶处的降雨使用与其位置相近的气象点降雨数据。

图 6-12　绿色屋顶监测布置图

绿色屋顶的降雨去向主要分为表层蓄滞、蒸散发、土壤入渗和排水四部分，分别对应蓄滞、用、渗和排等功能。表层蓄滞主要为植被冠层的附着作用，此处蓄和滞无法明确区分，因此在数据分析中合并处理。表层蓄滞的计算需要先寻找土壤水分有上升响应所对应的最小降雨量阈值，即为冠层地表截流量，当降雨量小于此阈值时，无入渗和产流排水，此时降雨去向仅为表层蓄滞和雨后蒸散发。当降雨量大于此阈值时，表层蓄滞量将达到最大值，此时将产生土壤入渗。当降雨继续增大至产流阈值时，绿色屋顶开始形成汇流排水。土壤入渗水量的计算由降雨前 1 小时及降雨后第 6 小时的土壤水分均值之差，乘以绿色屋顶土壤体积获得，进而除以绿色屋顶的面积，统一转化为毫米单位的数据，方便各部分之间进行比较分析。总排水量由降雨开始到降雨结束后第 6 小时之间的排水量加和获得，进而除以绿色屋顶的面积，统一转化为毫米单位的数据。估算的蒸散发数据用于确定表层蓄滞水量中转化为蒸散发量的比例。相关数据及分析用途见表 6-4。

表 6-4　绿色屋顶选用数据及分析用途表

选用数据	分析指标	对应功能
降雨量（气象点）	场次降雨总量；土壤入渗响应阈值	—
土壤水分均值	土壤入渗响应阈值；场次入渗水量	蓄滞；渗
排水量	场次排水量	排
蒸散发量（计算）	场次蒸散发量	用

（2）林木径流场

校园内林木种类较多，本书选择了面积最大的荔枝林作为监测对象。通过施工做土壤隔断，建立一个 100m^2 的较为独立的林木径流场。根据监测方案，在林木径流场的上、中、下三部分各设置一个土壤水分监测点，并在每个点的 10cm、20cm 和 40cm 深度安装土壤水分、温度和导电率三参数传感器。由于林木的冠层较高，且对雨水有截留作用，本书在冠层下方设置了 8 套穿透雨雨量计，分别对应径流场的 8 个方位。此外，林木的枝干可以产生汇流水，本书在所有林木的根部设置了汇流水流量计。径流场坡地底部设置了排水箱，用于测量总的汇流排水量。林木径流场各部分的监测布置见图 6-13。

图 6-13　林木径流场监测布置图

林木径流场的降雨去向主要分为表层蓄滞（冠层蓄水和地表滞水）、蒸散发、土壤入渗和排水四部分，分别对应蓄滞、用、渗和排等功能。表层蓄滞的计算需要寻找林木穿透雨有响应所对应的最小降雨阈值，以及土壤水分有上升响应所对应的最小降雨量阈值。当降雨量小于土壤入渗响应阈值时，无入渗和产流排水，此时降雨去向仅为表层蓄滞和雨后蒸散发。当降雨量大于此阈值时，表层蓄滞量将达到最大值，此时将产生土壤入渗。随着降雨量继续增大，达到林木产流阈值后，将产生汇流排水。土壤入渗水量的计算由降雨前 1 小时及降雨后第 6 小时土壤各深度的水分均值之差，乘以对应深度土层体积获得，进而除以径流场的面积，统一转化为毫米单位的数据，方便各部分之间进行比较分析。总排水量由降雨开始到降雨结束后第 6 小时之间的排水量加和获得，进而除以径流场的面积，统一转化为毫米单位的数据。估算的蒸散发数据用于确定表层蓄滞水量中转化为蒸散发量的比例。相关数据及分析用途见表 6-5。

表 6-5　林木径流场选用数据及分析用途表

选用数据	分析指标	对应功能
降雨量（草地）	场次降雨总量；穿透雨响应阈值；土壤入渗响应阈值	—
土壤各深度水分均值	土壤入渗响应阈值；场次入渗水量	蓄滞；渗
排水量	场次排水量	排
蒸散发量（计算）	场次蒸散发量	用

(3) 草地

校园内草地种类较为单一，大多数为人工种植草地，在校园管理允许的范围内选择了山丘顶部一块较为平坦的人工养护草地作为监测对象。通过挖掘深坑，将一个带有称重功能的蒸渗金属桶置入土壤中，然后通过回填土壤及草皮将表层还原。金属桶的内径为0.49m，监测面积为0.1886m^2。本书在金属桶的10cm、20cm和40cm深度安装土壤水分、温度和导电率三参数传感器，并在桶底部安装流量计测量下渗水量。由于校园景观维护的要求，未能进行地表汇流的收集和测量。称重数据可用质量平衡法来估算草地蒸散发的能力，但后期实践发现受灌溉及称重设备不稳定的影响，其估算值远远大于实际值。因此本书选择用气象参数计算的实际蒸散发估算值来替代分析。草地监测布置见图6-14。

图6-14　草地监测布置图

草地的降雨去向主要分为表层蓄滞、蒸散发、土壤入渗和排水四部分，分别对应蓄滞、用、渗和排等功能，其中排水量的计算是用场次总降雨量减去其他各部分水量所得，其他各部分的计算方法同绿色屋顶一致，相关数据及分析用途见表6-6。

表6-6　草地选用数据及分析用途表

选用数据	分析指标	对应功能
降雨量	场次降雨总量；土壤入渗响应阈值	—
土壤各深度水分均值	土壤入渗响应阈值；场次入渗水量	蓄滞；渗
下渗水量	场次下渗水量	渗
蒸散发量（计算）	场次蒸散发量	用
排水量（其他各部分差值）	场次排水量	排

(4) 人工湖

校园内主要有三个湖泊，且呈上下游连通的关系。使用无人机获取的校园影像描绘出湖泊范围的矢量文件，将其转换为投影坐标后获取三个监测的湖泊的面积：湖泊 1 为 3935m^2，湖泊 2 为 7532m^2，湖泊 3 为 2496m^2（图 6-15）。在每个湖泊具有垂直立面的岸边，挂设了温度、压力计，并在水面上方增设了一个气压计，每小时记录一次数据。定期读取数据后，利用差值计算出水压，并根据地面参考点海拔高度确定每个湖面的海拔高度。湖面高度的波动差值和面积数据相结合，得到湖泊储水量的变化值。

图 6-15　湖体监测布置图

6.3　示 范 效 果

6.3.1　雨水利用情况示范效果

示范区的钻井结果表明，各类基础设施与地下水层无交互关系。根据蓝-绿-灰基础设施分类识别结果，结合前述各类基础设施雨水利用特性的监测和分析结果，对各类基础设施的雨水利用特性进行分析，以得到各类基础设施的蓄滞（表层蓄滞量）、渗（土壤入渗量）、用（蒸散发量）和排（排水量）等各部分的能力。计算每场降雨中各类基础设施的蓄滞、渗、用和排水量，进而得到各类基础设施季度、年度雨水利用结果，以及小流域的场次降雨和季度、年度模拟结果。

对监测区进行了长达一年半的监测，并选取了 2021 年的完整数据进行分析。深圳市 2021 年降雨量为 1823mm，而监测区两处雨量计的年降雨均值为 1881mm（图 6-16）。深圳市年降雨量是基于不同气象站点的数据计算的均值，与监测区数据相比，虽然个别月份的值有一定差异，但总体的波动趋势是一致的，考虑不同区域的空间异质性，可认为本监测设备获得的降雨量数据是可靠的。

深圳的降雨一般是集中在 4 ~ 9 月，但 2021 年 4 月降雨很少，而在 10 月降雨场次仅 5 次，降雨量却几乎达到全年最大量，这是异常和极端天气的体现。从全年数据来看，1 ~ 4 月及 11 ~ 12 月降雨量和降雨场次均较低，属于旱季；5 ~ 10 月属于雨季，其中 6 ~ 8 月降雨量和降雨场次双高，是雨水资源最为丰富的时间段，而 10 月由于降雨过于集中、强度过大，大部分雨水会形成径流外排，不利于雨水资源的利用。

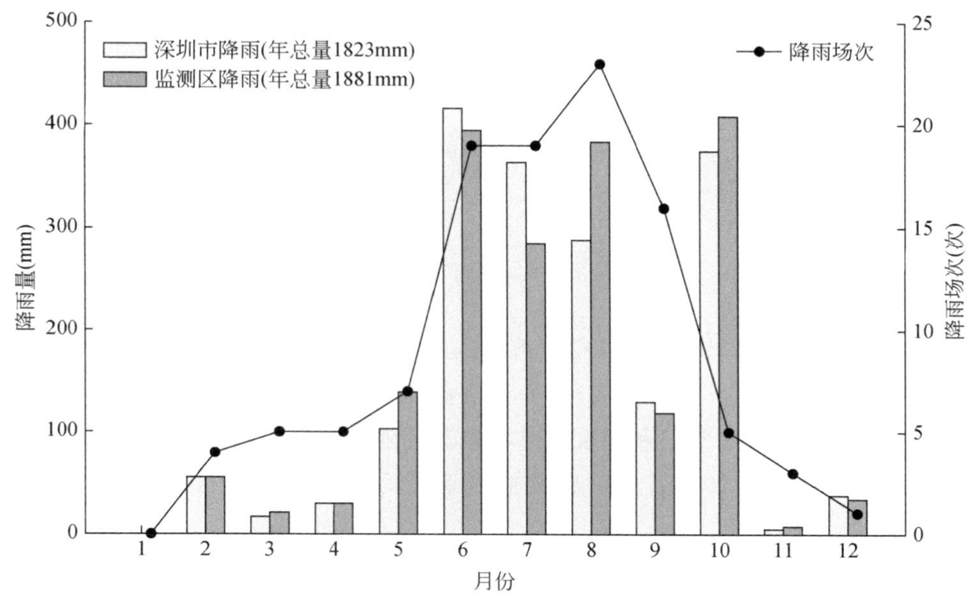

图 6-16　2021 年深圳市与监测小流域降雨对比

以降雨间隔时间大于 6 小时为准对监测区全年的降雨进行场次划分，并根据《中华人民共和国气象行业标准（QX/T 489—2019）：降雨过程等级》，参考单站 24 小时降雨量等级划分标准（表 6-7），对每一场次降雨划分了降雨等级。结果显示，全年共发生 107 次降雨，其中小雨频次为 73 次，频次占比近 70%，未发生特大暴雨等级的降雨（图 6-17）。

表 6-7　单站 24 小时降雨量等级划分标准表

等级	24 小时降雨量（mm）
小雨	0.1 ~ 9.9
中雨	10.0 ~ 24.9
大雨	25.0 ~ 49.9
暴雨	50.0 ~ 99.9
大暴雨	100.0 ~ 249.9
特大暴雨	≥250.0

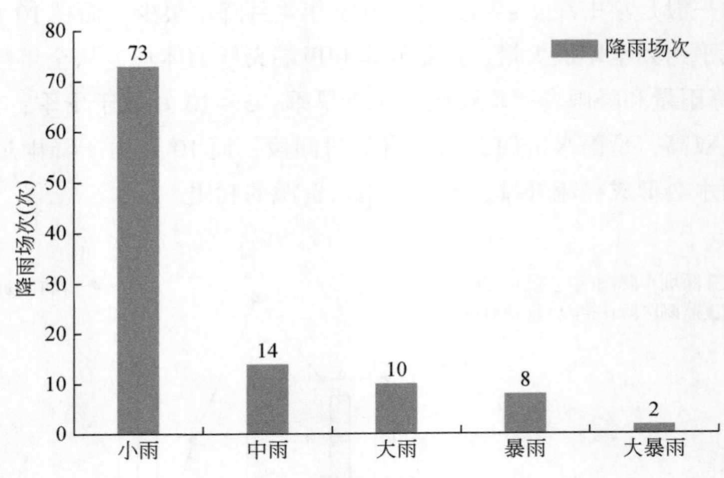

图 6-17　不同降雨等级频次图

根据校园分类识别结果，可以获得小流域内各类基础设施的面积，具体数据见表 6-8。参考各类基础设施的地表反射率（表 6-9）及各类基础设施在小流域的面积比，得到小流域的平均地表反射率为 0.185。利用反射率数据及其他实测气象数据，按照小时实际蒸散发改良算法，对小流域整体及各类基础设施的蒸散发量进行了年度演算，时间分辨率为 1 小时。

表 6-8　小流域不同基础设施面积表

项目	建筑	道路	林木	草地	绿色屋顶	裸地	水体	总计
面积（m^2）	53 343.5	75 002.1	71 747.2	67 985.9	5 976.7	1 389.9	17 890.7	293 336
比例（%）	18.2	25.6	24.4	23.2	2.0	0.5	6.1	100

表 6-9　不同基础设施的地表反射率

项目	混凝土	沥青	林木	草地	裸地	天然水
地表反射率	0.220	0.075	0.150	0.200	0.175	0.080

结果显示，2021 年小流域估算年蒸散发量为 1274mm，接近于深圳市 2021 年平均蒸散发量 1307mm（图 6-18），具有较高的可信度。在月度分布上，估算结果在雨季月份（如 5 ~ 9 月）的蒸散发量明显高于旱季（如 1 ~ 3 月和 11 ~ 12 月）。

（1）林地

根据降雨量和有无穿透雨来寻找林木的穿透雨响应阈值。分析结果显示，当降雨量小于 0.7mm 时，基本无林间穿透雨，可认为林木穿透雨阈值为 0.7mm。此时所有雨量暂存

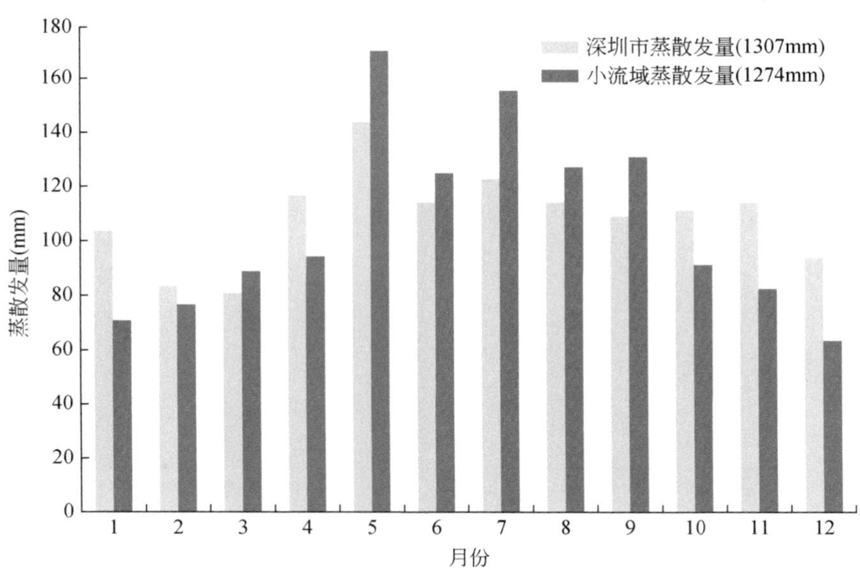

图 6-18　深圳市与监测小流域蒸散发量对比

于树冠层，最终表现为表层蓄滞量和蒸散发量。根据降雨量和土壤水有无增加来寻找林木的土壤入渗响应阈值。分析结果显示，当降雨量小于 2.5mm 时，土壤水无增加，此时无土壤入渗及产流，降雨量最终表现为表层蓄滞量和蒸散发量。根据降雨量和有无排水来寻找林木的产流阈值。分析结果显示，当降雨量小于 7.5mm 时无排水。此时林木无产流，降雨量最终表现为表层蓄滞量、蒸散发量和土壤入渗量。

将 2021 年全年的场次降雨数据作为驱动数据，利用降雨量与各部分之间的关系，对每场降雨计算其蒸散发量、表面蓄滞量、土壤入渗量和排水量。全年的演算数据按照小雨、中雨、大雨、暴雨和大暴雨（未监测到特大暴雨）统计雨水利用各部分的值及所占比例（图 6-19）。

结果表明，蒸散发量所占的比例随着降雨等级的增大而逐渐减小，小雨等级时最大比例为 36.7%，暴雨等级时最小比例为 5.9%。表层蓄滞量所占的比例随着降雨等级的增大而逐渐减小，小雨等级时最大比例为 13.4%，在大暴雨等级时比例最小为 2.1%；这是由于雨量增大后，表层滞蓄能力已经饱和，更多的水进入土壤及排出，使得所占比例逐渐降低。土壤入渗的比例随着降雨等级的增大，先升高后降低，小雨等级时的比例最小为 49.6%，大雨等级时比例最大为 78.3%；这是由于林木土壤蓄水能力较大，雨量增加后更多的雨水渗入土壤，而在暴雨和大暴雨等级时逐渐超过其入渗能力从而产生较多的排水，使得所占比例有所减少。排水量所占的比例随着降雨等级的增大逐渐增加，小雨等级时的最小比例为 0.2%，大暴雨等级时最小比例为 20.1%；随着降雨量的增加，表层蓄滞量逐

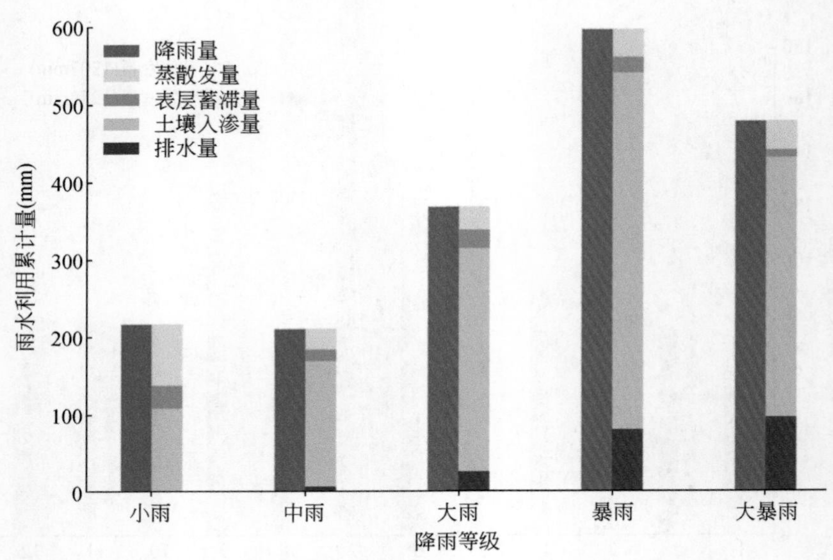

图 6-19　不同降雨等级下林木雨水利用各部分累计量分布图

渐达到饱和，土壤入渗能力也逐渐下降，因此排水比例逐渐增加。

把全年的演算数据按照春季（3～5 月）、夏季（6～8 月）、秋季（9～11 月）、冬季（1 月、2 月和 12 月）和全年进行划分和统计，得到雨水利用各部分的值及所占比例（图 6-20）。

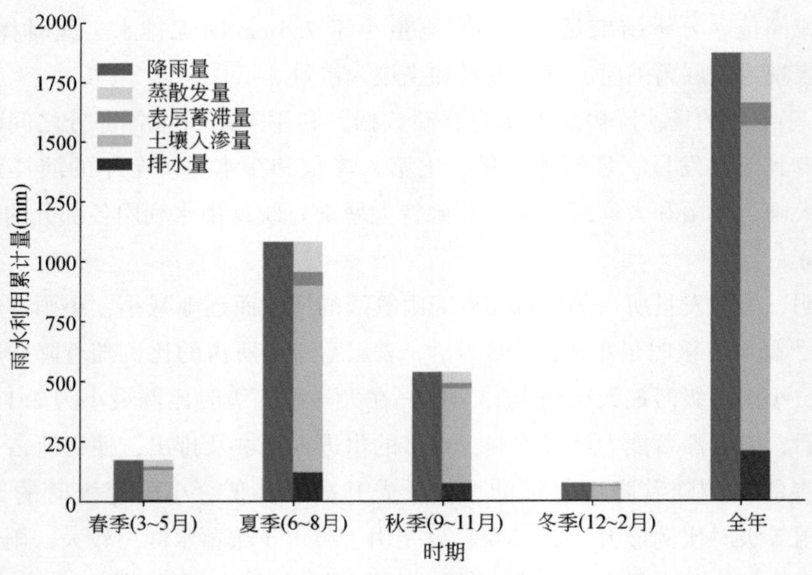

图 6-20　不同时期林木雨水利用各部分累计量分布图

结果表明，蒸散发量所占的比例春季最高，为 15.6%，秋季最低，仅为 8.6%。这是由于春季场次降雨量较小，蒸散发的比例比较大，而秋季的场次降雨量很大，雨水入渗和排出比例较大。表层蓄滞所占的比例春季最高，为 8%，秋季最低，为 4.2%，原因与蒸散发一致。土壤入渗的比例在各个季节相差不多，都达到了 70% 以上，充分体现出林木在减少地表径流方面的巨大能力。排水量所占的比例秋季最高，为 14%，其次是夏季，为 11.2%，而春季和冬季分别为 5.1% 和 6.6%，这是由于秋季的降雨量和降雨强度较大，导致排水比例上升。

（2）草地

草地的土壤入渗和产流响应阈值均为 1.7mm。同时，根据小时蒸散发量的统计值，草地的场均蒸散发量为 1.43mm，小于土壤入渗响应阈值，因此低于土壤入渗响应阈值的降雨为表层蓄滞和蒸散发所消耗，不发生土壤入渗及产流。当降雨量大于土壤入渗及产流阈值 1.7mm 后，会分为蒸散发量、地表蓄滞量、土壤入渗量和排水量四部分。蒸散发受气温、风速、太阳辐射等多种因素影响，无法与降雨量进行关系拟合，因此用差值法在最后计算。在部分区间，计算的土壤入渗水量与排水量之和大于降雨量，但其量相对于降雨量很小，因此可采用优先入渗的方法将两项之和降至降雨量之下。

将 2021 年全年的场次降雨数据作为驱动数据，利用降雨量与各部分之间的拟合关系，对每场降雨计算草地的蒸散发量、表面蓄滞量、土壤入渗量和排水量。全年的演算数据按照小雨、中雨、大雨、暴雨和大暴雨（未监测到特大暴雨）统计雨水利用各部分的累计值及所占比例（图 6-21）。

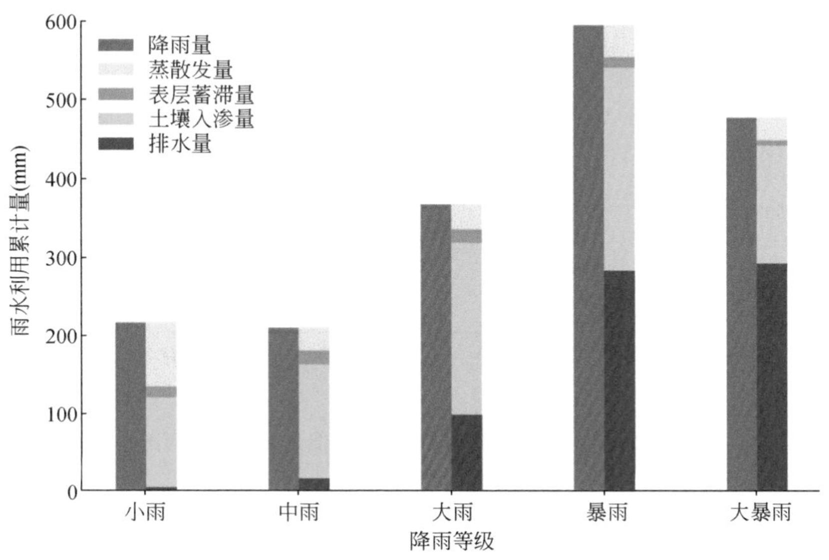

图 6-21　不同降雨等级下草地雨水利用各部分累计量分布图

结果表明，蒸散发量所占的比例随着降雨等级的增大而逐渐减小，小雨等级时最大比例为38%，大暴雨等级时最小比例为6.1%。表层蓄滞量所占的比例随着降雨等级的增大先增加后减小，中雨等级时最大比例为8.6%，在大暴雨等级时比例最小，为1.4%；这是由于小雨时表层蓄滞雨水的蒸发比例较大，而雨量增大后，表层能留存更多的雨水；但随着雨量继续增加，表层蓄滞能力饱和，土壤入渗和排水量占比增加迅速，使得表层蓄滞所占比例逐渐降低。土壤入渗的比例随着降雨等级的增大先增加后减小，中雨等级时比例最大，为69.9%，大暴雨等级时的比例最小，为31.4%；这是由于草地土壤蓄水能力较大，中雨雨量增加后更多的雨水渗入土壤，而在大雨、暴雨和大暴雨等级时逐渐超过其入渗能力，从而产生较多的排水，使得所占比例有所减少。排水量所占的比例随着降雨等级的增大逐渐增加，小雨等级时的最小比例为2.1%，大暴雨等级时最小比例为61.1%；随着降雨量的增加，表层蓄滞量逐渐达到饱和，土壤入渗能力也逐渐下降，因此排水比例逐渐增加。

把全年的演算数据按照春季（3~5月）、夏季（6~8月）、秋季（9~11月）、冬季（1月、2月和12月）和全年进行划分与统计，得到雨水利用各部分的累计量（图6-22）。

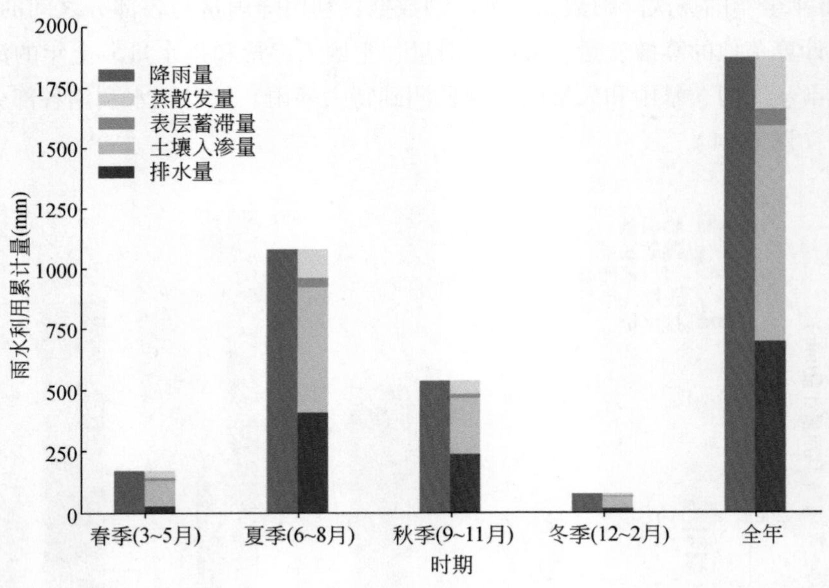

图6-22　不同时期草地雨水利用各部分累计量分布图

结果表明，蒸散发量所占的比例春季最高，为16.4%，秋季最低，为10.3%；这是由于春季场次降雨量较小，蒸散发的比例比较大，而秋季的场次降雨量很大，雨水入渗和排出比例较大。表层蓄滞所占的比例春季最高，为6.1%，秋季最低，为3%；原因与蒸散发一致。土壤入渗的比例在春季和冬季较高，分别为59.8%和58.2%，在夏季和秋季较低，分别为47.7%和42.3%；主要是因为夏季和秋季的场次雨量较大，场次入渗更容易达到饱和。排水量所占的比例秋季最高，为44.4%，其次是夏季，为37.5%，而春季和冬季分别是17.7%和24.6%；这是由于秋季的降雨量和降雨强度较大，导致排水比例上升。

本书使用了数值分析软件Origin计算降雨量与入渗水量和排水量的拟合数学关系，结果表明，降雨量小于土壤入渗响应阈值1.2mm时，绿色屋顶不发生土壤入渗及产流，此时降雨为表层蓄滞和蒸散发所消耗。当降雨大于土壤入渗响应阈值，小于产流阈值1.4mm时，大部分为表层蓄滞和蒸散发消耗，而超过土壤入渗阈值的部分为土壤入渗量（图6-23）。当降雨量大于产流阈值1.4mm后，会分为蒸散发量、表层蓄滞量、土壤入渗量和排水量四部分。蒸散发受气温、风速、太阳辐射等多种因素影响，无法与降雨量进行关系拟合，因此用差值法在最后计算。部分区间，计算的土壤入渗水量与排水量之和大于降雨量，但其量相对于降雨量很小，因此采用优先入渗的方法将两项之和降至降雨量之下。

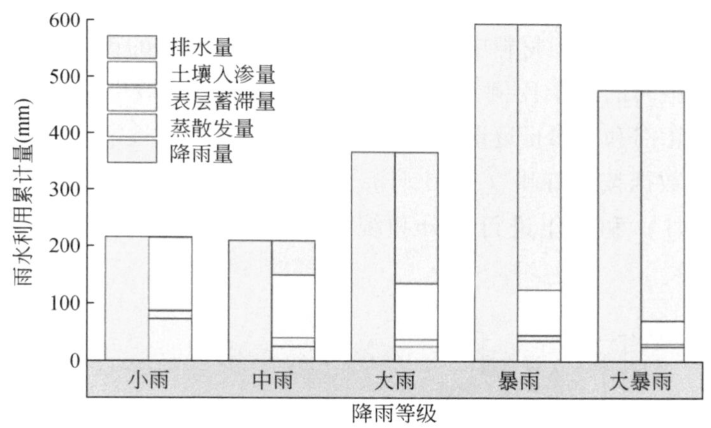

图6-23 不同降雨等级下绿色屋顶雨水利用各部分累计量分布图

使用同样方法对普通屋顶的雨水资源利用特性进行计算，建筑屋顶的产流阈值为1mm雨量，当降雨量超过此阈值后，超出部分有95%形成径流排出，余下雨量一部分为蒸散发消耗或蓄滞在屋顶材料中。此外，统计全年降雨场次对应的建筑屋顶蒸散发量后，得到的场均蒸散发能力为1.47mm，大于建筑屋顶的产流阈值。当降雨量小于产流阈值1mm时，所有降雨会蓄滞在屋顶表面，经后期蒸散发消耗掉。当降雨量大于产流阈值1mm时，会分为蒸散发量、表层蓄滞量和排水量三部分，如图6-24所示。

结果表明，蒸散发量所占的比例随着降雨等级的增大而逐渐减小，小雨等级时最大比例为30.5%，大暴雨等级时最小比例为4%。表层蓄滞量所占的比例随着降雨等级的增大而增加，小雨等级时最小比例为0，大雨到大暴雨等级的比例大于1%，这是由于小雨时

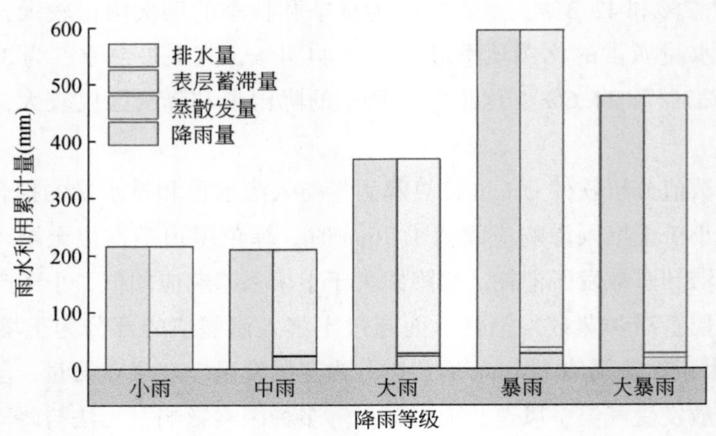

图 6-24　不同降雨等级下普通屋顶雨水利用各部分累计量分布图

表层蓄滞量较小，而蒸散发能力较强，表层水在雨后因蒸散发消耗掉；而雨量和持续时间的增加会使得渗入表层和屋顶材料中的雨水更多。排水量所占的比例随着降雨等级的增大逐渐增加，小雨等级时的最小比例为 69.5%，大暴雨等级时最小比例为 94.2%；随着降雨量的增加，表层蓄滞和入渗量逐渐达到饱和，因此排水比例逐渐增加。

把全年的演算数据按照春季（3～5 月）、夏季（6～8 月）、秋季（9～11 月）、冬季（1 月、2 月和 12 月）和全年进行划分和统计，得到雨水利用各部分的值及所占比例（图 6-25）。

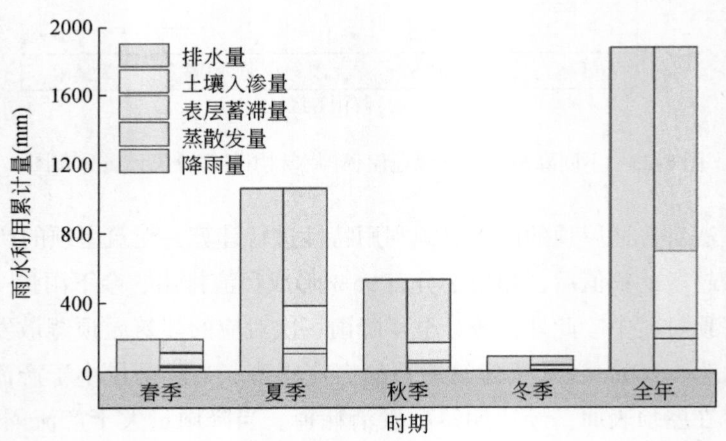

图 6-25　不同时期绿色屋顶雨水利用各部分累计量分布图

使用同样方法对普通屋顶的雨水资源利用特性进行计算，得到雨水利用各部分所占比例，如图 6-26 所示。

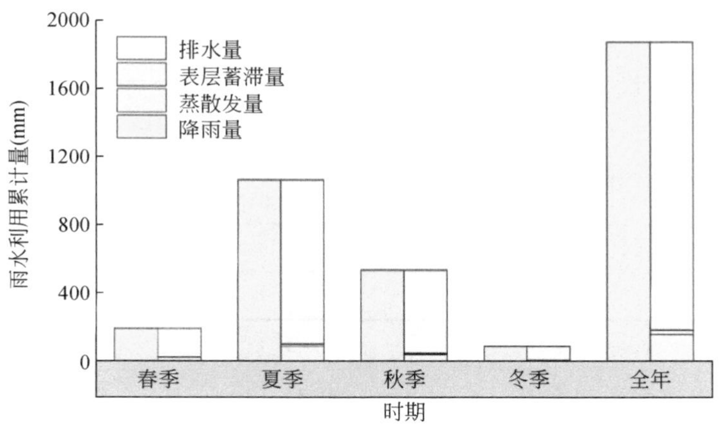

图 6-26　不同时期普通屋顶雨水利用各部分累计量分布图

结果表明，蒸散发量所占比例最高的为春季，达到 12.6%，秋季最低，为 7.5%。这是由于春季场次降雨量较小，蒸散发的比例会比较大，而秋季的场次降雨量很大，雨水排出量比例较大。表层蓄滞所占的比例在春季最低为 0.9%，其他季节的值十分接近，约为 1.4%；这是由于春季场次降雨量低，表层蓄滞量较小，雨停后被蒸散发消耗较多。排水量所占比例最高的为秋季，达到 91%，最低是春季 86.5%；这是由于秋季的降雨量和降雨强度较大，导致排水比例较高。

通过对比图 6-23 ~ 图 6-26 中的信息可知，绿色屋顶和普通屋顶相比，蒸散发和表层蓄滞比例较为接近，而绿色屋顶由于具有土壤基质增加了下渗，从而减少了排水量。从雨水资源利用潜力来讲，绿色屋顶收集到的雨水较少，但通过增加土壤下渗用于绿色植物生长，进而增加了植物蒸腾，增加了蒸散发，因此雨水资源被更多地转化为绿水资源。此外，绿色屋顶还具有诸多生态环境效益，如降低温度、调节小气候等。

依据水体情况调研结果，监测区湖泊无主动拦蓄功能，结合湖泊水位监测数据来看，降雨及其他设施排水进入湖泊后，除蒸散发消耗外，多余水量会全部排出。此外，统计全年降雨场次对应的水体蒸散发量后，得到场均蒸散发能力为 1.76mm。蒸散发受气温、风速、太阳辐射等多种因素影响，无法与降雨量进行关系拟合。因此，分析方法简化为：当降雨量大于场均蒸散发能力时，产生外排水。

按照上述参数利用 2021 年全年的场次降雨数据进行演算，按照小雨、中雨、大雨、暴雨和大暴雨（未监测到特大暴雨）统计雨水利用各部分所占比例（表 6-10）。

结果表明，蒸散发量所占的比例随着降雨等级的增大而逐渐减小，小雨等级时最大比例为 41.7%，大暴雨等级时最小比例为 4.4%。排水量所占的比例随着降雨等级的增大逐渐增加，小雨等级时的最小比例为 58.3%，大暴雨等级时最小比例为 95.6%。

表 6-10　不同降雨等级下水体雨水利用各部分所占比例表

降雨等级	降雨量（mm）	蒸散发比例（%）	排水量比例（%）
小雨	216.7	41.7	58.3
中雨	210.2	14.4	85.6
大雨	368.2	7.6	92.4
暴雨	596.7	5.3	94.7
大暴雨	478.5	4.4	95.6

把全年的演算数据按照春季（3～5 月）、夏季（6～8 月）、秋季（9～11 月）、冬季（1 月、2 月和 12 月）和全年进行划分和统计，得到雨水利用各部分所占比例（表 6-11）。

表 6-11　不同时期水体雨水利用各部分所占比例表

时期	降雨量（mm）	蒸散发比例（%）	排水量比例（%）
春季	190.3	17.0	83.0
夏季	1064.5	10.4	89.6
秋季	536.7	9.4	90.6
冬季	89.5	11.9	88.1
全年	1881.0	10.8	89.2

结果表明，蒸散发量所占的比例最高为春季 17%，秋季最低为 9.4%；这是由于春季场次降雨量较小，蒸散发的比例会比较大，而秋季的场次降雨量很大，更多的雨水被排出。排水量所占比例最高的为秋季，达到 90.6%，最低是春季，为 83%，规律与蒸散发的相反。人工调蓄湖的排水量可视为有利用潜力的雨水资源，可用于灌溉，增加示范区节水效益。

6.3.2　潜在雨水资源量示范效果

小流域中不同类型基础设施面积信息见表 6-12，由表 6-12 可知，小流域内面积占比最大的基础设施是道路，所占比例达到 25.57%，对应面积为 75 002.1m^2；林木和草地所占比例略低于道路，但也在 23% 以上；所占比例最小的基础设施是裸地，仅为 0.47%，对应面积为 1389.9m^2。

表 6-12　小流域内各类基础设施面积及比例表

基础设施类型	面积（m^2）	比例（%）
绿色屋顶	5 976.7	2.04
林木	71 747.2	24.46
草地	67 985.9	23.18
建筑	53 343.5	18.19
道路	75 002.1	25.57
水体	17 890.7	6.10
裸地	1 389.9	0.47
总计	293 336.0	100

小流域内 2021 年平均降雨量为 1881mm，根据 6.3 节中不同基础设施雨水利用各部分所占的比例可以得到不同基础设施全年雨水利用各部分的模拟量（表 6-13）。

表 6-13　不同基础设施年度雨水利用各部分模拟水量表

基础设施类型	降雨量（mm）	蒸散发（m^3）	表层蓄滞（m^3）	土壤入渗（m^3）	排水量（m^3）	总计（m^3）
绿色屋顶	1 881	1 139.4	336.6	2 713.5	7 052.6	11 242.2
林木	1 881	15 085.1	7 063.0	97 652.4	15 156.0	134 956.5
草地	1 881	14 595.2	4 789.8	61 029.8	47 466.7	127 881.5
建筑	1 881	8 445.5	1 372.6	—	90 521.0	100 339.1
道路	1 881	14 013.6	5 185.9	63 752.3	58 127.1	141 079.0
水体	1 881	3 624.5	—	—	30 027.9	33 652.4
裸地	1 881	259.4	171.5	463.7	1 719.8	2 614.4
总计	—	57 162.6	18 919.4	225 611.8	250 071.2	551 765.0

比较表 6-13 中雨水利用各部分模拟的总计量，本书发现蒸散发部分的量较小，不足 6 万 m^3；表层蓄滞量和土壤入渗量是在降雨场次内计算获得的，年度总计量超过 24 万 m^3，而这两部分水量会在无雨时期通过蒸散发逐渐消耗掉；以上三部分可视为年度雨水利用量，占全年降雨量的 54.68%；排水量（即潜在雨水资源量）是四部分中最大的，约为 25 万 m^3，约占全年降雨总量的 45.32%。

通过对比各基础设施的雨水利用情况，发现排水量最大的基础设施为建筑，达到 9 万 m^3 以上；其次为道路，排水量接近 6 万 m^3 左右；草地和水体的排水量也较为可观，分别为

5 万 m^3 和 3 万 m^3 左右。但草地的雨水排水不易于收集，建筑、道路、水体和绿色屋顶的排水更容易进行收集和利用。

通过统计小流域排水口的流量信息，发现其排水量为 245 856m^3，低于模拟结果的 250 071m^3；主要原因可能是本书对林木和草地的入渗容量存在低估，而且由于实际地形的影响，部分地表汇流会阻滞在低洼地带，实际上并未排出。

此外，分季节模拟了小流域雨水利用各部分的水量及建筑、道路、水体和绿色屋顶四类容易被收集利用的雨水排水总量（即易用水量，见表 6-14）。其中夏季的排水量最大，达到 14 万 m^3，但夏季降雨量大且较为频繁，利用雨水排水的积极性不足；秋季排水量也很可观，约 8 万 m^3；春季和冬季较少，分别为 1.7 万 m^3 和 1 万 m^3 左右。各季节的易用水量约为排水量的 70% ~75%，总量可观且可利用潜力较大。

表 6-14　不同季节雨水利用各部分模拟水量表

季节	降雨量（mm）	蒸散发（m^3）	表层蓄滞（m^3）	土壤入渗（m^3）	排水量（m^3）	总计（m^3）	易用水量（m^3）
春季	190.3	8 484.6	2 760.9	26 706.5	17 869.9	55 821.8	13 372.0
夏季	1 064.5	32 093.3	10 492.3	127 690.5	141 980.1	312 256.2	106 990.5
秋季	536.7	13 994.1	4 626.0	59 153.4	79 659.9	157 433.4	57 634.0
冬季	89.5	2 864.9	1 153.1	12 656.8	9 578.7	26 253.6	6 670.7

通过走访调查，获取了小流域内有灌溉的区域信息及其灌溉方式，将有灌溉的区域，分为水管人工灌溉、地面旋转喷头灌溉和屋顶旋转喷头灌溉三类（图 6-27），并统计了其面积信息。其中水管人工灌溉面积为 47 281m^2，地面旋转喷头灌溉面积为 47 771m^2，绿色屋顶旋转喷灌面积为 2804m^2。

本书对不同的灌溉方式进行了灌溉量调查（表 6-15 ~ 表 6-17）。由于旋转喷头的最大喷洒距离均为 7.5m，本书在距离喷头 0.5m、1m、2m、3m、4m、5m、6m 和 7m 处分别测量灌溉速率，最终计算平均灌溉量。灌溉调查结果为：水管人工灌溉单次灌溉量为 5.07mm，地面旋转喷头单次灌溉量为 19.77mm，绿色屋顶旋转喷头单次灌溉量为 10.89mm。

水管人工灌溉的调查是在不同日期、不同地点分别进行的测量，对人工灌溉区域的多样性所造成的灌溉差异更具有代表性。而单次测量结果与平均值之间的偏差在 20% 以内（表 6-15），说明此类灌溉量较为稳定。旋转喷头灌溉的区域地表差异性较小，因此灌溉测量是在不同日期的同一地点进行的，而单次偏差在 6% 以内（表 6-16 和表 6-17）说明此类灌溉量更为稳定。

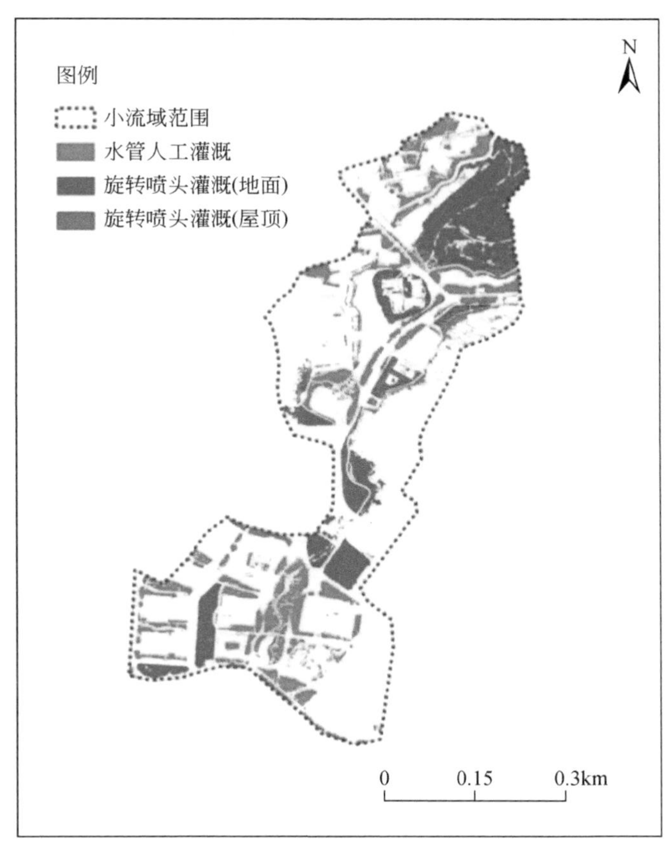

图 6-27　小流域内灌溉区域示意图

表 6-15　水管人工灌溉情况调查表

序号	测试时长（s）	测试水量（mL）	出水速率（L/s）	灌溉时长（s）	灌溉面积（m^2）	灌溉量（mm/次）	灌溉频率
1	10.30	1030	0.10	70	1.30	5.38	无雨时平均三天灌溉一次，有雨时不灌溉
2	3.37	920	0.27	284	19.00	4.08	
3	4.47	985	0.22	72	2.64	6.01	
4	1.67	830	0.50	60	6.21	4.80	
平均	—	—	—	—	—	5.07	

表 6-16　地面旋转喷头灌溉情况调查表

序号	距离喷头（m）	测试时长（min）	测试水量（mm）	圆环面积（m²）	平均小时灌溉量（mm）	灌溉信息及灌溉量（mm/次）
1	0.5	12	2.2	1.77	9.29	无雨时平均三天灌溉一次，有雨时不灌溉；每次时长约 2 小时
	1	12	2.4	5.30		
	2	12	1.5	12.57		
	3	12	1.2	18.85		
	4	12	1.2	25.13		
	5	12	1.4	31.42		
	6	12	2.4	37.70		
	7	12	2.4	43.98		
2	0.5	12	2.4	1.77	10.48	
	1	12	2.8	5.30		
	2	12	1.6	12.57		
	3	12	1.5	18.85		
	4	12	1.2	25.13		
	5	12	1.2	31.42		
	6	12	3.2	37.70		
	7	12	2.6	43.98		
平均	—	—	—	—	9.88	19.77

表 6-17　绿色屋顶旋转喷头灌溉情况调查表

序号	距离喷头（m）	测试时长（min）	测试水量（mm）	圆环面积（m²）	平均小时灌溉量（mm）	灌溉信息及灌溉量（mm/次）
1	0.5	13.54	2	1.77	8.95	无雨时平均三天灌溉一次，有雨时不灌溉；一般下午灌溉，时长约 1.2 小时
	1	12.44	2	5.30		
	2	12	1	12.57		
	3	12	0.8	18.85		
	4	12	0.4	25.13		
	5	12	1	31.42		
	6	12	2	37.70		
	7	12	3.6	43.98		
2	0.5	12	2	1.77	9.21	
	1	12	2.3	5.30		
	2	12	1.3	12.57		
	3	12	0.9	18.85		
	4	12	0.6	25.13		
	5	12	1.2	31.42		
	6	12	2.2	37.70		
	7	12	3.2	43.98		
平均	—	—	—	—	9.08	10.89

参照本节各类灌溉方式对应的灌溉面积及单次灌溉量，可以得到人工水管灌溉每次用水 239.71m^3，地面喷头灌溉每次用水 944.43m^3，绿色屋顶喷头灌溉每次用水 30.54m^3。本书依据全年的降雨数据，按照无降雨期间每三天灌溉一次进行计数，全年共需灌溉 77 次，其中春季 23 次，夏季 11 次，秋季 17 次，冬季 26 次（表 6-18）。结果表明，年度总灌溉用水量为 93 530.4m^3，其中地面喷头灌溉用水量最大，为 72 721.1m^3，占总灌溉量的 77.75%；而在季节对比中，冬季灌溉需水量最大，其次为春季和秋季，夏季灌溉需水量最小。

表 6-18　不同季节灌溉需水量

时期	灌溉次数（次）	水管人工灌溉量（m^3）	地面喷头灌溉量（m^3）	绿色屋顶喷头灌溉量（m^3）	总计（m^3）
春季	23	5 513.3	21 721.9	702.4	27 937.6
夏季	11	2 636.8	10 388.7	335.9	13 361.5
秋季	17	4 075.1	16 055.3	519.2	20 649.6
冬季	26	6 232.5	24 555.2	794.0	31 581.7
全年	77	18 457.7	72 721.1	2 351.6	93 530.4

小流域的年度灌溉总用水量（93 530.4m^3）加上年度场次降雨的蒸散发量、表层蓄滞量和土壤入渗量（三项总计 301 693.8m^3），平均在小流域总面积（293 336m^2）上为 1347mm 水深，与深圳市平均蒸散发量（1307mm）和本书的蒸散发估算方法得到的结果（127mm）较为接近，可见本书各部分的模拟具有可信度。

对比不同季节的潜在雨水资源量及需水量（表 6-19），表明雨水资源的供需具有较强的季节不平衡性，春季和冬季的易用水量相对于需水量较为匮乏，难以满足需求；而夏季和秋季的潜在雨水资源较为丰富，在有蓄存调度的情况下，理论上可以满足当季的用水需求。

表 6-19　小流域雨水供给量和需求量对比表　（单位：m^3）

时期	雨水量	排水量	易用水量	总需水量	供需差值
春季	55 821.8	17 869.9	13 372.0	27 937.6	−14 565.6
夏季	312 256.2	141 980.1	106 990.5	13 361.5	93 629.0
秋季	157 433.4	79 659.9	57 634.0	20 649.6	36 984.4
冬季	26 253.6	9 578.7	6 670.7	31 581.7	−24 911.0
全年	551 765.0	249 088.6	184 667.2	93 530.4	—

由于目前研究区内无主动蓄水措施，降雨形成的径流会在雨后完全排出，无法在无雨

时用于灌溉，形成雨水资源的浪费。基于此，本书提出两项基础设施改进措施。

(1) 湖泊出水口改造

湖泊出水口可采用自动升降式闸门，根据监测到的水位或降雨量变化，自动升降闸门高度，实现在降雨时提高闸门高度，增加湖体的储水量。雨后闸门可随着蒸散发及灌溉用水的消耗，缓慢降低高度。在下一次降雨到来时，再次根据水位或降雨量提高闸门高度，实现对雨水资源的动态蓄存，缓解雨水供需在时空上的矛盾。

闸门可提升的最大高度要依据湖体周边的地形、安全需要等设置，避免重要设施淹没、形成危险深水区等情况的发生。湖泊的总面积为 13 963m^2，假设闸门可调蓄的高度为 20cm，则单次最大蓄水量为 2792. 6m^2。利用 5. 1 节对全年所有场次降雨的模拟数据及单次最大蓄水量，本书计算了各场次可蓄存供后续使用的雨水量，并按季节进行了统计（表 6-20）。

表 6-20　湖泊调蓄水量利用情况表　　（单位：m^3）

时期	总需水量	调蓄可用量	实际利用量
春季	27 937. 6	10 521. 4	10 521. 4
夏季	13 361. 5	50 220. 3	13 361. 5
秋季	20 649. 6	19 987. 0	19 987. 0
冬季	31 581. 7	4 929. 5	4 929. 5
全年	93 530. 4	85 658. 2	48 799. 4

结果表明，夏季湖泊的调蓄量能够满足当季的灌溉用水需求，秋季的略有不足，而春季和冬季的调蓄供水量则仍然处于严重不足的状态。通过湖泊的调蓄功能，全年节约市政用水量 48 799. 4m^3。按照深圳自来水综合水价 3. 5 元/t 计算，可节约资金 17 万元。

(2) 建设蓝-绿屋顶

传统的绿色屋顶经常受到批评，因为在极端降雨事件中，它们的水缓冲能力有限，而且在没有灌溉的情况下，极易受到干旱的影响。因此，传统绿色屋顶在水资源利用方面甚至会有负价值。目前较好的解决方案是在植被土壤层下面创建一个蓝色储水层，在下雨时可以储存更多的雨水，并作为植被土壤层的水源，从而减少灌溉用水量。小流域的绿色屋顶总面积为 5976. 7m^2，假设蓝色储水层的深度为 20mm，则每场次最大可存储量为 119. 5m^3。此储存能力已经超过 2021 年绝大多数场次下绿色屋顶的排水量，年度总计可调蓄节水量约 1100m^3。此外，绿色屋顶与普通屋顶处于共存状态，因此适当提高蓝色储水层的深度，可将屋顶的排水调蓄入内，形成更高的雨水利用效益。

6.3.3 小结

本示范任务为建成要求雨水利用技术示范区 1 个，示范应用主要根据相关部门出具的应用证明和专家现场勘查为测评依据；建成以雨水为主要水源的人工湖 1 个，面积不小于 $100m^2$，雨水花园、绿色屋顶等海绵校园设施不少于 2 处，面积不低于 $200m^2$。示范工程为海绵校园建设和生态环境治理提供了高效、经济的环保技术支撑，具有重要的社会、经济和环境效益。

第7章 兰州特色产业园雨水资源利用技术示范

本书以兰州特色花卉基地为示范区，进行“雨面优化—集雨设施建设—水质净化—雨水利用”全过程雨水资源配置技术示范，建立城市特色产业园雨水高效利用示范区，形成资源型缺水城市兰州特色产业园雨水利用新模式。

7.1 示范背景与总体思路

在完成城市雨水利用的约束机制解析、城市雨水资源利用技术方案集、雨水资源利用时空动态调配模拟技术、多维效益识别及稳健性定量评价等基础上，本书选取兰州开展城市雨水资源利用技术示范，为资源型缺水城市提供雨水资源利用新模式，也为城市雨水资源利用新模式及效益评价新方法验证提供技术支持。

针对精细化水文模型需求，基于资源型缺水城市兰州特色花卉雨水养殖特点，围绕模拟模型参数确定、水质净化、精准调控等方面内容，采用理论分析、径流小区人工降雨试验、水处理室内试验、数值模拟等综合手段，以雨水资源高效利用为目标，统筹水量、水质、太阳能利用和水资源配置等需求，考虑花卉养殖特色产业雨水高效利用水质保障要求，运用自然净化、沉淀、过滤、消毒等处理措施，针对不同集雨系统水量水质，进行雨水利用技术示范，总体思路如图7-1所示。

针对不同类型集雨面及集雨材料，在水量、水质、运营维护保障适配性评价的基础上，集成水量水质重构、多目标协同等核心技术，研发“集雨面优化—集雨设施建设—污染控制”雨水资源收集技术并示范；考虑花卉养殖特色产业雨水高效利用水质保障要求，运用自然净化、沉淀、过滤、消毒等处理措施，针对不同集雨系统水量水质，采用多目标决策方法，研发区域“集雨面优化—集雨设施建设—污染控制—水质净化”雨水利用水质保障技术，建设雨水水质能力提升示范区。

根据任务书要求，在兰州创建特色花卉雨水养殖“集雨面优化—集雨设施建设—污染控制—水质净化—系统维护”雨水资源配置技术，建立城市特色产业园雨水资源利用示范区并进行技术示范。

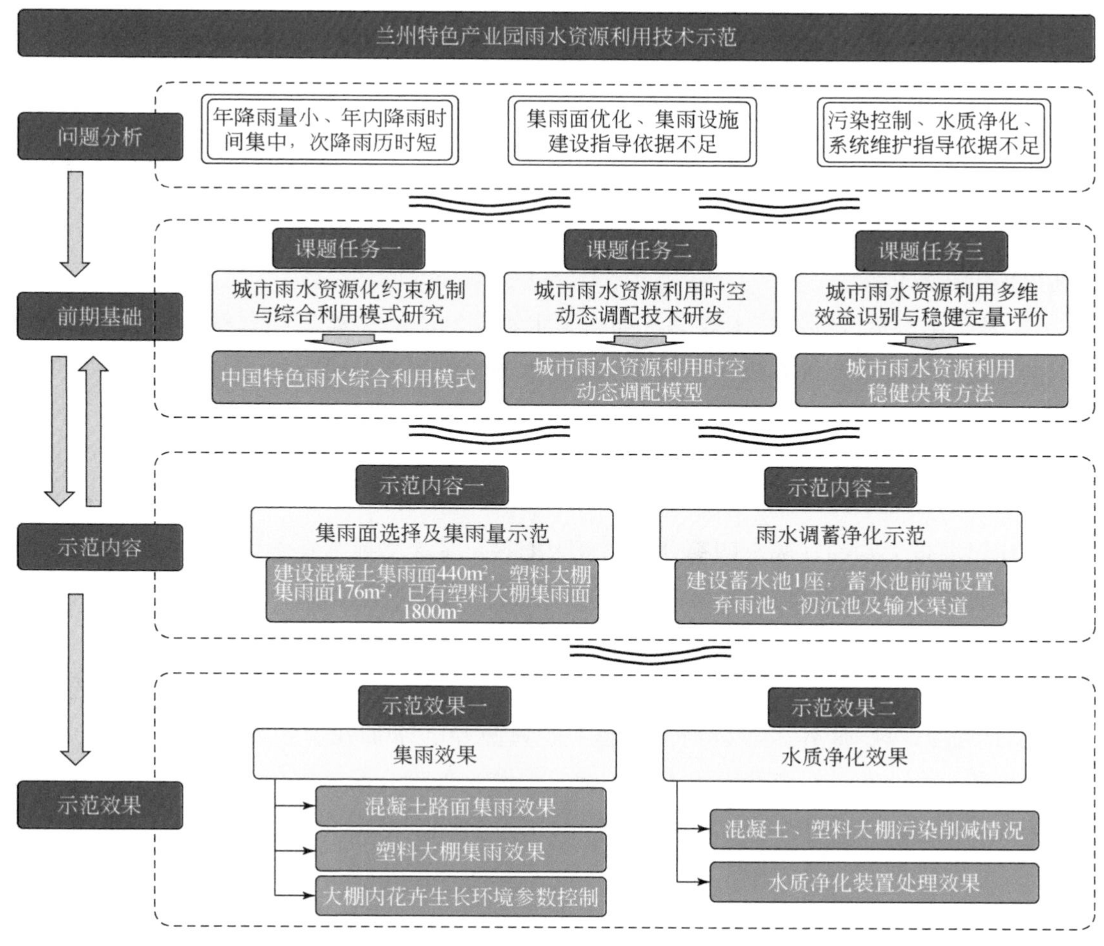

图 7-1　总体思路图

7.1.1　预期目标

基于雨水水量、水质、花卉生长环境特征参数三方面，针对兰州水量缺水型城市雨水利用精准模拟技术参数的确定，进行大棚花卉养殖示范区相关技术参数及方案的实施，主要目的及预期目标包括以下方面。

1）建成特色产业雨水高效利用示范区 1 个，兰州市大棚花卉养殖示范区面积不小于 $1500m^2$，大棚花卉养殖示范区黄河用水量削减 20%，并以雨水取代。示范应用主要根据相关部门出具的应用证明和专家现场勘查为测评依据。

2）基于人工模拟降雨径流试验结果，分析不同下垫面的径流特征参数，为兰州水量缺水型城市水文模型参数的确定提供数据支持。

3）基于人工模拟降雨径流试验结果，分析主要径流污染物输移特性，为兰州水量缺水型城市水质模型参数的确定提供数据支持。

4）基于降雨过程污染物总负荷及初期降雨径流污染负荷率，确定水质净化方案，优选参数，设计制作水质净化装置。

5）研发温室大棚智能控制软件平台，进行大棚环境参数监测，为花卉生长期水量合理利用提供技术依据。

6）基于雨水资源利用技术方案选择，雨水资源利用时空动态调配模拟技术，多维效益识别及稳健性定量评价方法，进行示范区雨水利用监测与效果评价。

7.1.2 兰州花卉养殖

兰州属温带大陆性气候，四季分明，夏无酷暑，冬无严寒，年平均气温在10.3℃，年平均日照时数为2446小时，年均降水量约327mm，无霜期为180d，从该地区的气候特点来看，大部分的植物都能在该地区种植，基本都能正常生长。

根据兰州的气候特点来说，适合种植的花卉种类较多，如兰花、君子兰、马蹄莲、仙人掌、绣球、月季、仙客来、波斯菊、蕙兰、月见草、水仙花、狼尾蕨、铁线蕨、蜈蚣草、鸟巢蕨、大丽花、海娜花、美人蕉，十三太保、看花石榴、梅花、珍珠梅、合欢、栾树、丁香、火炬树、蜀葵、四季秋海棠、鼠尾草、福禄考、紫叶酢浆草、二月兰、碧桃等。

近年来，兰州加快推进农业供给侧结构性改革，大力发展花卉产业，开拓花卉市场，建成了集花卉研发、培育、生产、加工、物流、技术培训、新品种示范推广、观光休闲旅游等为一体的数百万平方米的智能温室高端花卉基地。加上西北首个国际花卉拍卖交易中心投入运营，优质花卉源源不断外运，吸引了省内外无数游客慕名前往，花卉产业成了当地群众增收的特色产业。

7.1.3 示范点选取

特色产业雨水高效利用示范区设置在“甘肃省兰州小青山水土保持科技示范园”园区。园区土地总面积为73.85hm^2，土地利用以林地为主，林地面积为40.5hm^2，占总土地面积的54.84%；草地面积22.27hm^2，占总面积的30.16%；园地面积为2.0hm^2，占总面积的2.7%；耕地面积为2.55hm^2，占总面积的3.45%；建筑交通用地占地6.53hm^2，占总面积的8.84%。

1958 年以来，甘肃省水土保持科学研究所持续进行基础建设，先后建成科研观测试验区、水土保持措施技术示范区、生态游览观光示范园、优良水土保持苗木繁育基地、水土保持科普教育区等五大功能区，园区地处榆中县和平镇桃树坪。桃树坪距兰州主城区不到 5km，聚集着如兰州财经大学、兰州外语职业学院、兰州交通大学博文学院、兰州资源环境职业技术学院等高校。

《兰州市城市总体规划（2010—2020 年）》中明确指出，兰州主城区要继续东拓西扩，而其中作为兰州向东桥头堡和兰州东大门，和平镇是榆中与兰州市中心的重要纽带，被规划为兰州城市副中心的核心区域。和平镇发展潜力巨大，土地资源储备丰富，发展空间广阔。目前 312 国道提升改造计划中兰州至榆中的快速通道、城市轻轨等设施的已经完成，东岗立交桥项目改造工程完工，和平的交通优势进一步提升。

7.2　雨水资源利用示范内容

选择“甘肃省兰州小青山国家级水土保持科技示范园”园区（图 7-2）为研究区域，

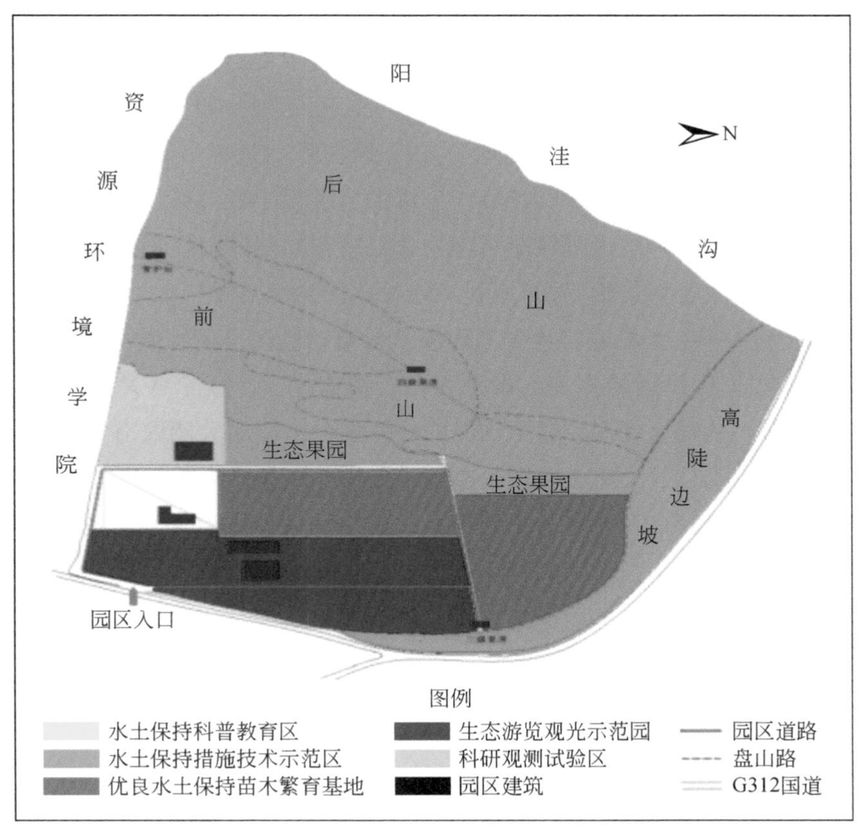

图 7-2　甘肃省兰州小青山国家级水土保持科技示范园功能区划分

针对不同类型集雨面及集雨材料，在水量、水质、运营维护保障适配性评价的基础上，以研发“集雨面优化—集雨设施建设—水质净化—雨水利用”全过程雨水资源配置技术并示范为目标；考虑花卉养殖特色产业雨水高效利用水质保障要求，运用自然净化、沉淀、过滤、消毒等处理措施，针对不同集雨系统水量水质，进行雨水利用技术示范。

为削减花卉养殖示范区（面积不小于1500m^2）黄河水用水量，并以雨水取代。从水量、水质、太阳能利用三方面进行相关内容的试验及工程示范。

（1）水量——确定不同下垫面的特征参数

通过双环下渗试验，确定的不同功能区稳定下渗率，基于蒸发特性试验，分析示范区黄土蒸发强度。针对八种下垫面（草地、75%杂草覆盖率的黄土、50%杂草覆盖率的黄土、0杂草覆盖率的黄土、夯实原土、水泥土、不透水砖和混凝土），六种雨强（0.41mm/min、0.71mm/min、0.92mm/min、1.20mm/min、1.54mm/min、1.89mm/min），进行降雨径流试验。分析不同下垫面的径流特性，分析雨强和下垫面类型对径流水量的影响。试验分析不同雨强、不同下垫面径流特征参数，确定不同下垫面径流系数，建立降雨—径流模型。

（2）水质——不同下垫面降雨径流污染物输移特性及浓度垂向变化

进行降雨径流试验的同时，分析不同下垫面的径流污染物输移特性，分析雨强和下垫面类型对水质的影响、污染物之间的相关性。径流污染物主要检测指标为COD_{Cr}、TN、TP、NH_3-N、浊度、SS、Fe、Mn和含沙量等；分析次降雨过程平均污染浓度（EMC）和径流污染物削减率等径流污染物输移特征；分析径流过程中各污染物间的相关性，基于径流污染物冲刷模型计算次降雨过程径流污染物总负荷和初期降雨径流污染物负荷率。基于一维数值模拟，分析主要污染物不同时间、不同深度的浓度变化。

（3）太阳能利用——大棚花卉生长期环境参数自动监测及用水量合理调配

基于MySQL数据库设计数据库，设计表格，搭建平台，显示各种指标数据。设计具备数据采集、存储、传输、处理、显示功能的软件平台。监测大棚内空气温湿度、光照强度、二氧化碳、土壤水分、土壤氮磷钾等参数，分析不同指标组合情况下对大棚花卉相对生长量的影响。基于过滤柱对雨水净化处理，通过检测缓释肥专用装置雨水中的N、P随时间的变化，确定缓释肥的释放率。

7.2.1 示范区雨水利用措施

（1）示范区试验内容

示范区试验包括以下五部分：①通过双环下渗试验，确定四个功能区（水土保持示范区、科研监测区、科普教育区、生态休闲区）稳定下渗率；②进行蒸发特性试验，确定试验区黄土蒸发强度；③针对不同植被覆盖率、不同下垫面，进行径流试验小区人工模拟降雨径流试验，确定不同雨强、不同下垫面的径流系数，分析不同下垫面典型污染物输移特性；④雨水径流水质净化试验，确定水质净化工艺及滤料；⑤自动监测不同时段温室大棚环境参数，为花卉不同生长阶段合理用水提供依据。

下渗试验在示范区——甘肃省水土保持科学研究所水土保持试验基地进行。针对四个功能区（水土保持示范区、科研监测区、科普教育区、生态休闲区），分别选取三个测点，采用双环法（图 7-3 和图 7-4）测定各点的下渗率过程线。试验历时 1 小时，开始每 5min 记录一次下渗量，共计六次，半小时后每 10min 记录一次下渗量。小环直径 25cm，断面面积为 490.9cm^2。针对四个功能区（水土保持示范区、科研监测区、科普教育区、生态休闲区），各区三个测点，双环法测定下渗率过程线。

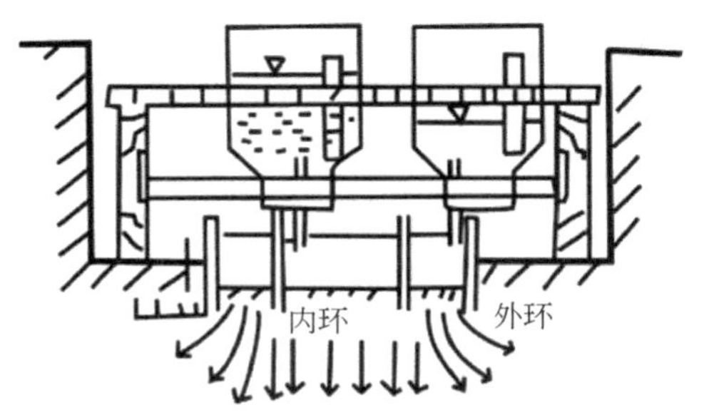

图 7-3 双环法下渗装置示意图

图 7-4 双环法试验

在示范区黄土蒸发特性试验中，将取回的土样称取适量置于为 38cm×29cm×3cm 的长方体铁盘中，放入恒温干燥箱中干燥失水（控温精度为 0.1℃）12h，然后粉碎、磨细，过 2mm 筛，配制不同初始含水量（15%、20%、25%）的土体试样，装入高 30cm、直径 8cm 的 PVC 管中（四周绝热，底端用保鲜膜封闭，顶端开敞，可使土样中的水分通过顶面蒸发），在试验室条件下做室外蒸发试验。

试验中一共配置了两组试样，每组试样包含重塑黄土样（表 7-1）和黄土、砂及有机

表 7-1 重塑黄土的配比

重塑黄土含水率（%）	干密度 ρ_d（g/cm^3）	黄土质量（g）	体积（cm^3）	水质量（g）
15	1.42	2141.31	1507.964	321.2
20	1.42	2141.31	1507.964	428.3
25	1.42	2141.31	1507.964	535.3

质拌和手中植土样（表7-2），其中一组为平行试验样，置于试验室外屋檐下。采用称质量法测定土体的蒸发量，用天平（精确至0.1g）每天定时称量不同含水量梯度的土样，通过与前一天的数据对比，计算出每天的蒸发量。

表7-2　种植土各成分配比

种植土含水率（%）	黄土干密度 ρ_d（g/cm³）	黄土质量（g）	黄土体积（cm³）	有机质体积（cm³）	砂体积（cm³）	水质量（g）
15	1.42	856.5	603.186	301.593	301.593	321.2
20	1.42	856.5	603.186	301.593	301.593	428.3
25	1.42	856.5	603.186	301.593	301.593	535.3

（2）人工模拟降雨试验方案

基于示范区下垫面类型，为便于和已有试验观测资料比较，下垫面确定为0杂草覆盖率（裸露）的黄土、50%杂草覆盖率的黄土、75%杂草覆盖率的黄土（原土）、草地、不透水砖、混凝土、夯实黄土、夯实水泥土（图7-5所示）。其中，天然透水性下垫面（杂草覆盖率0、50%、75%的黄土、草地）以粉土为主，含一定比例的细沙、极细砂。孔隙度为30%~60%。草地下垫面类型为四季青，根系深度为3~8cm，其他三种下垫面为苣荬菜和蒿草等常见杂草，根系深度为3~15cm，四种透水性下垫面的综合初始透水率大于0.55mm/min；夯实黄土下垫面的土质组成和级配与天然下垫面一致，但其压实度大于普通天然下垫面，压实度大于90%，综合透水率小于0.25mm/min；混凝土下垫面采用普通C20商品混凝土，敷设厚度为150mm，综合透水率小于0.10mm/min；不透水砖下垫面采用普通水泥砖，单块透水砖尺寸规格：长×宽×高=200mm×100mm×40mm，不透水砖的结构缝隙用细沙填充，宽度约10mm，故该下垫面约10%的部分属透水材质，综合透水率小于0.30mm/min；水泥土以试验现场的天然黄土与水泥（水泥占比为10%~15%），铺设厚度250mm，综合透水率小于0.20mm/min。

在人工模拟降雨装置方面，喷头决定雨滴形态、降雨均匀度等重要参数，常见人工模拟降雨喷头类型：一是下喷式，其喷水原理是具有一定压力的水流进入喷头后，推动喷头内部一个螺旋形的叶片转动，最后以一定角度自然喷出，散成雨滴下降；二是侧喷式，其喷水原理是利用压力水流向上射向啐流挡板，使水流导向一侧，在水的重力、空气阻力和射出水流的紊动性所引起的内力影响下，分散成雨滴下降。经比选，采用美国SPAYING SYSTEMS公司生产的FULL JET旋转下喷式喷头。

图 7-5　八种下垫面实景图

三个径流试验小区采用 1 套整体的降雨系统，水泵（流量 $Q=6\text{m}^3/\text{h}$，扬程 $H=30\text{m}$），喷头出口水头大于 20m，雨滴落地终点速度为 2～2.9mm/s。人工模拟降雨高度为 3m，雨滴直径为 1.0～6.0mm，符合通用模拟降雨雨滴标准。干管水平方向 125cm 处和 370cm 处各设有 3 个喷头，喷头分为 1#（喷嘴孔径为 1.0mm）、2#（喷嘴孔径为 3.2mm）、3#（喷嘴孔径为 6.0mm）三种规格。三种规格的喷头相互组合，雨强调节精度可以达到 0.12mm/min。通过改变喷头启动数量可以模拟小雨、中雨、大雨 3 种雨强。喷头的喷射角均与坡面垂直，喷头组叠加时可形成 0.3～2.1mm/min 连续变化的雨强。三种规格的喷头组合成一组，喷头组形成的降雨面积互相叠加，使下垫面上的雨强均匀一致。喷头工作压力范围均为 0.15～0.25MPa。在降雨高度设定为 3m 的情况下，3 种规格的喷头可以达到的降雨半径分别为：1#喷头的降雨半径范围为 2.0～2.5m；2#喷头的降雨半径范围为 2.5～3.0m；3#喷头的降雨半径范围为 3.0～3.5m。进水水质要求 pH：6.0～7.5，进水杂质颗粒直径小于 0.01mm。

径流试验小区划分：左区、中区和右区，试验区与集水槽衔接（图 7-6）。针对八种不同下垫面和三种雨强，采用正交试验方法确定试验方案：①下垫面分别为：0 杂草覆盖率（裸露）的黄土、50% 杂草覆盖率的黄土、75% 杂草覆盖率的黄土（原土）、草地、不透水砖、混凝土、夯实黄土、夯实水泥土；②雨强分别为：中雨、大雨、暴雨。

为测试径流试验小区雨强及均匀度，降雨开始半小时后每隔 10min 取一次，半小时后每隔 15min 取一次，一小时后每隔 30min 取一次，降雨历时为两小时（取样布点见图 7-7，试验雨强见表 7-3）。

图 7-6 径流试验小区划分

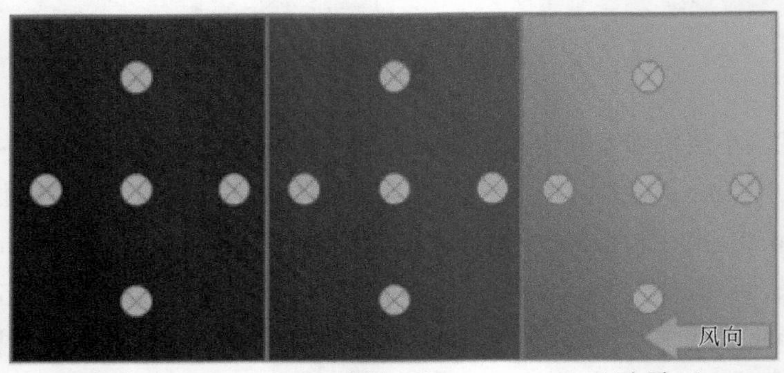

(a)左区，75%　　(b)中区，50%　　(c)右区，0

图 7-7 径流试验小区取样点布设

表 7-3 降雨均匀度试验雨强 （单位：mm/h）

小区	布点	第一次试验		第二次试验	
		点雨强	平均雨强	点雨强	平均雨强
左区	1	24.37	24.66	94.38	98.69
	2	25.09		74.07	
	3	31.06		117.08	
	4	27.24		130.23	
	5	15.53		77.66	
中区	1	34.65	34.03	57.35	77.66
	2	54.96		71.68	
	3	32.50		95.58	
	4	20.31		78.85	
	5	27.72		84.83	

续表

小区	布点	第一次试验		第二次试验	
		点雨强	平均雨强	点雨强	平均雨强
右区	1	43.01	42.87	44.21	56.87
	2	52.09		69.30	
	3	57.35		77.66	
	4	61.89		59.74	
	5	26.76		33.45	

3 个径流小区总面积 30m^2（1 个径流小区长×宽 = 5m×2m），设置 15 个雨量计，现场测试得到的降雨均匀度见表 7-4。由表 7-4 可知，该降雨装置的降雨均匀度符合天然降雨特征。

表 7-4　不同雨强下的降雨均匀度

项目	雨强（mm/min）					
	0.41	0.71	0.92	1.20	1.54	1.89
降雨均匀度	0.81	0.84	0.86	0.84	0.90	0.87

在参数分析方法中，主要测定参数包括：土壤容重、含水率、产流量、典型污染物浓度。土壤容重、土壤含水率测定位置有 6 个，均位于整个坡面的中部，共两层：上层距离坡表面 15cm，下层距离坡表面 35cm。每层有 3 个测试点，彼此间隔 200cm（图 7-8）。

图 7-8　土壤水分测定位置

本试验采用质量含水率测量方法（称重法），是用已知质量的环刀，对待测土壤取样，称重后减去环刀的质量即为土的质量。通过对该土壤进行烘干，将烘干后土壤质量减去初样土壤质量与烘干后的土壤质量相比，所得比值即为土壤含水率。在径流全过程中采用土壤水分仪（图7-9）进行土壤水分测定。不同降雨历时土壤水分测试时间见表7-5。同时，为便于和土壤水分仪测定结果比较，针对降雨径流试验小区，基于重量法，进行降雨前后土壤含水率测定（图7-10）。土壤容重计算式：

$$r_s = G \times 100/V \times (100 + W) r_s = G \times 100/V \times (100 + W) \tag{7-1}$$

式中，r_s 为土壤容重，g/cm³；G 为环刀内湿样重，g；V 为环刀容积，cm³；W 为样品含水量，%。

图7-9　土壤水分仪

表7-5　不同降雨历时土壤水分测试时间　（单位：min）

降雨历时	间隔时间
0，10，20，30	10
45，60	15
90，120	30

图7-10　土壤含水率测定

人工降雨径流试验小区构造、取样点布置如图7-11和图7-12所示。径流试验小区长5m，宽2m，面积均为10m²，整体坡度为10°，径流试验小区之间采用混凝土作为隔水墙。

试验场下垫面土层保持为天然状态，100cm 厚土层分 3 层，分别为：30cm、30cm 和 40cm，回填土壤类型为西北黄土高原地区典型土壤，从上到下依次为砂壤土、壤土和粉质黏土。在径流试验小区末端设置汇水槽用来收集径流雨水，由流量计量桶计算不同下垫面的径流强度，最后使用率定之后的流量关系曲线计算产流量。

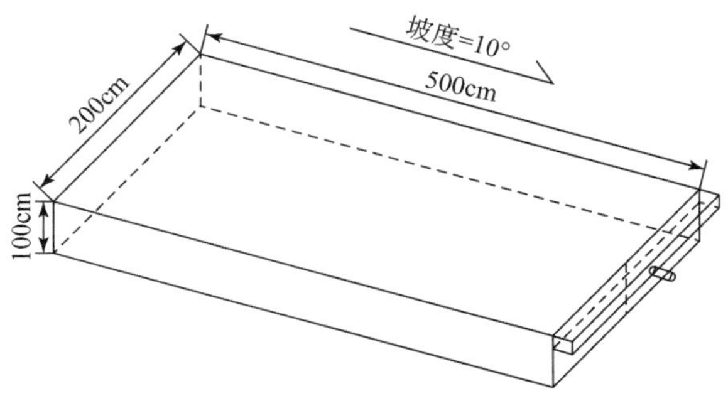

图 7-11　径流试验小区构造图

图 7-12　径流试验小区实景图

每个径流试验小区布置两组喷头，每组均由小、中和大三种喷头构成（图 7-13），用于进行人工模拟降雨试验。试验场有地下水池一座，供水泵 1 个，用于为降雨行车供水。每个径流试验小区沿坡度方向各布设 5 个雨量筒，整个径流试验场共布设雨量筒 15 个。根据试验要求和试验小区面积大小，在径流试验小区内蛇形（S 形）设定 5 个取样点（图 7-13），整个径流场各设有土壤水分、土壤容重观测采样点 15 处。

依据降雨径流形成的历时，按时间比例安排采样，具体采样时间安排为：从径流形成开始到结束，径流过程 0 ~ 30min 时，每间隔 10min 取样一次；30 ~ 60min 时，每间隔 15min 采集一次，每次采集 1L。采集的样品要进行预处理，然后放入冰箱冷藏保存，实验以化学需氧量（COD_{Cr}）、总氮（TN）和总磷（TP）、氨氮（NH_3-N）、浊度、悬浮物（SS）、铁（Fe）、锰（Mn）、含沙量共 9 个指标进行分析，径流水质指标分别取 3 次同一样品化验数据的平均值。试验拟定的 9 种污染物指标及检测方法见表 7-6。

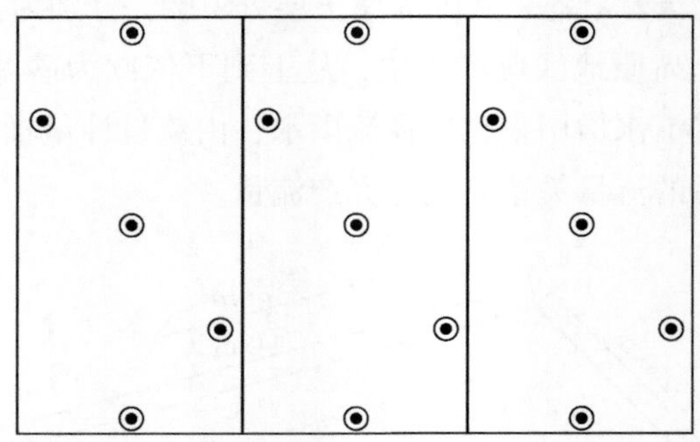

图 7-13　径流小区监测取样点分布

表 7-6　9 种污染物常规检测方法

污染物指标	方法
化学需氧量（COD_{Cr}）	重铬酸钾快速密闭催化消解法
总氮（TN）	过硫酸钾氧化—紫外分光光度法
总磷（TP）	过硫酸钾消解—钼锑抗分光光度法
氨氮（NH_3-N）	纳氏试剂光度法
浊度	便携式浊度计（0～1000 NTU）
悬浮物（SS）	重量法
铁（Fe）	邻菲啰啉分光光度法
锰（Mn）	高碘酸钾氧化光度法
含沙量	重量法

通过人工模拟降雨，试验分析不同雨强、不同下垫面产流率、径流强度和径流系数，径流水质变化特性，计算径流污染总负荷和径流初期污染物负荷率。主要试验内容包括以下方面。

1）考虑四种天然透水性下垫面（草地、75% 杂草覆盖率的黄土、50% 杂草覆盖率的黄土、0 杂草覆盖率的黄土），观测降雨过程中下垫面的土壤含水率、土壤容重和下渗率变化特征，分析不同下垫面的土壤含水率、土壤容重和下渗率与下垫面和雨强的关系，分析土壤含水率与稳定下渗率的关系。

2）考虑八种下垫面（草地、75% 杂草覆盖率的黄土、50% 杂草覆盖率的黄土、0 杂草覆盖率的黄土、不透水砖、夯实黄土、混凝土和水泥土），进行降雨径流试验，分析不同雨强产流时间、产流率、径流强度和径流系数的变化特征，不同下垫面产流时间、产流率、径流强度、径流系数与雨强的关系。

3）建立降雨–径流模型，计算出不同下垫面降雨径流特征参数。重点分析降雨历时、雨强和下垫面类型对下渗和产汇流特征的影响。

雨水利用设施的设置考虑水量、水质、太阳能利用等三方面，具体包括：蓄水池、新建温室大棚及自动监测软件平台设计、具备过滤、净化及肥料缓释功能的专用装置。设计调蓄容积一般采用容积法［式（7-2）］进行计算。

$$V=H\varphi F \tag{7-2}$$

式中，V 为设计调蓄容积，m^3；H 为设计降雨量，mm；φ 为综合雨量径流系数；F 为汇水面积，hm^2。基于《农村雨水集蓄利用工程技术标准》（DB62/T 3180—2020）条文 6. 6. 1 进行复核：

$$V=KW/(1-\alpha) \tag{7-3}$$

式中，V 为设计调蓄容积，m^3；W 为设计年供水量，m^3；K 为容积系数，温室、大棚灌溉，降雨量 250 ~ 500mm，取值 0. 5 ~ 0. 65；α 为综合损失系数，取值为 0. 05 ~ 0. 1。考虑实际使用过程中为蓄水、用水动态过程，蓄水池加盖条件下超高 20cm 的要求，确定蓄水池容积为 $50m^3$。另外，沟渠等输水设施，通过推理公式来计算一定重现期下的雨水流量，即采用流量法，计算式为

$$Q=\psi qF \tag{7-4}$$

式中，Q 为雨水设计流量，L/s；q 为设计暴雨强度，$L/(s \cdot hm^2)$；ψ 为流量径流系数，F 为汇水面积，hm^2。为保证设施的正常运行（如保持设计常水位），通过水量平衡法计算设施每月雨水补水量、外排水量、水量差、水位变化等相关参数。基于 1954 ~ 2020 年历史观测数据生成帕累托最优解集，计算不同雨水资源利用规划方案在过去 67 年花卉的缺水天数、经济成本和单位花卉的黄河取水量。考虑每日可利用的雨水资源是否满足花卉的需水量，若不满足则计入一天花卉的缺水天数。

蓄水池外形尺寸：2. 0m×10. 0m×2. 5m（土方开挖为 2. 5m×10. 5m，深度为 2. 8m）。底板基础为 20cm 厚 C30 素混凝土基础；底板、池壁为 C30 钢筋混凝土；池顶壁设置圈梁一道（0. 24m×0. 24m）（图 7-14）。池顶浇筑 C30 钢筋混凝土盖板。重点为漏水处理、模板支撑，其中土方开挖量 73. $5m^3$，混凝土浇筑量 13. $1m^3$。

温室大棚坐北朝南，南偏西 5°，采光屋面底角、腰脚、顶角分别为 66°、32°和 10°，后坡屋面仰角为 39°；温室周围不能对温室前屋面及聚光型空气集热器产生遮挡。温室总长为 21 060mm（含东西墙厚），采用 100mm 厚保温板将其分割成 2 个等面积的温室，分别是主动蓄热温室和参照温室。两温室除北墙结构不同外，两温室北墙体和东西墙体的总厚度都为 560mm 厚；参照温室墙体是由 510mm 厚砖墙和 50mm 厚保温板组成。

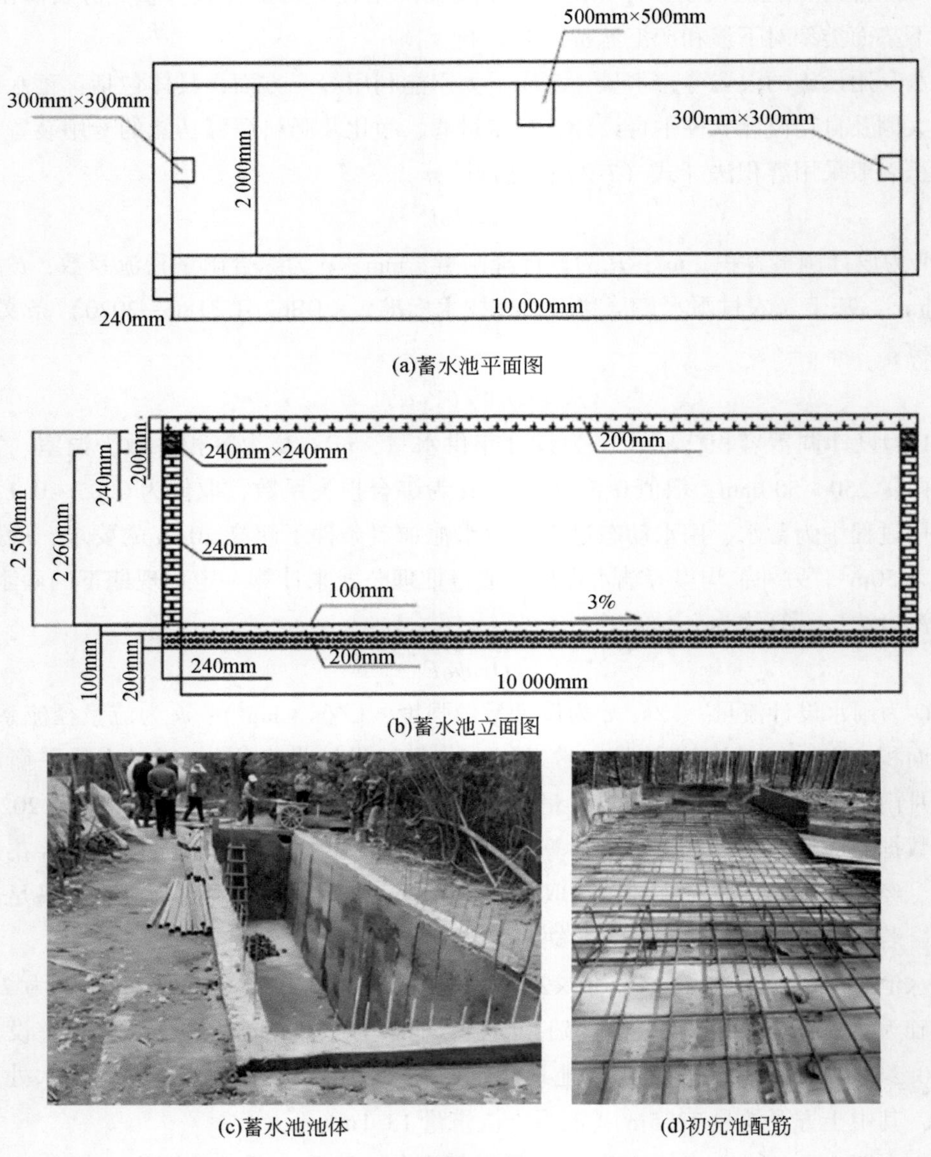

(a)蓄水池平面图

(b)蓄水池立面图

(c)蓄水池池体

(d)初沉池配筋

图 7-14　蓄水池及配套设施

主动蓄热温室的西墙与参照温室相同，北墙体内沿长度方向距地面 900mm 位置高度处均匀埋设 5 个镀锌铁皮蓄热水箱，水箱的尺寸都为 1500mm×800mm×150mm，蓄热水箱采用钢架支撑埋设在墙体内部（图 7-15），5 个镀锌铁皮蓄热水箱采用管径为 50mm 的铜盘管依次串联后再与室外的 6 组聚光型空气集热器依次串接，白天通过风机的循环空气将聚光型空气集热器收集的太阳能输送到蓄热水箱中。温室详细尺寸见图 7-15。前屋面采用长寿无滴薄膜；前屋面覆盖物为 40mm 厚保温被。

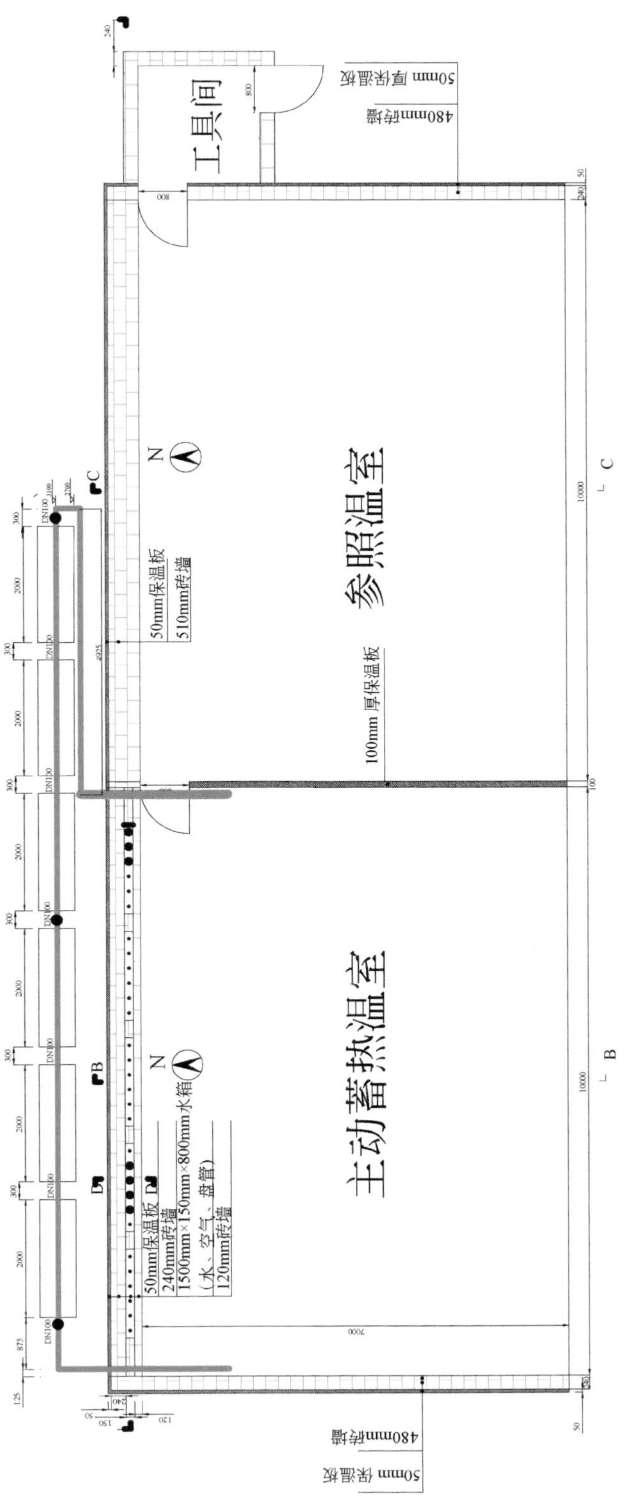

图 7-15　新建温室平面示意图(包括主动蓄热温室和参照温室)

主动蓄热温室供热模式下，夜间当温室内空气温度降低速率较小时，直接通过墙体被动供热；夜间温降速率较大时，通过风机主动供热向室内输送热量。参照温室供热模式：依靠被动方式向室内供热。

主动蓄热温室与参考温室的室内地面对角线中心沿高度方向（－200mm、0mm、1100mm 和 1700mm）分别布置温度测点，在高度 1100mm 设置湿度测点（共 8 个）；主动蓄热温室北墙体的中间断面，高度 1300mm 处设置温度测点［室外表面、保温层与砖墙交接处、距保温层内表面 120mm 和 240mm 处、室内侧砖墙层与蓄热水箱交界面处、室内侧砖墙层内表面（布置 3 个）］，参照温室在相同厚度位置处设置相同的测点（共 16 个）。聚光型空气集热器在串接的进口、中间及出口位置分别布置 1 个测点（共 3 个）；每间隔 1 个不锈钢蓄热水箱的内部中间位置处布置 1 个测点（共 3 个）。

所需设备为聚光型空气集热器 6 组（每组 2000 元）；离心风机 1 台；50mm 电动风阀 4 个；保温被卷帘机系统 1 套；保温被；直径 50mm 的铜管若干米；防锈水箱 5 个；测温点共计 30 个，湿度测点 2 个；数据采集系统 1 套。现场施工及棚内环境效果见图 7-16。

图 7-16　现场施工及棚内环境效果

自动监测软件平台完成数据采集、自动控制、数据预处理及存储、指标监视图、数据转换接口、控制指令判断、现场监视等功能。软件基于大棚种植现状，对大棚内的各项指标进行实时监控，通过分析各种植物适宜生长的环境及各种数据，对大棚种植进行更好的管理，提高产量，增加收益。软件平台基于 MySQL 数据库设计数据库，设计表格，搭建网站，显示各种指标数据。大棚实体-取系如图 7-17 所示，传感器实体-取系如图 7-18 所示。

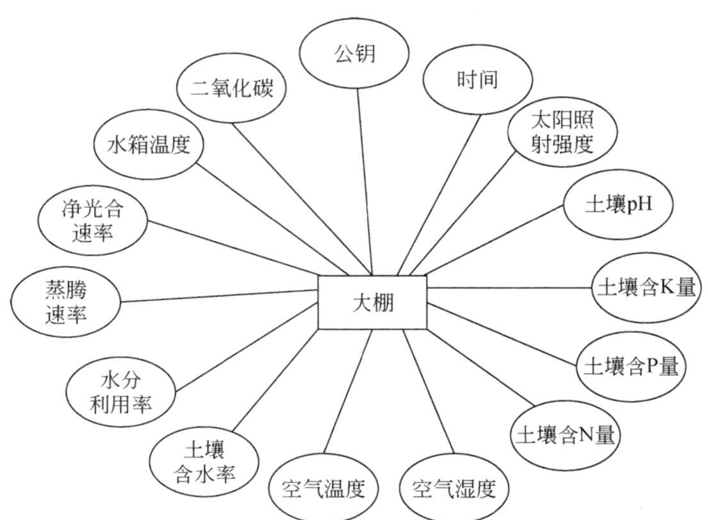

图 7-17　大棚实体-取系图

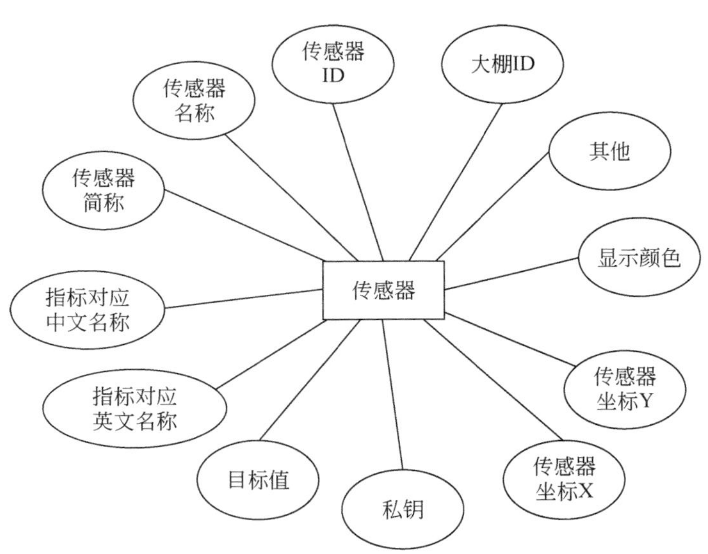

图 7-18　传感器实体-取系图

平台系统采用前后端分离技术，前端使用当前主流的 web 框架 VUE. JS，后端使用基于 java 语言的 Spring 框架，数据库使用开源的 MySQL。软件通过传感器实时数据的存取，展示各指标的变化趋势，实时监控各个传感器的数据变化，当数据存在异常时系统会发出提示，并且以文件的形式发出。后端是以 SpringMVC 为整体框架，整合了 myBatis 作为和 MySQL 数据库进行数据交互。前端使用 VUE- cli 搭建，使用 VUE2 为整体框架，使用

Router 作为路由管理，使用 axios 作为和后端进行异步数据交互。

软件界面有大棚监控系统的名称和标识，功能模块分为四块，分别是首页、实时、标准、配置。首页要展示到图片及大棚内部植物照片等，自动切换；实时数据主要有传感器的实时数据的显示，以及各指标数据的变化趋势，还有传感器位置分布模块；标准模块主要存储显示各种植物及蔬菜的生长周期，适宜生长的环境以及各指标的数据；配置主要为传感器和种植对象的配置。实时数据界面功能模块的主要功能分为三部分：传感器位置的模拟、实时数据的显示和各指标数据的变化趋势。变化趋势模块默认显示净光合速率，更多界面可以查看所有指标的变化趋势。

收集混凝土路面、塑料大棚棚面雨水。集雨水池前端增加弃雨池。具体工艺流程为沉淀—过滤（包含多级过滤）。沉淀包括初沉池+蓄水池，过滤通过过滤净化有机肥料缓释装置实现（图 7-19）。过滤净化有机肥料缓释装置在每个大棚设置，为多级过滤（图 7-19）。同时考虑花卉施肥，装置内添加花卉专用有机肥料。

(a)石英砂

(b)火山石

(c)无烟煤

(d)

图 7-19　过滤净化缓释装置

7.2.2 示范区概况及基础资料

1. 自然条件

（1）地理位置

甘肃省兰州小青山水土保持科技示范园位于兰州市城关区窦家山，总土地面积为 73.84hm²，距兰州市主城区约 5km，国道 312 线、柳忠高速公路从坡脚下通过。园区地处我国西北黄土高原区，二级区属甘宁青山地丘陵沟壑区，三级区属陇中丘陵沟壑蓄水保土区。

（2）地形地貌

示范区属于黄土丘陵沟壑区第五副区，地貌特征以梁状黄土丘陵为主，地势西南高、东北低。最高点海拔为 1847.5m，最低点海拔为 1544.5m，相对高差为 303.0m。5°以下土地面积为 34.42hm²，占 46.61%，为人为修整的梯田田面和平整的工作场地，主要位于面山下坡部和梁峁顶平整后的平台；5°～15°土地面积为 4.82hm²，占 6.53%，主要位于面山中部的缓坡地带；15°～25°土地面积为 6.24hm²，占 8.45%，主要位于面山上部；25°～35°土地面积为 26.36hm²，占 35.70%，主要位于后山坡面和工程建设开挖形成的坡面；35°以上面积为 2.0hm²，占 2.71%，该部分主要为公路工程建设形成的边坡。

（3）气候

园区属北温带半干旱大陆性季风气候。春季多风，少雨干旱；夏无酷热，降水增多；秋季凉爽，温差较大；冬季寒冷，干燥少雪。年平均气温 9.8℃。年平均降水量为 311.7mm，年均蒸发量为 1446.4mm，是年降水量的 4.5 倍左右。由于受季风的影响，降水季节分配极为不均。4～9 月降水量占全年总降水量的 87%～91%，10 月～次年 3 月仅占全年总降水量的 9%～13%。

（4）土壤植被

示范区主要土壤为黄土母质上发育而成的灰钙土，部分地区的山体基部有岩石和第三系红土层裸露。土内碳酸盐含量丰富，全剖面呈强石灰性和碱性反应，pH 为 7.5～8.5。园区自然植被种类丰富，现有乔灌树种 100 余种，草种 30 多种，常绿树种有油松、侧柏、云杉等，乡土树草种有杨树、旱柳、刺槐、沙枣、白刺花、柠条、白羊草、冰草等。拥有完整天然植被群落，林草覆盖率达 85%。

（5）土地利用

示范区土地总面积 73.85hm²，土地利用以林地为主，林地面积 40.5hm²，占总土地面积的 54.84%；草地面积 22.27hm²，占总面积的 30.16%；园地面积 2.0hm²，占总面积的

2.7%；耕地面积2.55hm²，占总面积的3.45%；建筑交通用地占地6.53hm²，占总面积的8.84%。

2. 建设现状

示范区包括科研观测试验区、水土保持措施技术示范区、生态游览观光示范区、优良水土保持苗木繁育基地、水土保持科普教育区等五大功能区，有土壤、侵蚀、节水等专业实验室200m²，有14个标准径流观测场和1个气象观测场，拥有人工模拟降雨器、激光地貌扫描仪、激光雨滴谱、风蚀观测仪等仪器，建筑面积1000m²的温室大棚接近完工，现状见图7-20。

(a)

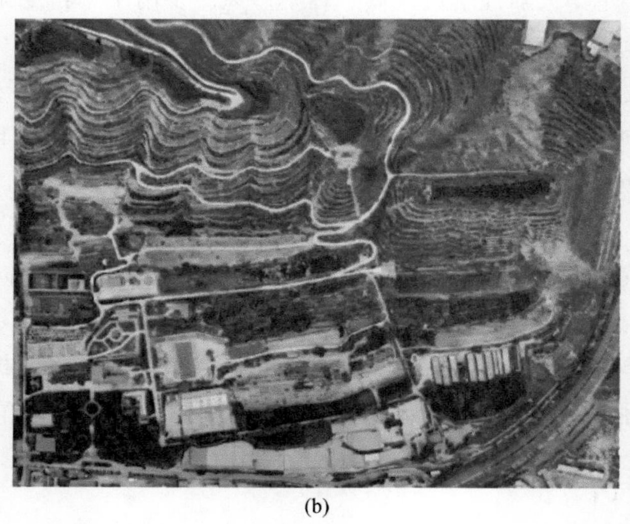

(b)

图7-20 示范区现状图

（1）科研观测试验区

以径流观测场、气象观测场、风蚀试验场和科研试验区为主要示范区域。①径流观测场：包括 12 个标准径流小区和 2 个坡面试验小区；②气象观测场：包括 2 台自动气象站；③风蚀试验场：配有人工砂场和风蚀仪；④科研试验区：包括植物根系监测、城市道路雨洪利用、新型保水剂造林试验场等（图 7-21）。

(a)科研观测试验区简介牌　(b)径流观测场　(c)气象观测场

(d)风蚀试验场　(e)风蚀仪　(f)简易风洞试验

(g)人工降雨器　(h)人工降雨器与槽车配套试验　(i)人工降雨器坡面试验

图 7-21　科研观测试验区建设现状

（2）水土保持措施技术示范区

包括坡地生态果业技术示范区、植被建设空间对位配制立体防护示范区、荒坡坡面水平台造林技术示范区、坡面“三水”造林技术示范区、荒坡水平台造林灌溉技术示范区、沟头植物措施防护示范区、机修梯田工程示范区、高陡土质边坡水土流失防治技术示范区、埂坎营林技术示范区等 9 个示范区（图 7-22）。

（3）生态游览观光示范区

包括园林区和生态园。园林区采用常绿乔木、花灌木、绿篱、草地立体配置，主要树种有油杉、雪松、刺柏、侧柏、落叶松、云杉（图 7-23）。

(a)坡地生态果业技术示范　(b)植被建设空间对位配制立体防护示范　(c)坡面“三水”造林技术示范

(d)荒坡坡面水平台造林技术示范　(e)荒坡水平台造林灌溉技术示范　(f)沟头植物措施防护示范

(g)机修梯田工程示范　(h)高陡土质边坡水土保持防治技术示范　(i)埂坎营林技术示范

图 7-22　水土保持措施技术示范区建设现状

(a)雪松　(b)翠柏　(c)刺柏

(d)榆叶梅　(e)红瑞木　(f)龙爪槐

(g)连翘　(h)樱花　(i)芍药

图 7-23　生态游览观光示范区建设现状

(4) 优良水土保持苗木繁育基地

主要包括花卉苗圃、城市园林绿化苗圃和荒山绿化苗圃。城市园林绿化苗圃主要繁育刺柏、香柏、雪松、银杏、小叶杨、女贞等；荒山绿化苗圃主要繁育杨树、国槐、旱柳、红柳、沙棘、柠条等（图 7-24）。

(a)城市园林绿化苗圃

(b)荒山绿化苗圃

图 7-24　优良水土保持苗木繁育基地建设现状

(5) 水土保持科普教育区

位于办公楼内，包括成果展览室、电子示教室、土壤试验室、侵蚀试验室、节水试验室等，是人们学习和宣传水土保持知识的活标本室（图 7-25）。

3. 存在问题与基础资料

基于雨水利用，示范区存在的主要问题是硬化路面较少。目前甘肃省水土保持科学研

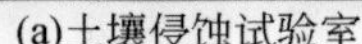
(a)土壤侵蚀试验室

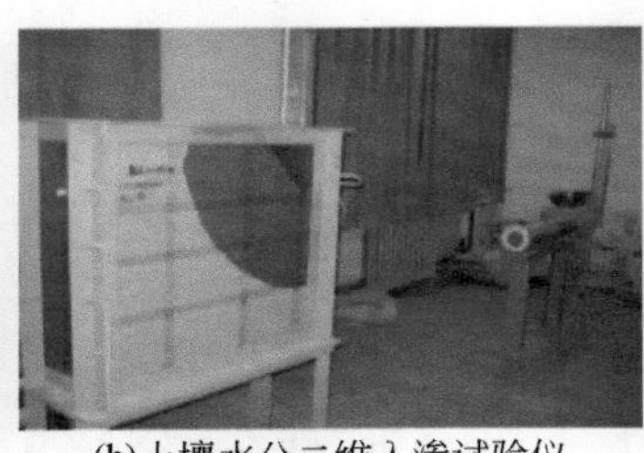
(b)土壤水分二维入渗试验仪

(c)节水试验室

图 7-25　水土保持科普教育区建设现状

究所每年在逐步实施道路硬化工程（图 7-26）及蓄水池建设。

图 7-26　道路硬化

示范区采用兰州市城关区气象站 1981～2010 年共 30 年平均数据，包括年平均温度、10℃积温、积温日数、累年平均降水量、汛期开始月、汛期结束月、汛期降水量、蒸发量、暴雨日数、平均风速、平均风速大于 5 日数、大风日数年、最大冻土深、日最大降水量。示范区土壤容重约为 1.2g/cm³。土壤含水量在坡面空间分布：坡面顶部含水量最小，中部含水量次之，底部含水量最大。

高程为 1687～1720m。现有降雨量、相对湿度、大气压强、太阳辐射、累计太阳辐射、风速、风向，观测频次为每隔 5 分钟测一次，数据 2020 年从 5 月至 10 月 15 日。有两台全自动固定式土壤墒情仪，可观测 0～100cm 深度土壤水分、温度变化。现有植被包括侧柏、刺槐、红豆草、枸杞、红柳、苜蓿、月季和云杉。次降雨的观测数据包括：①荒地：降雨量 16.4mm，历时 660min，产生径流量 0.12m³；②枸杞：降雨量 16.4mm，历时 660min，产生径流量：0.11m³；③侧柏：降雨量 16.4mm，历时 660min，产生径流量：

0.07m^3。冬春季无有效降水，产流降水自 5 月初至 9 月底。

每个径流场各配 1 个 1m^{3}和 1 个 0.5m^{3}蓄水池，自 2019 年春季至今未蓄满过。径流坡面为 20m×5m（长×宽），坡度分为 10°、15°、20°。15°径流场有 10 座；10°和 20°径流场各 5 座，为 2020 年新修建。挖深 50m，未见地下水。7 个大棚年需水约 500m^3（每个棚 60～70m^3），用水时段主要在 4～9 月。现有大棚主要种植时令草花，全部为育苗，育苗周期较短，需水旺期在 4～9 月，花卉浇水与园区提灌上水一致，主要在早上，大棚蓄水池蓄水下午补灌。时令草花如矮牵牛、孔雀草、万寿菊、石竹、火炬、鸡冠花等，在水量能保障的情况下，对水质、水温无要求。

7.2.3 示范区雨水利用实施方案

(1) 方案设计思路

1）源头：硬化路面，增加产流面积。

2）中间环节：水质过滤净化处理。

3）末端：基于软件平台的用水量合理调控，太阳能利用。

设施农业作为高新技术产业，主要包括设施果树、设施蔬菜和设施花卉三大类。近年甘肃中部在设施农业发展过程中，矮化果树、蔬菜、花卉等效益显著，呈现良好发展态势。设施农业灌溉定额根据相关作物灌溉试验资料，结合当地近年的设施农业种植灌溉经验确定。花卉类代表作物灌溉定额见表 7-7。

表 7-7　花卉生长期及用水量情况

花卉品种	起始时间（月-日）	终止时间（月-日）	灌溉定额（m^3/hm）	单座设施需水量（m^3）	单座设施每天实际用水量（m^3）	7 座设施需水量（m^3）
万寿菊	3-15	12-20	1310	92	1.0	552
矮牵牛	3-15	10-20	790	70	0.79	331.8
三色葵	3-15	11-5	750	75	0.7	315
火炬	3-15	11-20	950	80	0.85	408
石竹	3-15	11-5	750	75	0.7	315

温室结构种类繁多，就其现状利用情况来看，大小、规格各不相同。示范区采用的温室为钢拱架支撑，塑料薄膜保温。拱架支撑，大棚长 40m、宽 9m，养殖带长 36m、宽 6.5m（为满足温室采光需要，温室间预留空地宽度 1m），实际灌溉面积 234m^2。新建智能温室大棚长 22m、宽 8m，养殖带长 20m、宽 7m，实际灌溉面积 140m^2。

兰州市大棚花卉养殖示范区一共 8 个大棚，其中一个为新建智能温室大棚。8 个大棚

实际灌溉面积为 $7\times234\text{m}^2+140\text{m}^2=1778\text{m}^2$，满足示范面积不小于 1500m^2 要求。在拟定的灌溉制度、灌溉面积下，现状 8 个大棚年最大用水量约 500m^3（每个大棚 60～70m^3）。

鉴于示范区年降雨量不足 400mm，选择降水量 300～400mm，平水年（$P=50\%$）年份进行分析。半干旱地区降水量及分布规律的研究表明，这些地区降水量的年内分布大多集中在 6～9 月，约占全年降水量的 70% 左右。以甘肃省中东部地区降水量分布为例，汛期 6～9 月占 71.5%～73.1%，枯水期当年 10 月至次年 5 月占 26.9%～28.5%。同时，具有越是干旱少雨的地区，降水量的年内分布越不均匀。示范区平水年（$P=50\%$）多年平均降水量及年内分配见表 7-8。依据试验研究资料，不同材料集流效率见表 7-9。

表 7-8　示范区多年平均降水量及年内分配情况表

项目	月份												合计
	1	2	3	4	5	6	7	8	9	10	11	12	
气象站 1 所测降水量（mm）	0.1	0.2	0.9	13.2	21.1	16.3	61	78.1	66.4	37.9	8.5	0	303.7
占比（%）	0.03	0.10	0.30	4.34	6.95	5.37	20.10	25.70	21.90	12.50	2.80	0	100
气象站 2 所测降水量（mm）	0.3	0.9	0	9.3	31.1	36.1	128.0	62.2	50.7	52.5	16.4	0.3	387.8
占比（%）	0.07	0.23	0	2.39	8.02	9.31	33.0	16.1	13.04	13.53	4.23	0.08	100

表 7-9　不同材料集流效率表

降雨量（mm）	塑料薄膜（%）	混凝土（%）	沥青混凝土（%）	原土夯实（%）
300	75	72	70	
350	76	73	71	
400	77	74	72	32

塑料大棚集水量包括两部分：一是棚面本身的集水量，二是保温墙顶部混凝土衬砌部分（或底部集水渠）的集水量。有效集雨宽度按 1.5m 计算。总集水量可按不透水面总集水量可按式（7-5）进行计算。

$$W=10-3P(S_sE_s+S_hE_h) \tag{7-5}$$

式中，W 为设计灌溉保证率下的设施不透水面可集水量，m^3；P 为典型代表区设计灌溉保证率下的降水量，mm；S_s、S_h 为塑料大棚棚面、混凝土衬砌部分的有效集水面积，m^2；E_s、E_h 为塑料薄膜、混凝土的集流效率,%。单座设施不透水面可集水量计算结果见表 7-10。

由计算结果可知，虽然增加集雨面可以满足研究目标节水 20% 的要求（表 7-10 中序号 1、4 组合，即有效长度 38m、宽度 8m 塑料大棚棚面与有效长度 22m、宽度 8m 塑料大棚棚面集雨面组合，可集水量达 108m³）。但由于降水季节与花卉生长需水时期不一致性，需要配套蓄水设施进行水量调节。考虑现场条件限制，其他棚面雨水收集后修建引水渠道有实际困难，故仅收集智能大棚棚面雨水。

表 7-10　单座设施不透水面可集水量计算结果

序号	塑料大棚棚面			混凝土			设计频率降水量（mm）	可集水量（m^3）
	有效长度（m）	有效宽度（m）	集流效率（%）	有效长度（m）	有效宽度（m）	集流效率（%）		
1	38	8	75	22	1	72	300	73.1
2	38	8	76	22	1	73	350	86.5
3	38	8	77	22	1	74	400	100.1
4	22	8	75	22	1	72	300	44.4

为保证花卉全生长期对水量的需求。实际应用中，主要采用混凝土硬化空闲地和交通道路解决。也可采用沥青公路作为补充集流面来增加集水。塑料棚面与空地硬化相结合的集流模式已成为半干旱山区成功解决大棚种植灌溉用水的新途径。当需要补充集流面时，补充集流面面积计算式为

$$W_b = 10^{-3} P S_b E_b \tag{7-6}$$

式中，W_b 为补充集流面可集水量，m^3；S_b 为补充集流面面积，m^2；E_b 为补充集流面集流效率，%。考虑现场实际，补充集雨面修整为经过修整的宽 4m、长 110m 的混凝土路面。混凝土补充集流面面积计算结果见表 7-11。现状 7 个大棚年最大用水量约 500m³（每个大棚 60～70m³）。积蓄补充集流面集水量和单座设施不透水面可集水量，可以满足研究目标节水 20% 的要求。

表 7-11　混凝土补充集流面面积计算结果

降水量（mm）	集雨面积（m^2）	集流效率（%）	可集水量（m^3）
300	440	72	95.0
350	440	73	112.4
400	440	74	130.2

复蓄指数是指蓄水设施在年内的重复利用次数。就设施农业雨水集蓄长系列计算经济利用模式而言，蓄水设施复蓄指数即为长系列计算期内，蓄水设施总调蓄水量与蓄水设施设计总容积的比值，计算式为

$$K = W_t / V_t \tag{7-7}$$

式中，K 为蓄水设施复蓄指数；W_t 为长系列计算期内蓄水设施总调蓄水量，m^3；V_t 为长系列计算期内配套蓄水设施总容积，m^3。蓄水设施复蓄指数计算结果见表 7-12。蓄水设施配套容积较小，蓄水设施复蓄指数大，工程的利用效率较高，是塑料大棚蔬菜种植的最为经济的种植模式。

表 7-12　蓄水设施复蓄指数计算结果

蓄水量（m^3）	配套容积（m^3）	总容积（m^3）	复蓄指数
95～112.4	73.1～86.5	50	3.36～3.98

（2）水质与温室大棚

收集的混凝土路面、塑料大棚棚面雨水径流首先进入蓄水池。蓄水池前端设置弃雨池+初沉池，集雨水在蓄水池二次沉淀，过滤通过“过滤净化有机肥料缓释装置”实现。水质达到《农田灌溉水质标准》（GB 5084—2021）要求。

基于大棚种植现状，通过传感器、软件平台对大棚内的各项指标进行实时监控。根据监控系统实时显示和各指标数据的变化趋势，以花卉适宜生长土壤含水率为标准，进行人工浇灌，如此可实现水资源的有效利用和合理控制。白天通过风机的循环空气将聚光型空气集热器收集的太阳能输送到蓄热水箱中，蓄热水箱采用钢架支撑埋设在墙体内部，夜间当温室内空气温度降低速率较小时，直接通过墙体被动供热；夜间温降速率较大时，通过风机主动供热向室内输送热量。

根据监控系统实时显示和各指标数据的变化趋势，以花卉适宜生长土壤含水率为标准，进行人工浇灌。实现水资源的有效利用和合理控制。根据其他指标数据变化，人工调整大棚内的空气温湿度，通过有机肥料缓释装置调整浇灌水及土壤的氮、磷、钾含量。

7.3 示范效果

7.3.1 示范区监测与效果评价

原位针对天然降雨不同下垫面径流及水质指标，采用人工观测与仪器自动测量相结合的方法进行。

针对坡面为 20m×5m（长×宽），坡度分为 10°、15°、20°径流试验小区（图 7-27）。其中 15°径流场有 10 座；10°和 20°径流场各 5 座。观测天然降雨过程及对应的径流量、含沙量、土壤水分、植物生长量。在混凝土路面集水渠末端测定水深，采用临界水深法测量流量。

针对彩钢板屋顶、塑料大棚棚面、蓄水池、混凝土路面、雨水径流及过滤净化缓释装

图 7-27 径流试验小区

置出水，委托第三方人工采集水样，进行水质指标检测（表 7-13）。水质检测指标包括 pH、悬浮物、BOD_5、COD_{Cr}、阴离子表面活性剂氯化物、硫化物、全盐量、总铅、总镉、铬、总汞、总砷、总磷、总氮和氨氮。混凝土路面雨水增加石油类指标。现场检测安排如图 7-27 所示。

表 7-13 水质观测时间及点位

时间（年/月/日）	目的	观测点位	检测单位	检测指标
2022/8/18	天然降雨径流水质	彩钢板屋顶，塑料大棚棚面，蓄水池，混凝土路面，过滤净化缓释装置	甘肃联合检测标准技术服务有限公司	pH、悬浮物、BOD_5、COD_{Cr}、阴离子表面活性剂氯化物、硫化物、全盐量、总铅、总镉、铬、总汞、总砷、总磷、总氮和氨氮
2022/8/29	天然降雨径流水质	塑料大棚棚面，蓄水池，混凝土路面	甘肃华测检测认证有限公司	

注：道路还需检测石油类指标。

7.3.2 示范区监测结果分析

(1) 天然降雨过程

径流试验小区天然降雨过程记录及分析样表见表7-14。

表7-14 径流小区摘录及计算表（样表）

月	日	时	分	累积雨量（mm）	累积历时（min）	时段降雨			I_{30}（mm/h）	降雨侵蚀力［MJ. mm/(hm². h)］
						雨量（mm）	历时（min）	雨强（mm/h）		
2	24	22	20	0	0	0	0	0		
2	24	22	25	0.1	5	0.1	5	1.2		
2	24	22	30	0.2	10	0.1	5	1.2	0.34	0
3	31	5	25	0	0	0	0	0		
3	31	5	30	0.1	5	0.1	5	1.2		
3	31	5	35	0.3	10	0.2	5	2.4		
3	31	5	40	0.4	15	0.2	5	2.4		
3	31	5	45	0.6	20	0.1	5	1.2		
3	31	5	50	0.6	25	0.1	5	1.2		
3	31	5	55	0.7	30	0.1	5	1.2		
3	31	6	0	0.8	35	0.1	5	1.2		
3	31	6	5	0.9	40	0.1	5	1.2		
3	31	6	35	0.9	70	0	30	0		

(2) 含沙量

径流试验小区天然降雨过程含沙量记录及分析样表见表7-15。

表7-15 径流小区径流泥沙计算表（样表）

小区号	水深（cm）			采样体积（mL）	采样瓶号	盒+土重（g）	盒重（g）	烘干泥沙重（g）	含沙量（g/L）	平均含沙量（g/L）	径流总量（L）	小区面积（m²）	径流深（mm）	泥沙总量（kg）	土壤流失量（t/hm²）
	1	2	3												
1（15°）	4	4	4	1000	1	76.7	69.6	7.1	7.1	8.47	40	100	0.40	0.34	0.03
				1000	2	79.3	70.2	9.1	9.1						
				1000	3	79.7	70.5	9.2	9.2						

续表

小区号	水深（cm）			采样体积（mL）	采样瓶号	盒+土重（g）	盒重（g）	烘干泥沙重（g）	含沙量（g/L）	平均含沙量（g/L）	径流总量（L）	小区面积（m^2）	径流深（mm）	泥沙总量（kg）	土壤流失量（t/hm^2）
	1	2	3												
2（15°）	4	4	4	1000	4	77.7	70.1	7.6	7.6	7.47	40	100	0.40	0.30	0.03
				1000	5	78.7	70.7	8	8						
				1000	6	76.7	69.9	6.8	6.8						
3（15°）	5	5	5	1000	7	72.2	70.3	1.9	1.9	2.10	50	100	0.50	0.11	0.01
				1000	8	73.3	71	2.3	2.3						
				1000	9	71.4	69.3	2.1	2.1						
4（15°）	5	5	5	1000	10	73.3	70	3.3	3.3	3.97	50	100	0.50	0.20	0.02
				1000	11	72.5	69.7	2.8	2.8						
				1000	12	75.5	69.7	5.8	5.8						
				1000	14	84.3	69.2	15.1	15.1						
				1000	15	83.3	70.1	13.2	13.2						

（3）植被盖度/郁闭度

径流试验小区植被盖度/郁闭度观测及分析样表，见表 7-16。

表 7-16　径流小区植被盖度/郁闭度计算表（样表）

小区号	测次	目估郁闭度/盖度			植被平均高度（m）	备注
		郁闭度	植物盖度（%）	地面盖度（%）		
1（15°）	12	50			2.50	
2（15°）	12	80	80	80	1.50	
3（15°）	12	50	80	80	3.00	
4（15°）	12	40	80	80	0.80	
5（15°）	12	30	75	75	1.50	
6（15°）	12		70	70	0.50	
7（15°）	12		60	60	0.50	
8（15°）	12	20	70	70	1.00	
9（15°）	12	40	80	80	1.20	
10（15°）	12	90			3	
1（10°）	12					
2（10°）	12		80	80	0.35	
3（10°）	12		60	60	0.4	
4（10°）	12		85	85	0.1	
5（10°）	12	10			0.8	

(4) 径流小区土壤水分 (TDR 法)

径流小区土壤水分（TDR 法）计算表（样表），见表 7-17。

表 7-17 径流小区土壤水分（TDR 法）计算表（样表）

小区号	测次	测点	测量深度(cm)	水分1(%)	水分2(%)	水分3(%)	小区平均水分(%)	备注
1 (15°)	5		20	6.3	8.3	6.7	7.1	
2 (15°)	5		20	6.4	8.4	6.9	7.2	
3 (15°)	5		20	6.2	8.5	7.4	7.4	
4 (15°)	5		20	6.2	5.5	6.0	5.9	
5 (15°)	5		20	8.2	6.8	6.4	7.1	
6 (15°)	5		20	6.2	6.9	5.7	6.3	
7 (15°)	5		20	5.7	6.7	7.1	6.5	
8 (15°)	5		20	6.3	7.4	5.9	6.5	
9 (15°)	5		20	6.6	5.3	7.8	6.6	
10 (15°)	5		20	9.6	8.7	10.2	9.5	
1 (10°)	5		20	17.2	12.6	13.8	14.5	
2 (10°)	5		20	14.7	16.8	13.3	14.9	
3 (10°)	5		20	10.1	16.4	21.0	15.8	
4 (10°)	5		20	18.8	15.9	11.4	15.4	
5 (10°)	5		20	13.5	10.5	10.1	11.4	
1 (20°)	5		20	11.7	15.5	11.1	12.8	
2 (20°)	5		20	15.7	12.9	20.1	16.2	
3 (20°)	5		20	13.8	9.5	19.1	14.1	
4 (20°)	5		20	12.2	8.8	11.3	10.8	
5 (20°)	5		20	10.9	14.6	8.0	11.2	

(5) 径流小区测产

径流小区作物产量计算（测产）表（样表），见表 7-18。

表 7-18 径流小区测产计算（测产）表（样表）

小区号	月	日	测点	株高(cm)	样方长(m)	样方宽(m)	样方面积(m^2)	样本株数	样本鲜重(g)	样本干重(g)	籽粒干重(g)	密度(p/m^2)	秸秆产量(kg/hm^2)	平均密度(p/m^2)	收获指数	备注
3 (10°)	7	15	1	40	1.0	1.0	1.0	84	551.8	264	119.4	84	1446	69	0.55	豌豆
			2	41	1.0	1.0	1.0	53	212.5	93.1	25.2	53	679			
			3	43	1.0	1.0	1.0	71	352.9	239.6	66.8	71	1728			

续表

小区号	月	日	测点	株高（cm）	样方长（m）	样方宽（m）	样方面积（m^2）	样本株数	样本鲜重（g）	样本干重（g）	籽粒干重（g）	密度（p/m^2）	秸秆产量（kg/hm^2）	平均密度（p/m^2）	收获指数	备注
2（10°）	10	15	1	35	1.0	1.0	1.0	36	1243.6	462.2	171.9	36	2903	36	0.76	马铃薯
			2	36	1.0	1.0	1.0	34	1165.8	376.1	185.3	34	1908			
			3	36	1.0	1.0	1.0	37	1124.6	382.3	169.5	37	2128			

（6）降雨量–径流量–污染物浓度过程

降雨量–径流量–污染物浓度过程样图见图 7-28。

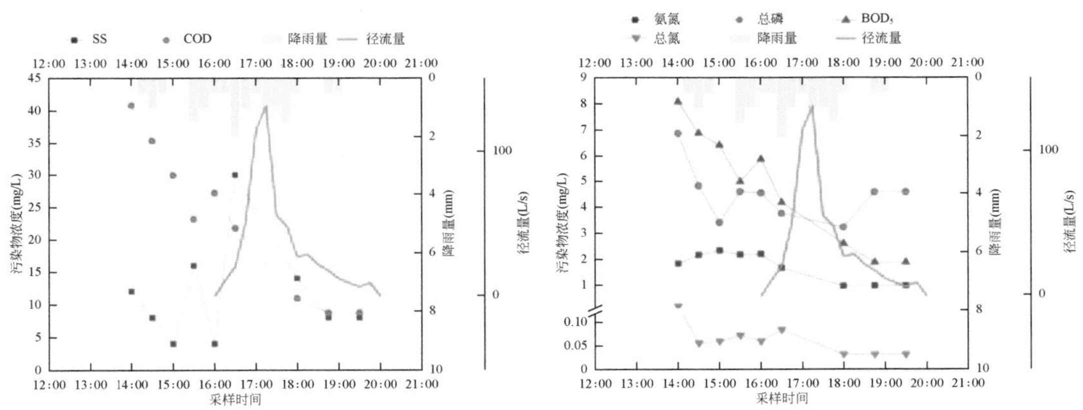

图 7-28　降雨量–径流量–污染物浓度过程（2022 年 8 月 18 日）

温室大棚观测时段可自行调整，根据监控平台实时显示和各指标数据（净光合速率，土壤水分利用率，土壤的氮、磷、钾含量，土壤 pH，空气温湿度）的变化趋势（曲线）及表格数据，自动生成数据库。

7.3.3　示范区监测效果评价

技术示范期间，开展了兰州市特色产业区花卉养殖雨水利用技术示范区建设工作，其中修整混凝土集雨面 440m^2（110m×4m），修建 50m^3 钢筋混凝土，蓄水池前端设置弃雨池、初沉池、输水管道，研发过滤净化有机肥料缓释装置，新建成 160m^2 智能温室大棚。新建成 3 个 2m×5m 径流试验小区人工模拟降雨系统。基于新建智能温室大棚，研发管理软件平台，进行用水量合理调控、太阳能有效利用，建成了兰州市特色产业区花卉养殖雨水利用技术示范区。

经过长期监测分析，集雨水方案实施后，集雨效率提升明显。示范区内第三方监测集流面和单座设施不透水面可集水量可以满足研究目标“节约黄河水 20%，且用雨水替代”的要求。17 项水质符合农田灌溉水质标准。满足兰州市特色产业区花卉养殖雨水利用技术示范区建设的考核指标要求，实现了雨水资源的有效利用，产生了显著的生态环境和社会经济效益。

相关集雨水方案及配套设施为兰州市特色产业区花卉养殖雨水资源化利用提供了技术支撑，实现了雨水资源的有效利用，产生了显著的生态环境和社会经济效益，对于城市雨水资源化利用具有良好的技术推广和应用示范作用。

兰州特色花卉养殖“集雨面优化-集雨设施建设-水质净化-雨水利用”全过程雨水资源配置、高效利用结果表明，随着兰州特色花卉产业规模不断扩大，花卉所需水量也不断增加，雨水资源的收集与利用可以在源头上减少黄河取水量，并满足花卉生长发育的需要，根据区域内实际的花卉规模与需水量、经济成本、气象条件等因素，确定蓄水池的尺寸、花卉养殖的规模、集雨面类型及新增集水面积的大小，筛选出了最适合该区域的雨水资源利用方案。

第 8 章　结　论

8.1　城市雨水资源利用蓝-绿-灰融合新模式

本书从城市水资源供需与发展阶段特征出发，考虑雨水资源时空分配特征、城市蓝-绿-灰基础设施空间配置，考虑雨水资源在渗、滞、蓄、用、排环节中的状态特征，通过水资源与生态系统模拟器和城市水量模型的耦合，实现了雨水资源在社区尺度上的配置模拟；综合考虑雨水资源利用的供给侧约束和需求侧约束两方面，从经济效益、生态效益和社会效益三方面实现雨水资源利用的多维度效益评估；结合国内外发展趋势与中国实际情况，提出了城市雨水资源利用蓝-绿-灰融合新模式。

针对城市雨水资源利用的需求，根据雨水利用的不同阶段，从源头收集、过程控制和末端处理三个方面对雨水利用措施进行分类；在充分考虑地域性、工程性、技术性以及管理性等约束机制的基础上，构建分地、分季节、分水情的不同需水情景下的雨水综合利用方式，归纳了我国南北方典型城市雨水综合利用策略及经验，融合了适应我国国情的 10 类 30 种雨水利用绿色措施，提出了适合国情的城市雨水资源综合利用模式，形成了集源头收集—过程控制—末端处理的城市雨水综合利用措施方案集。

通过自主研发的 WAYS（Water And ecosYstem Simulator）流域尺度雨水资源分析模型，进行流域尺度的水文过程和雨水资源利用模拟分析，为社区尺度的城市水量平衡模型提供基础辅助数据，与城市水量平衡 UWBM 模型（Urban Water Balance Model）相结合，对社区尺度的雨水资源进行分析，以及绿色基础设施对雨水资源的影响进行模拟。实现了在流域、社区和街区尺度的雨水利用精准模拟，进行蓝-绿-灰基础设施的水文效应和雨水资源利用差异分析，和不同基础设施及其空间分布的雨水资源利用效果评估，以制定不同情景下的雨水资源利用方案。

在模型模拟的基础上，从经济效益、生态效益和社会效益方面，采用稳健决策支持控制理论对不同维度的城市雨水资源效益进行定量评估。所形成的“经济—生态—社会”一体化的综合评价体系，对不同雨水资源利用模式下的效益评估和成本核算的不确定性进行了充分考虑，权衡了城市雨水利用方案的成本和效益，实现了城市雨水利用方案组合和新模式的稳健选择。绿色、蓝色与灰色基础设施的有机结合有助于增强城市雨水利用能力，通过将蓝-绿基础设施与城市现有基础设施（包括交通、水、能源和建筑等）的整合，进行城市雨水资源利用的规划、设计和发展，不仅仅在水环境管理方面可以解决雨水利用问题，同时可为人们提供更宜居健康的生活环境。

本书所提出的城市雨水资源利用蓝-绿-灰融合新模式，将蓝-绿-灰基础设施的分布与其雨水利用特性相结合，充分考虑了雨水资源在时间和空间上的供需矛盾，实现了城市流域雨水管理效果和综合利用效率的精准模拟，以及雨水利用方案组合和模式的稳健选择，进一步优化了基础设施的空间布局和建设，可以有效提高对城市雨水资源的利用能力。

8.2　城市雨水资源综合利用方案集

本书甄别了典型创新型国家城市雨水资源利用模式及其利用措施的适用条件，分析了地域性、工程性、技术性以及管理性等约束机制，归纳了我国南北方典型城市雨水综合利用策略及经验，融合了适应我国国情的 9 类 30 种雨水利用绿色措施，提出了适合国情的城市雨水资源综合利用模式，形成了集源头收集—过程控制—末端处理的城市雨水综合利用措施方案集。

本书选取美国、德国、荷兰、澳大利亚、英国、日本等创新型国家雨水综合利用经验丰富、成效显著的代表性城市，调研城市雨水资源特征、用水结构、约束条件等雨水利用背景情况，甄别了最佳管理实践、低影响开发、绿色基础设施、水敏感城市设计、可持续排水系统、城镇水资源综合管理、海绵城市等创新型国家城市雨水资源利用模式的适用条件。通过归纳创新型国家城市雨水综合利用模式所采用的雨水利用措施技术、先进模型工具以及政策管理等手段，剖析各项先进手段的适用对象与适用范围，总结了创新型国家城市雨水资源利用成熟的应对与管理经验，基于典型案例分析了模式应用的功能、成本、效益等，剖析了不同创新型国家城市雨水综合利用模式的异同点，为提出适合我国国情的城市雨水资源综合利用模式提供了参考。

解析了城市雨水资源利用潜力与约束机制。梳理了我国南北方典型城市雨水资源利用现状与问题，从自然禀赋、社会需求、供水结构、成本和政策等方面筛选重要影响因子，解析了约束性指标与雨水利用间的响应关系，揭示了我国典型城市雨水资源利用约束机制。研究结果表明，供水结构、成本、政策等因素对城市雨水利用起到明显的制约作用。

创新提出了源头收集—过程控制—末端处理的城市雨水综合利用措施方案集。梳理了我国城市雨水资源利用发展的进程，早期以灰色基础设施为主，目前绿色与灰色基础设施相结合，措施布局大多基于传统经验，注重经济效益，归纳了我国南北方典型城市雨水综合利用策略及经验。与我国相比，其他创新型国家城市雨水资源利用多采用绿色基础设施，而且采用精准的模拟和调控技术辅助决策，兼顾经济—生态—社会多维效益，利用措施绿色化和决策支持智慧化是其发展的主要趋势。基于典型创新型国家城市雨水资源利用模式的适用条件、采用的雨水利用措施技术、先进模型工具以及政策管理等手段研究成果，融合了适应我国国情的 9 类 30 种雨水利用绿色措施，提出了适合国情的城市雨水资源综合利用模式，形成了集源头收集—过程控制—末端处理的城市雨水综合利用措施方案集。其中源头收集阶段是在雨水进入市政管网、河沟和其他排水系统之前设置这些措施，目的是预防和控制源水的数量和质量，增加渗透和储存再利用。主要技术措施包括屋顶绿化、雨水池、透水路面、植被缓冲带等。过程控制阶段是指当雨水超过源头收集措施的处理能力后，措施一般设置在径流汇流过程中，溢出的雨水排入市政沟渠和管网。末端处理阶段是指雨水在排水系统末端收集后，经过集中的物理、化学和生物处理，去除雨水中的污染物，改善雨水水质，最终直接排入受纳水体或回用。

8.3　城市雨水资源利用时空动态调配模拟技术

自主研发了 WAYS 流域尺度雨水资源分析模型，与荷兰合作研发了城市水量平衡模型 UWBM。WAYS 模型用于流域尺度的水文过程和雨水资源利用模拟分析，给社区尺度的城市水量平衡模型提供基础辅助数据。城市水量平衡模型适用于社区尺度的雨水资源分析，以及蓝-绿-灰基础设施对雨水资源的影响。城市水量平衡模型的特点是适用于社区尺度，需要其他模型提供辅助数据，而 WAYS 模型能够给城市水量平衡模型提供相应的辅助数据，因此在研究中将 WAYS 模型与城市水量平衡模型进行耦合。耦合后的模型则应用于城市雨水资源利用模拟与决策系统，可以模拟多情景下城市雨水资源的利用效果，根据不同的地理条件、气候条件和可用资源确定最优雨水利用策略，帮助制定更有效的雨水处理和利用方案。此外，该系统还可以分析蓝-绿-灰基础设施的水文效应和雨水资源利用差异，模拟不同基础设施及其空间分布的雨水资源利用效果，结合系统内的决策模块，给出不同情景下的雨水资源利用方案。城市雨水资源利用模拟与决策系统放置多种蓝-绿-灰基础设施，能够实现雨水资源利用的时空动态模拟，实时展示雨水资源利用结果。相关成果具有创新性和实用性，推广应用前景广阔。

相关模型技术在深圳市与兰州市示范区进行了验证和应用。茅洲河主体位于深圳市境内，流域面积为 310km^2，区域降雨较为充足。研究利用 WAYS 模型模拟计算了茅洲河流域 2019～2022 年的水文结果，在此基础上分析茅洲河流域雨水资源利用的时空差异。按照绿色基础设施分类，林地平均每年拦截 2011. 31 万 m^3 雨水；草地平均每年拦截 386. 05 万 m^3 雨水；绿色屋顶平均每年拦截 49. 97 万 m^3 雨水。南方科技大学海绵校园示范区位于广东省深圳市，属亚热带季风气候，年平均降水量为 1932. 9mm。基于城市水量平衡模型，计算得到 2021 年全年雨水资源化潜力总量为 22 355. 2m^3。兰州市示范区地处黄土高原与青藏高原的过渡地区，其主要地貌为山地和盆地，海拔较高，约为 1500m，年平均降水量约为 327mm。丰水年以 2018 年为例，该年研究区域雨水资源化潜力约为 1. 722 万 m^3。枯水年以 1997 年为例，该年研究区域雨水资源化潜力约为 0. 514 万 m^3。自 1954 ~2020 年以来，研究区域雨水资源化潜力共为 65. 4254 万 m^3。

8. 4　城市雨水资源利用多维效益识别及稳健定量评价方法

本书从经济、社会和生态三个维度对城市雨水资源利用效益进行识别，结合全生命周期方法核算雨水资源利用措施的成本，构建了“经济—生态—社会”一体化的综合评价体系。综合运用各种环境经济学方法，探究了雨水利用工程建设效益的货币化方法，对其中 10 项效益指标做了定量描述，给出了货币化测算方法。该成果更进一步将稳健决策方法与多维效益评估有机结合，解决了雨水资源利用效益评估中由资源利用模式、效益评估和成本核算带来的极大不确定性，对城市雨水利用方案的“成本—效益”进行权衡，构建了城市雨水资源利用的多维效益识别和稳健定量评价框架，并应用于三个示范区，形成了雨水资源利用技术示范。

（1）城市雨水资源利用多维效益识别体系

通过分析雨水利用工程建设各项效益的特点，基于效益评估的市场价格法、替代市场法、影子工程法、恢复与防护费用法等环境经济学方法，探究了雨水利用工程建设效益的货币化方法。基于对城市雨水资源化的理论潜力、可实现潜力和现实潜力的计算评价，进行了包括经济效益、生态效益和社会效益三方面的雨水利用综合效益多维评价，对其中 10 项效益指标做了定量描述：对经济效益的测算包括污水再生利用、雨水资源利用率、管网漏损控制 3 项具体效益；对生态效益的测算包括年径流总量控制率、生态岸线恢复、地下水位、城市热岛效应、水环境质量、城市面源污染控制 6 项具体效益；对社会效益的测算主要考虑城市暴雨内涝的灾害防治。针对社会效益和生态效益中存在部分间接效益和长期影响而难以直接量化的问题，对两者中可计算的部分效益进行合理的估价计算，对不能直接计算的部分效益则结合定性指标进行量化分析。结合全生命周期方法核算雨水资源利用措施的成本，构建了“经济—生态—社会”一体化的雨水资源利用多维效益识别和评价体系，为评价适合我国国情的城市雨水资源综合利用模式提供了参考标准。

（2）城市雨水资源利用稳健定量评价框架

将多维效益识别体系用于稳健决策框架，建立了城市雨水资源利用的稳健定量评价框架，其实施步骤分为 6 步：与各领域专家和各利益相关方讨论构建深度不确定性条件下的 XLRM 矩阵进行问题制定，筛选出未来关键气候变化因子；采用拉丁超立方抽样未来不确定因子实现深度均匀抽样生成可信的未来情景集，并生成备选措施方案；利用水文水资源关系模型的模拟结果进行不确定性分析；采用多目标决策帕累托 NSGA-Ⅱ算法在巨量情景—措施组合中挖掘更优的措施方案；利用构建好的多维效益评价体系评估优化措施方案的成本效益表现并进行优选；与专家和利益相关方讨论优选措施方案集并权衡决策。该稳健定量评价框架中的城市气候条件、雨水利用现状、实施区域范围、预期措施方案和雨水利用目标等要素都可因地制宜地进行调整和改变，适用于我国各类城市的雨水资源利用评价和决策。

（3）城市雨水资源利用多维效益识别与稳健定量评价的应用示范

将建立的城市雨水资源利用多维效益识别与稳健定量评价方法用于深圳茅洲河流域、深圳南方科技大学校园和兰州特色花卉产业园 3 个示范区。

在深圳茅洲河流域，设定控制降雨导致的城市面源污染为主要目标，考虑未来城市下垫面变化的不确定性，选择雨水调蓄池作为城市雨水资源利用措施，综合蓄水池尺寸、建造成本、水质评分 3 项优化目标，控制成本在利益相关方可接受的范围内，优化 14 处典型面源污染产生地点的蓄水池尺寸。此后，邀请政府相关人员、专家学者、当地居民和施工方，经过利益相关方的综合论证，最终确定 14 处蓄水池的建设方案。

在南方科技大学校园内，设定削减降雨产生的地表径流为主要目标，考虑未来降雨强度变化、排水设施能力变化、校园灰色面积变化的不确定性，选择生物滞留措施、绿色屋顶、透水铺装 3 类绿色基础设施为城市雨水资源利用措施，综合径流削减、气温降低、经济成本 3 项优化目标，优化校园内 3 类措施的建设面积组合。利用水文水动力模型、地表温度监测、全生命周期成本测算，确定 3 类措施各有所长，存在博弈对抗。因此，应用示范筛选出分别倾向于 3 项优化目标的雨水利用措施优化方案共 3 个，以供利益相关者进行进一步的权衡和选择。

在兰州小青山国家级水土保持科技示范园，设定缓解当地花卉产业的缺水问题为主要目标，考虑不同共享经济路径（SSPs）预估的未来气候情景，选择蓄水池为城市雨水资源利用措施，综合减少花卉缺水天数、经济成本、降低单位花卉黄河取水量 3 项优化目标，优化花卉产业园内蓄水池的建设尺寸。结合园区特色花卉养殖产业的未来系统布局和相关需水目标，评估不同的特色花卉养殖浇灌方案与雨水资源配置组合下的雨水资源利用效果，筛选出 6 种不同气候预期所对应的 6 套雨水利用措施优化方案集，每套方案集包含 3 个可选优化方案，供利益相关者结合特色花卉养殖工程的预期布局方案进行权衡和选择。

综上所述，该成果将建立的城市雨水资源利用多维效益识别与稳健定量评价方法应用于不同城市（深圳、兰州）、不同空间单元（茅洲河流域、南方科技大学校园、花卉产业园）、不同措施组合（雨水调蓄池、生物滞留设施、绿色屋顶、透水铺装）、不同目标(控制城市面源污染、削减地表径流、缓解缺水问题)，形成了基于实际应用的城市雨水资源利用多维效益的稳健定量评价案例，可供我国其他城市雨水资源利用措施的评价、决策和实施作为参考。

参考文献

鲍仁强，车伍，赵杨，等 . 2020. 美国雨洪管理中的多部门合作经验分析 . 中国给水排水，36（24）：11-16.

蔡家珍，董音，黄宝华，等 . 2018. 基于低影响开发的居住区雨水收集利用景观途径 . 上海交通大学学报（农业科学版），36（04）：84-88.

曹春亮 . 2020. 城市市政道路路面雨水利用分析 . 居业，10：80-81.

车伍，唐磊 . 2012. 中国城市合流制改造及溢流污染控制策略研究 . 给水排水，48（3）：1-5.

车伍，唐宁远，张炜，等 . 2007. 我国城市降雨特点与雨水利用 . 给水排水，6：45-48.

车伍，王建龙，何卫华，等 . 2008. 城市雨洪控制利用理念与实践 . 建设科技，21：30-31.

车伍，闫攀，李俊奇，等 . 2013. 低影响开发的本土化研究与推广 . 建设科技，23：50-52.

车伍，闫攀，赵杨，等 . 2014. 国际现代雨洪管理体系的发展及剖析 . 中国给水排水，30（18）：45-51.

车伍，张伟 . 2016. 海绵城市建设若干问题的理性思考 . 给水排水，52（11）：1-5.

陈丽君，刘海臣 . 2021. 海绵城市建设中雨水利用潜力研究 . 城市住宅，28（3）：128-129.

陈献，尤庆国，张瑞美，等 . 2016. 试论我国城市雨洪资源综合利用 . 水利发展研究，16（3）：3-7.

褚彦杰 . 2017. 基于海绵城市理念的绿色建筑雨水设计 . 给水排水，53（S1）：228-230.

储杨阳，杨龙，周媛，等 . 2022. 典型生物滞留设施重金属累积分布特征与风险评价 . 环境科学，43（7）：3608-3622.

戴晓钰，陈平，沈德林 . 2019. 南方低层住宅楼雨水资源化利用系统在海绵城市中的应用 . 江苏水利，（8）：21-25.

邓延利，刘波，恒琪，等 . 2021. 海绵城市建设中雨水资源利用及价值实现机制研究与示范——以长沙市海绵城市建设雨水资源使用权首宗交易为例 . 中国水利，（3）：37-39.

丁淑芳，任心欣，杨晨 . 2015. 光明新区低影响开发雨水综合利用激励政策研究 . 中国给水排水，31（17）：104-107.

董静静 . 2012. 上海临港新城雨水资源化利用中试研究 . 上海：华东师范大学 .

杜晓晴 . 2022. 北京市雨水利用措施研究 . 智能城市，8（1）：60-62.

高成 . 2015. 浅谈雨水利用低影响开发技术（LID）的应用 . 甘肃科技，3（19）：77-79.

高梦雅，李强 . 2018. 雨水生态化利用在城市景观设计中的应用 . 中国住宅设施，11：12-13.

贺丽娟 . 2021. 雨水资源利用技术浅析 . 山西水土保持科技，（3）：15-16.

胡俊涛 . 2019. 低影响开发视角下城市公园中雨水资源利用研究 . 吉林：长春工程学院 .

贾培文，付士磊，宫琪，等 . 2021. LID 理念在大学校园景观优化中的应用研究——以沈阳建筑大学景观设计为例 . 华中建筑，39（12）：46-50.

井雪儿，张守红 . 2017. 北京市雨水收集利用蓄水池容积计算与分析 . 水资源保护，33（5）：91-97.

康晓鹍，翟立晓，刘强，等 . 2014. 北京市雨水利用示范工程实例分析 . 给水排水，50（9）：81-86.

孔凤翔，李伟，韦绍照，等 . 2021. 绿色屋顶的雨水滞留演化规律研究进展 . 人民黄河，43（S2）：69-70.

李纯，胥彦玲，李梅 . 2017. 国外都市雨水管理政策措施及对京津冀区域的借鉴初探 . 环境工程，35（11）：6-9.

李港姝，张兴奇，孙媛 . 2019. 下凹式绿地对地表径流的调节作用研究 . 水资源与水工程学报，30（2）：31-36.

李俊奇，孙梦琪，李小静，等 . 2022. 生物滞留设施对雨水径流热污染控制效果试验 . 水资源保护，38（4）：6-12.

李凯，王建龙，王雪婷，等 . 2022. 次降雨入渗补给系数评估雨水花园补给地下水可行性及计算方法研究 . 水利水电技术（中英文），54（2）：1-11.

李美娟 . 2010. 城市雨水资源利用效益评价研究 . 大连：大连理工大学 .

李维，孟亚萍，朱捷，等 . 2020. 现代城市道路雨水收集利用的设计方法探讨 . 工程建设与设计，15：95-98.

李志鹏，梅胜 . 2010. 广州市雨水调蓄池计算方法的应用研究 . 市政技术，28（6）：104-106.

刘翠，冯峰，靳晓颖 . 2021. 海绵城市理念下开封市雨水资源利用效益分析 . 人民黄河，43（3）：102-106.

刘家宏，王佳，邵薇薇，等 . 2022. 南水北调工程受水区城市雨水利用潜力分析 . 南水北调与水利科技（中英文），20（1）：70-78.

刘楠楠，褚一威，陶君，等 . 2019. 基于“海绵城市”理念的初期雨水资源化技术研究进展 . 给水排水，55（S1）：23-27.

刘万和，黄琦珊，乐文彩，等 . 2021. 海岛地区雨水花园设计及应用 . 中国农村水利水电，(6)：30-37.

刘艳艳 . 2017. 绿色建筑全生命周期经济性分析及综合评价研究 . 上海：华东理工大学 .

刘祚俊 . 2022. 涿州市校园雨水利用系统研究 . 居业，(1)：238-240.

林奇，祁昌斌，冒旭海 . 2022. 碳中和背景下雨水资源化利用效率分析 . 给水排水，58（S1）：760-765.

路琪儿，罗平平，虞望琦，等 . 2021. 城市雨水资源化利用研究进展 . 水资源保护，37（6）：80-87.

栾博，柴民伟，王鑫 . 2017. 绿色基础设施研究进展 . 生态学报，37（15）：5246-5261.

罗利顺，殷园，戴绥平，等 . 2021. 节水型高校建设中的雨水集蓄利用方案——以湖南水利水电职业技术学院为例 . 湖南水利水电，(1)：14-17.

吕娟，周建晶，屠丹 . 2015. 下凹式绿地在城市道路雨水收集利用中的应用 . 黑龙江科技信息，30：199.

马晓菲，石龙宇 . 2020. 基于景感学的景感营造研究——以雨水花园为例 . 生态学报，40（22）：8167-8175.

米文静，张爱军，任文渊 . 2018. 国外低影响开发雨水资源利用对中国海绵城市建设的启示 . 水土保持通报，38（3）：345-352.

牛燕 . 2014. 兰州市新城区雨水资源化研究 . 兰州：兰州交通大学 .

欧阳友，潘兴瑶，杨默远，等 . 2021. 不同降雨条件下透水铺装水量平衡分析 . 中国给水排水，1-10.
彭晶，岳润超，张鑫明 . 2016. 机场雨水资源利用现状研究 . 给水排水，52（S1）：208-210.
邱国玉，张晓楠 . 2019. 21 世纪中国的城市化特点及其生态环境挑战 . 地球科学进展，34（6）：640-649.
孙鑫，陈弘，孙亮，等 . 2020. 对大学校园雨水收集利用工程优化的探究——以金陵科技学院为例 . 项目管理技术，18（11）：28-32.
汤钟，戴韵，张亮，等 . 2020. 海绵城市视角下城市水资源利用体系构建 . 净水技术，39（9）：150-157.
田磊 . 2019. 基于雨水利用的成都市高校校园景观设计研究 . 四川：四川农业大学 .
田敏，任建民，白亚军，等 . 2022. 海绵城市理念下兰州市雨水利用效益分析 . 水电能源科学，40（8）：49-53.
王浩宇，谢欢，李元杰，等 . 2017. 海绵城市建设基于中国雨水利用状况与发达国家之比较视角 . 厦门：2017 中国环境科学学会科学与技术年会 .
王国锋 . 2021. 兰州市雨水利用关键技术参数研究 . 兰州：兰州交通大学 .
王国田 . 2012. 雨水利用难以规模实施的原因分析及对策研究 . 给水排水，48（S1）：218-220.
王文 . 2022. 城市雨水资源化利用分析 . 中国资源综合利用，40（4）：100-101.
王贤萍，解明利，郑晓欣 . 2020. 平原河网区雨水花园运行效果研究 . 中国市政工程，（5）：56-61.
王兴超 . 2018. 地下水库在海绵城市建设中的应用 . 水利水电科技进展，38（1）：83-87.
吴淑君，李欣昀，李晓英 . 2016. 城市小区景观雨水利用研究——杭州一典型性居民区为例 . 给水排水，52（S1）：237-241.
吴允红，李俊奇，林聪，等 . 2022. 渗排型透水铺装下渗出流控制效能场地试验研究 . 中国给水排水，38（11）：126-132.
武欣，武文婷，李上阳 . 2022. 杭州城市绿地生物滞留设施的植物现状与优化策略——以高位花坛为例 . 建筑与文化，（9）：225-227.
谢帅，林航，王永强，等 . 2022. 深圳市观澜河流域雨水资源可利用潜力评估 . 长江科学院院报，39（7）：17-22.
徐志欢，纪静怡 . 2021. 基于 GIS 的城市区域雨水资源可利用量估算 . 海河水利，（1）：14-18.
许浩浩，吕伟娅 . 2019. 下凹式绿地控制城市雨水径流污染研究进展 . 人民珠江，40（4）：82-86.
杨香东，向清炳 . 2009. 宜昌新型雨水集蓄利用技术运用集成初探 . 中国水利，23：47-49.
于洋洋，丁建新，何浩，等 . 2015. 北京市农村雨水利用现状与发展 . 北京水务，（4）：44-47.
翟俊 . 2012. 协同共生：从市政的灰色基础设施、生态的绿色基础设施到一体化的景观基础设施 . 规划师，28（9）：71-74.
赵艳 . 2017. 干旱半干旱区雨水收集利用 . 甘肃水利水电技术，53（11）：12-14.
张宏伟 . 2015. 城市雨洪管理发展及思考 . 中国水利，（11）：10-13.
张炜，刘晓明 . 2019. 武汉市蓝绿基础设施调节和支持服务价值评估研究 . 中国园林，35（10）：51-56.
张毅川，王江萍 . 2015. 国外雨水资源利用研究对我国“海绵城市”研究的启示 . 资源开发与市场，31（10）：1220-1223.
张子博 . 2019. 高校校园节水项目成本效益研究——以北京某高校为例 . 北京：北京交通大学 .

郑克白，马先海 . 2014. 从源头控制和利用雨水践行低影响开发理念——《雨水控制与利用工程设计规范》专栏开栏语 . 给水排水，50（9）：80.

Abellán G A I, Cruz P N, Santamarta J C. 2021. Sustainable urban drainage systems in Spain: analysis of the research on SUDS based on climatology. Sustainability, 13 (13): 7258.

Akosua B A, Adeshola I. 2020. Conventional and Water Sensitive Urban Design (WSUD) within a greenfield township development. Civil Engineering: Magazine of the South African Institution of Civil Engineering, 28 (5): 21-27.

Alberto C, Carlo M. 2016. Rainwater harvesting as source control option to reduce roof runoff peaks to downstream drainage systems. Journal of Hydroinformatics, 18 (1): 23-32.

Arahuetes A, Olcina C. 2019. The potential of sustainable urban drainage systems (SuDS) as an adaptive strategy to climate change in the Spanish Mediterranean. International Journal of Environmental Studies, 76 (5): 764-779.

Azari B, Tabesh M. 2021. Urban storm water drainage system optimization using a sustainability index and LID/BMPs Sustainable Cities and Society, 76: 103500.

Bakkiyalakshmi P, Ting F M C. 2015. Rehabilitation of concrete canals in urban catchments using low impact development techniques. Journal of Hydrology, 523: 309-319.

Bartesaghi-Koc C, Osmond P, Peters A. 2020. Quantifying the seasonal cooling capacity of 'green infrastructure types' (GITs): An approach to assess and mitigate surface urban heat island in Sydney, Australia. Landscape and Urban Planning, 203: 103893.

Benedict M E, Mcmahon E T. 2006. Green infrastructure: linking landscapes and communities. Washington D. C.: Island Press, 1-7.

Benton-Short L, Keeley M, Rowland J. 2019. Green infrastructure, green space, and sustainable urbanism: Geography's important role. Urban Geography, 40 (3): 330-351.

Chan A Y, Son J, Bell M L. 2021. Displacement of Racially and Ethnically Minoritized Groups after the Installation of Stormwater Control Measures (i. e., Green Infrastructure): A Case Study of Washington, D. C.. International Journal of Environmental Research and Public Health, 18 (19): 10054.

Dai K, Liu W, Shui X, et al. 2021. Hydrological effects of prefabricated permeable pavements on parking lots. Water, 14 (1): 45.

Damien T, Ghassan C, Daniel P, et al. 2017. Spatial distribution of heavy metals in the surface soil of source-control stormwater infiltration devices-Inter-site comparison. Science of the Total Environment, 579: 881-892.

Damblin G, Mathieu C, Iooss B. 2013. Numerical studies of space-filling designs: optimization of Latin Hypercube Samples and subprojection properties. Journal of Simulation, 7 (4): 276-289.

Dai X, Wang L, Tao M, et al. 2021. Assessing the ecological balance between supply and demand of blue-green infrastructure. Journal of Environmental Management, 288: 112454.

David B, Jonathan P. 1997. Towards sustainable urban drainage. Water Science and Technology, 35 (9): 53-63.

Donggeun K, Hyunwoo K, Mooyoung H. 2016. Runoff control potential for design types of low impact development in small developing area using XPSWMM. Procedia Engineering, 154: 1324-1332.

du Toit J, Chilwane L. 2022. Urban household uptake of water sensitive urban design source control measures: an exploratory comparative survey across Cape Town and Pretoria, South Africa. Urban Water Journal, 19 (2): 141-150.

du Toit J, Wagner C. 2022. Property owners' uptake of stormwater source controls: A case study of a low-density upmarket residential estate in Pretoria, South Africa. Urban Water Journal, 19 (5): 538-545.

Ferrans P, Torres M N, Temprano J, et al. 2022. Sustainable Urban Drainage System (SUDS) modeling supporting decision-making: A systematic quantitative review. Science of the Total Environment, 806 (P2): 150447.

Ferreira T S, Barbassa A P, Moruzzi R B. 2018. Stormwater source control with infiltration wells under a new conception. Engenharia Sanitaria e Ambiental, 23 (3): 437-446.

Fiaz H, Riaz H, Ray-Shyan W, et al. 2019. Rainwater harvesting potential and utilization for artificial recharge of groundwater using recharge wells. Processes, 7 (9): 623.

Frank G. 2021. Current and future citrus BMPs getting a closer look. Florida Grower, 114 (11): 6-7.

Guptha G C, Swain S, Al-Ansari N, et al. 2022. Assessing the role of SuDS in resilience enhancement of urban drainage system: A case study of Gurugram City, India. Urban Climate, 41: 101075.

Hall N C, Sikaroodi M, Hogan D, et al. 2021. The presence of denitrifiers in bacterial communities of urban stormwater best management practices (BMPs). Environmental Management, 69 (11): 1-22.

Hashad K, Gu J, Yang B, et al. 2021. Designing roadside green infrastructure to mitigate traffic-related air pollution using machine learning. Science of the Total Environment, 773: 144760.

Karamouz M, Zoghi A, Mahmoudi S. 2022. Flood modeling in coastal cities and flow through vegetated BMPs: Conceptual design. Journal of Hydrologic Engineering, 27 (10): 04022022.

Li C, Liu M, Hu Y, et al. 2018. Effects of urbanization on direct runoff characteristics in urban functional zones. Science of the Total Environment, 643: 301-311.

Liu D. 2016. Water supply: China's sponge cities to soak up rainwater. Nature, 537 (7620): 307.

Li F, Yan X F, Duan H F. 2019. Sustainable design of urban stormwater drainage systems by implementing detention tank and LID measures for flooding risk control and water quality management. Water Resources Management, 33 (9): 3271-3288.

Liu Q, Cui W, Tian Z, et al. 2022. Stormwater management modeling in "Sponge City" construction: Current state and future directions. Frontiers in Environmental Science, 9: 816093.

Loc H H, Do Q H, Cokro A A, et al. 2020. Deep neural network analyses of water quality time series associated with water sensitive urban design (WSUD) features. Journal of Applied Water Engineering and Research, 8 (4): 313-332.

Maochuan H, Xingqi Z, Yu L, et al. 2019. Flood mitigation performance of low impact development technologies under different storms for retrofitting an urbanized area. Journal of Cleaner Production, 222: 373-380.

Marchau V A W J, Walker W E, Bloemen P J T M, et al. 2019. Decision Making under Deep Uncertainty: From Theory to Practice. Cham, Switzerland: Springer Nature.

Matthew J D, Shane T F. 2019. Cumulative impacts of residential rainwater harvesting on stormwater discharge through a peri-urban drainage network. Journal of Environmental Management, 243: 127-136.

McKay M D, Beckman R J, Conover W J. 2000. A comparison of three methods for selecting values of input variables in the analysis of output from a computer code. Technometrics, 42 (1): 55-61.

McPhail C, Maier H R, Kwakkel J H, et al. 2018. Robustness metrics: How are they calculated, when should they be used and why do they give different results? . Earth's Future, 6 (2): 169-191.

Mei C, Liu J, Wang H, et al. 2018. Integrated assessments of green infrastructure for flood mitigation to support robust decision-making for sponge city construction in an urbanized watershed. Science of the Total Environment, 639: 1394-1407.

Ngatchou P, Zarei A, El- Sharkawi A. 2005. Pareto multi objective optimization. Proceedings of the 13th International Conference on, Intelligent Systems Application to Power Systems (IEEE), 84-91.

Nguyen T T, Ngo H H, Guo W, et al. 2019. Implementation of a specific urban water management—Sponge city. Science of the Total Environment, 652: 147-162.

Mosleh L, NegahbanAzar M. 2021. Role of models in the decision-making process in integrated urban water management: A review. Water, 13 (9): 1252.

Ouyang W, Morakinyo T E, Ren C, et al. 2021. Thermal-irradiant performance of green infrastructure typologies: Field measurement study in a subtropical climate city. Science of the Total Environment, 764: 144635.

Palmer M A, Liu J G, Matthews J H, et al. 2015. Manage water in a green way. Science, 349 (6248): 584-585.

Parnian H B, Mohammad R N, Azizallah I, et al. 2020. A coupled agent-based risk-based optimization model for integrated urban water management. Sustainable Cities and Society, 53: 101922.

Paul K, Semra A, Jory H, et al. 2018. Integrated urban water management applied to adaptation to climate change. Urban Climate, 24: 247-263.

Rasul S B G. 2009. Reuse of stormwater for watering gardens and plants using green gully: A new stormwater quality improvement device (SQID) . Water, Air and Soil Pollution: Focus, 9 (5-6): 371-380.

Risal A, Parajuli P B, Ouyang Y. 2022. Impact of BMPs on water quality: A case study in Big Sunflower River watershed, Mississippi. International Journal of River Basin Management, 20 (3): 1-14.

Rommel S H, Stinshoff P, Helmreich B. 2021. Sequential extraction of heavy metals from sorptive filter media and sediments trapped in stormwater quality improvement devices for road runoff. Science of the Total Environment, 782: 146875.

Sarah P C. 2015. Exploring Green Streets and rain gardens as instances of small scale nature and environmental learning tools. Landscape and Urban Planning, 134: 229-240.

Sharifian H, Emami S M J, Behzadfar M, et al. 2022. Water sensitive urban design (WSUD) approach for mitigating groundwater depletion in urban geography; Through the lens of stakeholder and social network analysis. Water Supply, 22 (6): 5833-5852.

Shao W, Zhang H, Liu J, et al. 2016. Data Integration and its application in the sponge city construction of China. Procedia Engineering, 154: 779-786.

Subudhi C, Senapati S C, Subudhi R. 2020. Rain water use efficiency and relationship between rainfall, runoff, soil loss and productivity in Kandhamal district of Odisha. Journal of Soil and Water Conservation, 19: 54.

Suélen F, Mariele C B, Carla T D O, et al. 2020. Decentralized water supply management model: A case study of public policies for the utilization of rainwater. Water Resources Management, 34 (9): 2771-2785.

Tavakol-Davani H, Burian S J, Devkota J, et al. 2016. Performance and cost-based comparison of green and gray infrastructure to control combined sewer overflows. Journal of Sustainable Water in the Built Environment, 2 (2): 04015009.

Tim D F, William S, William F H, et al. 2015. SUDS, LID, BMPs, WSUD and more - The evolution and application of terminology surrounding urban drainage. Urban Water Journal, 12 (7): 525-542.

Venkataramanan V, Packman A I, Peters D R, et al. 2019. A systematic review of the human health and social well-being outcomes of green infrastructure for stormwater and flood management. Journal of Environmental Management, 246: 868-880.

Wang Z, Li S, Wu X, et al. 2022. Impact of spatial discretization resolution on the hydrological performance of layout optimization of LID practices. Journal of Hydrology, 612: 128113.

Wu C, Li J, Wang C, et al. 2019. Understanding the relationship between urban blue infrastructure and land surface temperature. Science of the Total Environment, 694: 133742.

Yu G, Gui Y, Zhang R. 2020. Landscape design of rural rainwater utilization based on LID concept. IOP Conference Series: Earth and Environmental Science, 598 (1): 012010.

Zhang Y, Xia J, Yu J, et al. 2018. Simulation and assessment of urbanization impacts on runoff metrics: Insights from landuse changes. Journal of Hydrology, 560: 247-258.

Zhang J, Feng X, Shi W, et al. 2021. Health promoting green infrastructure associated with green space visitation. Urban Forestry & Urban Greening, 64: 127237.

Zhang Z, Liu D, Zhang R, et al. 2021. The impact of rainfall change on rainwater source control in Beijing. Urban Climate, 37: 100841.

Zhu Y J, Wang G J. 2020. Rainwater use process of caragana intermedia in Semi- Arid Zone, Tibetan Plateau. Frontiers in Earth Science, 8: 00231.

附录 城市雨水资源利用模拟与决策系统简介

“城市雨水资源利用模拟与决策系统”是用于评估城市雨水资源利用状况及多维效益分析的在线系统。它通过使用数学模型和计算机软件来模拟雨水从降雨到径流的整个过程，评估不同的雨水资源利用策略并为决策者提供有关雨水资源利用效果的信息。该系统考虑了多种因素，如降水、地下水位、土壤类型、地表径流及多种绿色基础设施的水文效应等，以便更准确地评估雨水资源利用的效果。该系统的目的是通过对城市雨水资源利用状况的评估和模拟，帮助决策者在环境、经济和社会方面做出明智的决策，提高雨水资源的利用效率。雨水利用模块可进行雨水资源的时空利用动态模拟。用户通过勾绘选区的方式放置选定的基础设施，系统后台调用动态计算模块实时输出雨水资源利用的计算结果。用户亦可更改已添加设施的属性，模拟同一基础设施在不同空间位置时雨水资源利用的差异，实现多目标决策下的最优雨水利用方案。

完成项目区内基础设施的放置和属性设施后，用户可保存计算结果并储存项目文件。被储存的项目文件可被系统再次识别，方便再次编辑储存。系统共设置包括示范区在内的27个模块用于雨水资源时空动态模拟。模块列表及功能如附表1所示。

附表1 城市雨水资源利用模拟与决策系统模块列表

模块名称		模块功能
雨水利用模块	绿色基础设施添加模块	添加二十余种绿色基础设施
	绿色基础设施属性设置模块	设置被添加的绿色基础设施属性
	示范区绿色基础设施自识别模块	自识别示范区绿色基础设施
	雨水资源利用结果管理模块	进行雨水资源利用结果管理
	动态计算雨水资源利用模块	实时计算雨水资源利用结果
	雨水资源利用结果储存模块	导出雨水资源利用结果
	雨水资源利用工程文件保存模块	进行雨水资源利用工程文件的保存
稳健决策模块	绿色基础设施添加模块	进行绿色基础设施添加
	帕累托计算模块	进行帕累托计算
	情景发现模块	进行情景发现计算
	稳健决策模块	进行稳健决策

续表

模块名称		模块功能
茅洲河流域示范区模块	燕景集贸市场雨水利用示范模块	雨水资源利用示范
	塘下涌综合市场雨水利用示范模块	雨水资源利用示范
	上山门市场雨水利用示范模块	雨水资源利用示范
	东方新集贸市场雨水利用示范模块	雨水资源利用示范
	蚌岗集贸市场雨水利用示范模块	雨水资源利用示范
	中涵水果批发市场雨水利用示范模块	雨水资源利用示范
	长城汽车修配厂雨水利用示范模块	雨水资源利用示范
	沙三农贸市场雨水利用示范模块	雨水资源利用示范
	垦岗综合市场雨水利用示范模块	雨水资源利用示范
	振兴路以南工业区雨水利用示范模块	雨水资源利用示范
	步涌市场雨水利用示范模块	雨水资源利用示范
	新桥农贸市场雨水利用示范模块	雨水资源利用示范
	安东尼奥有限公司雨水利用示范模块	雨水资源利用示范
	上寮农贸批发市场雨水利用示范模块	雨水资源利用示范
兰州示范区模块		雨水资源利用示范
南方科技大学示范区模块		雨水资源利用示范

其中雨水利用模块用于雨水资源的时空动态模拟，稳健决策模块用于多维效益识别和稳健定量评价，三个示范区模块用于进行城市雨水资源时空动态调配和多维效益分析。

(1) 绿色基础设施添加模块

该模块用于绿色基础设施的添加。系统中提供了包括绿色屋顶、雨水花园、城市森林在内的二十余种绿色基础设施，用户可根据实际需求在项目区内添加绿色基础设施进行城市雨水资源利用模拟。系统中部分绿色基础设施模块如附图 1 所示。

(2) 绿色基础设施属性设置模块

该模块用于设置绿色基础设施的水文属性，未设止时使用默认数值。不同的绿色基础设施水文效应具有较大差异，包括水的截留、渗透和产流等，这些水文过程和最终的雨水资源利用效果密切相关。使用者可根据实际情况设置不同绿色基础设施的水文效用，模拟多措施搭配下雨水资源利用的差异。

(3) 示范区绿色基础设施自识别模块

该模块可自识别示范区各绿色基础设施的边界，用户只需设置地块属性即可完成绿色基础设施的放置。如附图 2 所示，以兰州示范区为例，展示兰州示范区可能被识别为景观绿地的地块，用户点击需要设置的地块即可快速添加景观绿地。

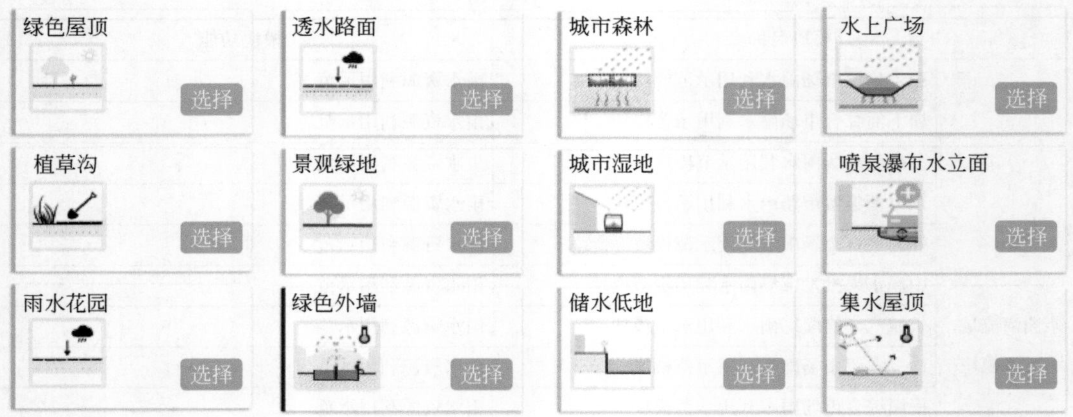

附图 1　绿色基础设施分类（部分）

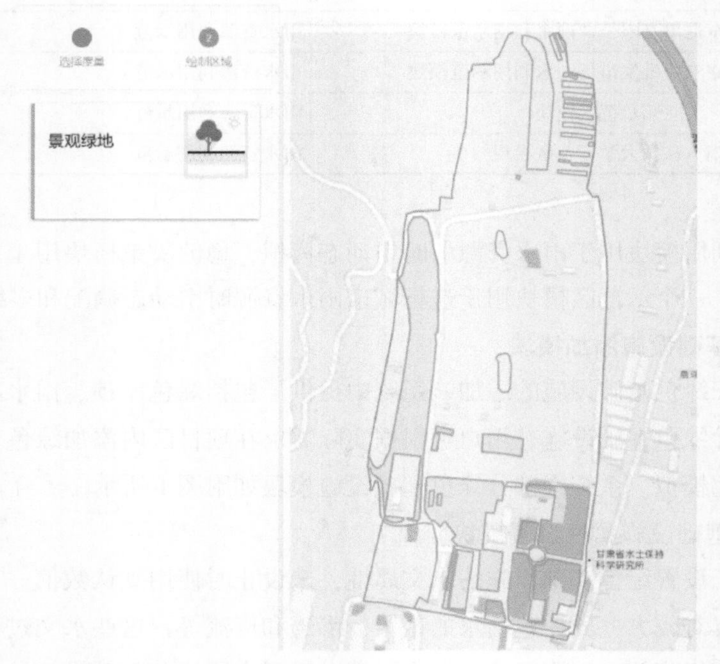

附图 2　绿色基础设施自识别（景观绿地）

（4）雨水资源利用结果管理模块

根据输入数据的时间尺度，系统可自适应结果展示的方式。依据示例中输入的气象数据，系统计算完毕后以图表的方式展示数据。雨水资源利用结果管理界面如附图 3 所示。

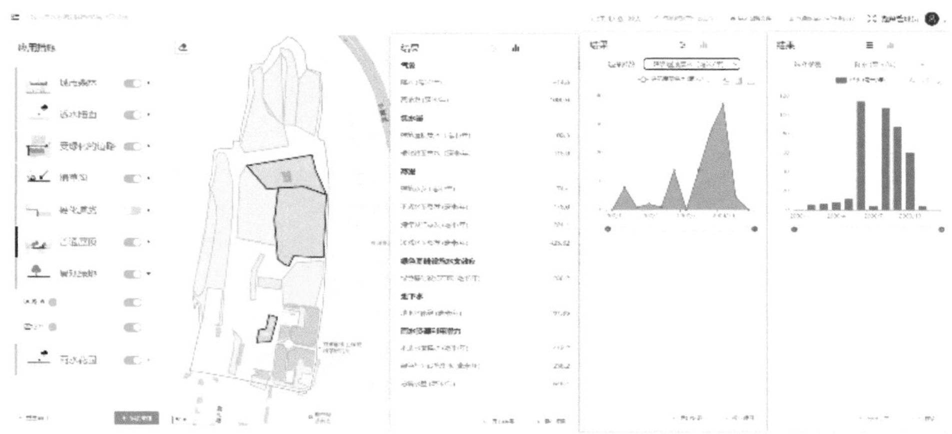

附图 3　雨水资源利用结果管理界面

(5) 动态计算雨水资源利用模块

城市雨水资源利用模拟与决策系统需要用户输入研究区的气象数据，通过在系统内部放置多种基础设施实现雨水资源利用的时空动态模拟。在设置完研究区边界后，使用者每放置一次蓝-绿-灰基础设施并设置其属性，系统即调用 UWBM 进行一次雨水资源利用的时空模拟并实时展示雨水资源利用结果，实现伴随使用者对空间基础设施添加过程的“动态”结果输出，如附图 1 所示。

(6) 雨水资源利用结果储存模块

用户可在下方的“导出结果”中储存计算结果。用户可下载系统计算结果与编辑的工程文件到本地指定的位置。计算结果以 Excel 文件储存，工程文件可被系统再次打开进行编辑。文件下载界面如附图 4 所示。

(7) 帕累托计算模块

该模块可依据帕累托算法进行多目标决策计算，筛选出脆弱性较强的关键情景，改进适应措施方案。用户需要上传运算帕累托模块所需的数据，系统自动计算帕累托最优解并以图形的方式展现，如附图 5 所示。

(8) 情景发现模块

PRIM 算法的基本理念是将稳健决策框架中在对未来情景模拟结果的评估中产生的大量数据提炼为决策者和利益相关者最关心的信息，这不仅需要确定导致脆弱性的条件，还需要确保这些条件易于解释和理解。用户上传情景发现模块所需数据后，系统自动计算帕累托最优解并以图形的方式展现，如附图 6 所示。

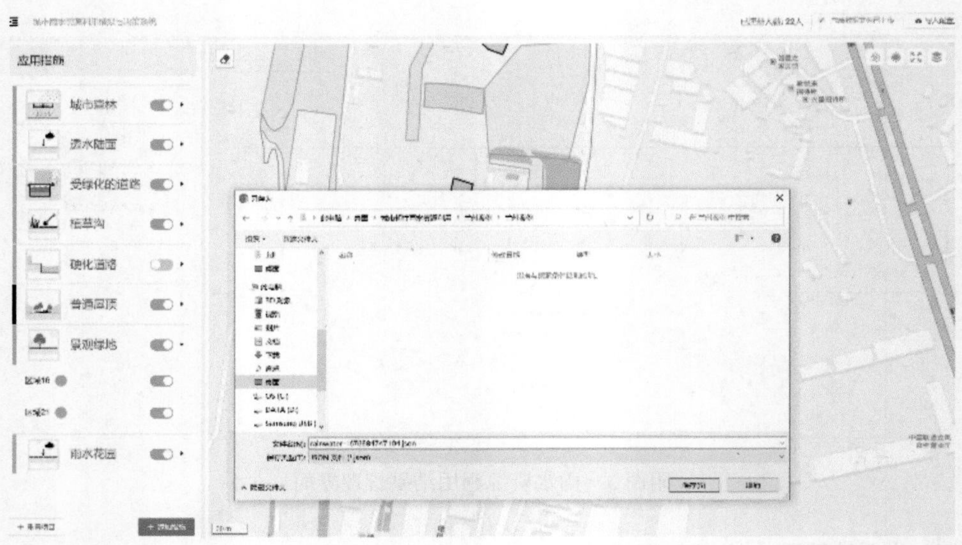

附图 4　雨水资源利用结果储存界面

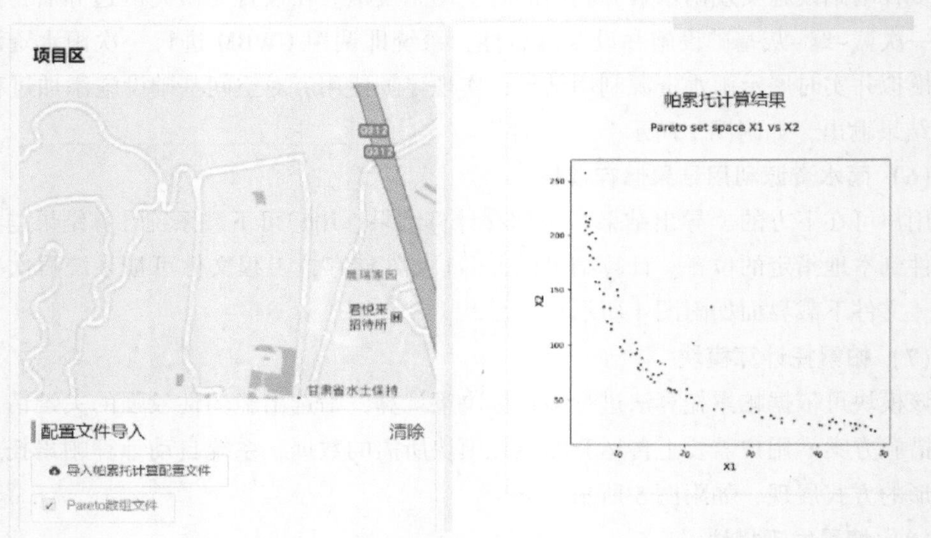

附图 5　帕累托计算模块界面

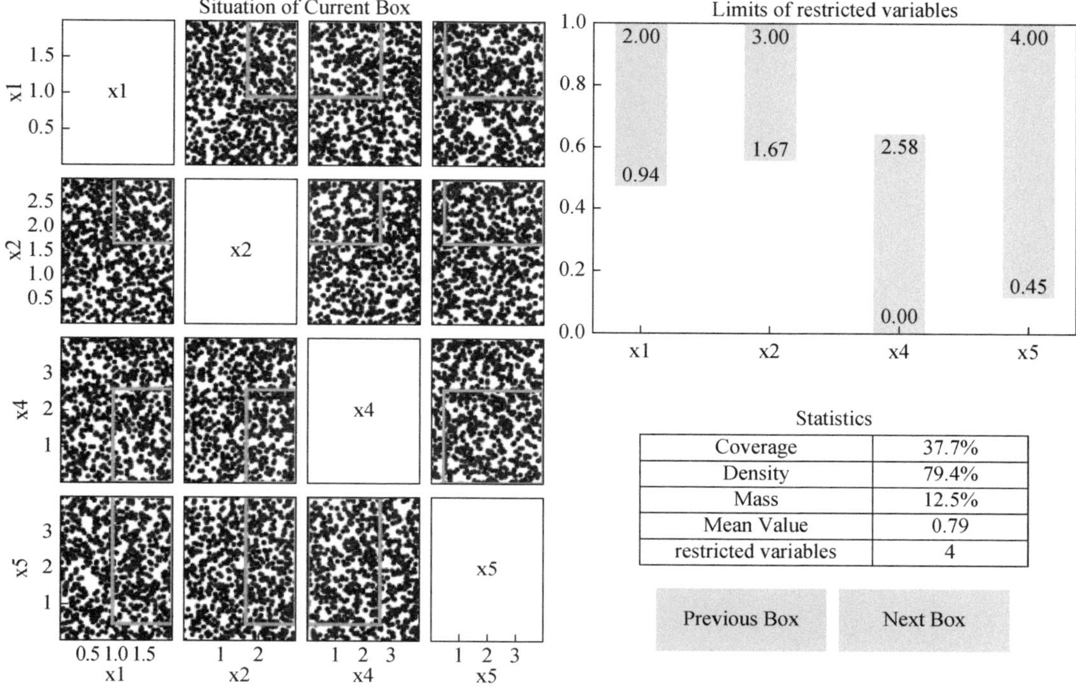

附图 6　情景发现模块界面